21世纪高等教育环境科学与工程类系列教材

声学测量

陈克安　曾向阳　杨有粮　编著

机 械 工 业 出 版 社

本书内容广泛、系统性强，既介绍了有关声学测量的基础知识，如声学基础、测量基础、基本的声学仪器和设施，又针对环境声学、噪声与振动控制、建筑声学讲述了噪声源测量、声学材料与声学结构的测量、室内声场测量、环境噪声测量的各种知识。近年来，声学测量技术的发展突飞猛进，新的测量方法和测量仪器不断涌现。为尽量反映这种发展变化，本书的编写增强了声强技术及其在声学测量中的应用、数字化声学测量仪器和系统的功能和使用、数字信号处理技术在声学测量中的应用等内容。

本书内容侧重于室内外环境声的测量，可作为面向噪声控制、建筑声学和环境声学方向的相关课程的本科教材，同时也可作为有关专业的研究生教材和广大声学工作者的参考书。

图书在版编目（CIP）数据

声学测量/陈克安等编著．—北京：机械工业出版社，2010.8（2022.1 重印）
（21 世纪高等教育环境工程系列规划教材）
ISBN 978-7-111-31073-0

Ⅰ.①声… Ⅱ.①陈… Ⅲ.①声学测量—高等学校—教材
Ⅳ.①TB52

中国版本图书馆 CIP 数据核字（2010）第 116633 号

机械工业出版社（北京市百万庄大街 22 号　邮政编码 100037）
策划编辑：马军平　责任编辑：马军平
版式设计：张世琴　责任校对：张晓蓉
封面设计：王伟光　责任印制：单爱军
北京虎彩文化传播有限公司印刷
2022年 1 月第 1 版第 5 次印刷
184mm×260mm · 14.5 印张 · 357 千字
标准书号：ISBN 978-7-111-31073-0
定价：45.00 元

电话服务　网络服务
客服电话：010-88361066　机 工 官 网：www.cmpbook.com
010-88379833　机 工 官 博：weibo.com/cmp1952
010-68326294　金 书 网：www.golden-book.com
封底无防伪标均为盗版　机工教育服务网：www.cmpedu.com

前　言

声学测量是对声学现象进行客观度量的一项专门技术，同时具有坚实宽广的理论背景。声学测量在科学研究、社会服务及工程领域都有广泛的应用，是探索自然奥秘、发展声学理论、推动声学技术的基石。熟练掌握各种声学测量方法、娴熟使用各类声学仪器是加深声学基础知识、锻炼实践动手能力、掌握科学实验方法的重要手段。

本书侧重于室内外环境声的测量，重点面向噪声控制、建筑声学和环境声学方向的本科专业，同时也可作为有关专业的研究生教材和广大声学工作者的参考书。本书正文分为8章，首先介绍了与声学测量有关的基础知识，如声学基础与声信号采集与分析方面的理论与专门知识，然后就声学测量仪器和测量方法分别加以介绍，包括常用声学仪器与声学设施，以及通用的声学测量流程与误差分析方法，并罗列了与环境声测量相关的声学标准，后4章分别对专门领域的声学测量给予详细介绍，包括噪声源测量、声学材料与声学结构测量、室内声场测量以及环境噪声测量等。另外，附录中给出了我国环境噪声污染防治法及4种重要的噪声限值标准。

本书的主要特色表现在：

(1) 内容广泛、系统性强。既介绍了有关声学测量的基础知识，如声学基础、测量基础、基本的声学仪器和设施，又针对环境声学、噪声与振动控制、建筑声学讲述了噪声源测量、声学材料与声学结构的测量、室内声场测量、环境噪声测量的各种知识。另外，在附录中，给出了有关噪声污染与控制的国家法律和标准，对树立使用者环境保护的全局观念大有帮助。

(2) 内容新颖、反映最新发展动向。近年来，声学测量技术的发展突飞猛进，新的测量方法和测量仪器不断涌现。为尽量反映这种发展变化，本书的编写增强了声强技术及其在声学测量中的应用、数字化声学测量仪器和系统的功能和使用、数字信号处理技术在声学测量中的应用等内容。

本书的出版要特别感谢西北工业大学航海学院环境工程系历届本科生与研究生，在教学与科研中提出了大量宝贵意见，使本书质量大幅度提升。

作者虽竭尽全力，但书中错误仍在所难免，希望读者指正，并对进一步的修改和完善提出宝贵意见。

作者

目　录

第 1 章

1

声音的基本特性

自然界和社会生活中存在着各种各样的声音，总体上可分为语声、乐声和环境声（包括自然声和噪声）等三大类，如人们的讲话声，乐器的演奏声，林中的鸟鸣声，山涧的流水声和松涛声，机器的轰鸣声，火车、汽车、飞机等交通工具发出的噪声等。要对这些声音及相关声学现象进行测量和定量研究，必须对声音的基本特性有深入的了解。

本章分为四小节。首先介绍声音的产生机理和描述声波运动规律的数学方程——波动方程，然后分别阐述声波的分类及声学测量中需要关注的典型声学现象，如声波的反射、折射、透射、干涉、散射和衍射等，随后就各类声场的基本特性进行详细叙述，最后逐一介绍各类基本声学量，它们是声学测量的对象，必须对其基本概念和基本性质有准确的认识。

1.1 声波的产生与波动方程

1.1.1 声波的产生

日常生活中的绝大部分声音来源于物体的振动。如讲话的声音来源于喉内声带的振动，扬声器发声来源于纸盆的振动，机械噪声来源于机器部件的振动。凡是发出声音的物体都可称为声源。声源不一定是固体，液体和气体同样会由于振动而发声，如浪涛声和汽笛声就是由流体诱发引起的。

声音是听觉系统对声波的主观反应，而声波的产生来源于声源诱发的振动在媒质中的传播。因此，产生声波的必要条件是必须存在声源和媒质（空气、水等）。真空中没有媒质存在，因而在真空中不能传播声音。需要注意的是，声波在媒质中的传播，只是媒质振动状态的传播，媒质本身并没有向前运动。它只是在其平衡位置附近来回振动，所传播出去的是物质的运动形态，这种运动形式叫波动。声音是机械振动状态的传播在人类听觉系统中的主观反映，这种传播过程是一种机械性质的波动，称为声波。

在气体、液体等理想流体媒质中，声波传播的方向与媒质质点振动方向一致，此类声波称为纵波。描述声波的最常见的基本物理量是声压，它是媒质受扰动后产生的逾量压强，其单位是压强的单位 Pa（帕斯卡）。$1Pa = 1N/m^2$。

描述声压的基本参量包括幅度、相位、频率和波长等。例如，一列纯音声波，在数学上可表示为 $p = p_a \sin(\omega t + \varphi)$，则 p_a 是该声波的幅度，$\omega = 2\pi f = 2\pi/T$，ω 为角频率，f 为频率，T 为周期，φ 为相位。一个周期内声波的长度称为波长 λ，它与频率成反比，有 $\lambda = c_0/f$，其

中 c_0 是声波传播的速度。

按频率划分，20Hz ~ 20kHz 之间的声音称为音频声，也称为可听声，它是具有正常听力的人能够听得到的声音；小于 20Hz 的声音称为次声；大于 20kHz 的声音称为超声。如无特别声明，本书所指的声音是音频声。

1.1.2 波动方程

声波所及的空间称为声场。在声场中，描述时间、空间变化规律及其相互联系的数学方程叫做声波的波动方程，它是一切声学理论研究的基础。为了使研究的问题得到简化，本书仅讨论理想流体媒质中小振幅声波的情况，相应的波动方程称为线性声波波动方程。

1. 理想流体媒质的三个基本方程

所谓的理想流体媒质，是指媒质中不存在粘滞性；媒质在宏观上是均匀的、静止的；声波在媒质中的传播为绝热过程。在理想流体媒质中，声波扰动的传播必然满足三个基本物理定律：牛顿第二定律、质量守恒定律和物态方程，由此得到三个基本数学方程为：运动方程、连续性方程和物态方程。在一维空间（如 x 方向），这三个方程可分别表示为

$$\rho \frac{\mathrm{d}v}{\mathrm{d}t} = -\frac{\partial p}{\partial x} \tag{1.1.1}$$

$$-\frac{\partial(\rho v)}{\partial x} = \frac{\partial \rho}{\partial t} \tag{1.1.2}$$

$$\mathrm{d}P = c_0^2 \mathrm{d}\rho \tag{1.1.3}$$

式中，p，v 分别为声场中某一点由于声扰动引起的声压、质点振速；ρ，P 为媒质的密度和总压强；c_0 为声波的传播速度。

2. 小振幅声波的一维波动方程

所谓的小振幅声波，指的是该声波满足如下条件：①声压远小于媒质中的静态压强；②质点位移远小于声波波长；③媒质密度增量远小于静态密度。自然界中的绝大多数声波可归为小振幅声波，它是线性声学研究的对象。

在一维空间中，对于小振幅声波，上述三个方程分别可以进一步简化为如下形式

$$\rho_0 \frac{\partial v}{\partial t} = -\frac{\partial p}{\partial x} \tag{1.1.4}$$

$$-\rho_0 \frac{\partial v}{\partial x} = \frac{\partial \rho'}{\partial t} \tag{1.1.5}$$

$$p = c_0^2 \rho' \tag{1.1.6}$$

式中，ρ_0，c_0 为没有声扰动时媒质的密度和声波的传播速度，ρ' 为媒质密度增量。

式（1.1.4）对 x 求导，式（1.1.5）对 t 求导，综合式（1.1.6），综合整理后可以得到

$$\frac{\partial^2 p}{\partial x^2} = \frac{1}{c_0^2} \frac{\partial^2 p}{\partial t^2} \tag{1.1.7}$$

这就是一维声场中的波动方程。

3. 三维波动方程

在三维空间中，式（1.1.4）~式（1.1.6）可以推广表示为如下形式

$$\rho_0 \frac{\partial \boldsymbol{v}}{\partial t} = -\mathrm{grad}p \tag{1.1.8}$$

$$-\mathrm{div}\ (\rho_0 \boldsymbol{v}) = \frac{\partial \rho'}{\partial t} \tag{1.1.9}$$

$$p = c_0^2 \rho' \tag{1.1.10}$$

其中

$$\mathrm{grad}p = \frac{\partial p}{\partial x}\boldsymbol{i} + \frac{\partial p}{\partial y}\boldsymbol{j} + \frac{\partial p}{\partial x}\boldsymbol{k},\ \mathrm{div}\ (\rho_0 \boldsymbol{v}) = \frac{\partial(\rho_v v_x)}{\partial x} + \frac{\partial(\rho_v v_y)}{\partial y} + \frac{\partial(\rho_v v_z)}{\partial z}$$

由此可以导出三维空间中的波动方程为

$$\nabla^2 p = \frac{1}{c_0^2}\frac{\partial^2 p}{\partial t^2} \tag{1.1.11}$$

其中，∇^2为拉普拉斯算子，在直角坐标系中为

$$\nabla^2 = \mathrm{div}\ (\mathrm{grad}p) = \frac{\partial^2}{\partial x^2} + \frac{\partial^2}{\partial y^2} + \frac{\partial^2}{\partial z^2}$$

1.2 声波的基本特性

1.2.1 声波的分类

在声音传播过程中，振动相位相同的质点所构成的曲面称为波阵面。按波阵面的不同，声波可分为球面波、柱面波和平面波三类。如果声波的波阵面为一系列同心球面，这样的声波就是球面声波；球形声源产生的声波是球面波，它是实际环境中最常见的一种声波形式。如果脉动球形声源的直径远小于所辐射声波的波长，此声源可近似为点声源。在无界空间中（也称为自由空间），点声源辐射产生的声波为各向均匀的球面波，其声压表达式为

$$p = \frac{\mathrm{j}k\rho_0 c_0 q_0}{4\pi r}\mathrm{e}^{\mathrm{j}(\omega t - kr)} \tag{1.2.1}$$

式中，$k = \omega / c_0$，为声波波数；q_0 为声源强度；由球源半径和球面振动幅度确定。

平面波指的是声波沿一个方向（如 x 方向）传播，在其余方向上所有质点的振幅和相位均相同的声波，它的波动方程为一维声波方程（式（1.1.7））。通常条件下并不会产生真正意义上的平面波。不过，在声学领域中，平面波却是主要的研究对象。原因有三：①在辐射声场的远场，各种类型的声波均可近似为平面波；②在管道中或利用特殊的声学装置（如驻波管）可以产生理想的平面波；③平面波具有其他类型声波主要的物理特性，但其理论分析又相对简单。平面波的声压表达式为

$$p\ (x) = p_{\mathrm{a}}\mathrm{e}^{\mathrm{j}(\omega t - kx)} \tag{1.2.2}$$

式中，p_{a} 为声波的幅度，对平面波而言，它是一个常数。

1.2.2 声波的反射、折射与透射

前面讨论了声波在无界空间中的传播规律，然而在实际中真正的无界空间并不多见，常会遇到各种各样的“障碍物”，如声波从一种媒质进入另一种媒质就属于这种情况。

1. 声学边界条件

声波在两种媒质的分界面上会发生反射、透射（对垂直入射声波）和折射（对斜入射声波）现象。要获得入射波、反射波、透射波（或折射波）之间的定量关系，需要用到边界条件。

在无限大的分界面上，有两种声学边界条件，它们是声压连续条件和法向质点振速连续条件，其数学表达式为

$$p_1 = p_2 \tag{1.2.3}$$

$$v_1 = v_2 \tag{1.2.4}$$

式中，p，v 分别为分界面上的声压和质点振速，下标 1 和 2 分别表示媒质 1 和媒质 2。

2. 折射定律

对于一维斜入射平面波问题，入射波声压和质点振速可表示为

$$p_{\mathrm{i}} = p_{\mathrm{ia}} \mathrm{e}^{\mathrm{j}(\omega t - k_1 x\cos\theta_{\mathrm{i}} - k_1 y\sin\theta_{\mathrm{i}})} \tag{1.2.5}$$

$$v_{\mathrm{i}x} = -\frac{\cos\theta_{\mathrm{i}}}{\rho_1 c_1} p_{\mathrm{i}} \tag{1.2.6}$$

反射波声压和质点振速为

$$p_{\mathrm{r}} = p_{\mathrm{ra}} \mathrm{e}^{\mathrm{j}(\omega t + k_1 x\cos\theta_{\mathrm{r}} - k_1 y\sin\theta_{\mathrm{r}})} \tag{1.2.7}$$

$$v_{\mathrm{r}x} = -\frac{\cos\theta_{\mathrm{r}}}{\rho_1 c_1} p_{\mathrm{r}} \tag{1.2.8}$$

在媒质另一侧的透射波声压和质点振速为

$$p_{\mathrm{t}} = p_{\mathrm{ta}} \mathrm{e}^{\mathrm{j}(\omega t - k_2 x\cos\theta_{\mathrm{i}} - k_2 y\sin\theta_{\mathrm{i}})} \tag{1.2.9}$$

$$v_{\mathrm{t}x} = -\frac{\cos\theta_{\mathrm{t}}}{\rho_2 c_2} p_{\mathrm{t}} \tag{1.2.10}$$

在分界面上，有以下边界条件

$$p_{\mathrm{i}} + p_{\mathrm{r}} = p_{\mathrm{t}} \tag{1.2.11}$$

$$v_{\mathrm{i}x} + v_{\mathrm{r}x} = v_{\mathrm{t}x} \tag{1.2.12}$$

由此可以获得声波反射与折射定律

$$\theta_{\mathrm{i}} = \theta_{\mathrm{r}} \tag{1.2.13}$$

$$\frac{\sin\theta_{\mathrm{i}}}{\sin\theta_{\mathrm{t}}} = \frac{k_2}{k_1} = \frac{c_1}{c_2} \tag{1.2.14}$$

1.2.3 声波的干涉

如果空间中存在多个声源，则会产生不止一列的声波，这在声学测量领域是常见现象。先不考虑各声源的相互作用，下面研究各列声波叠加后的声压和声能密度的情况。

1. 声波的相干性

设有两列同频率、相差固定的平面波，分别为

$$p_1 = p_{1\mathrm{a}}\cos(\omega t - \varphi_1),\ p_2 = p_{2\mathrm{a}}\cos(\omega t - \varphi_2) \tag{1.2.15}$$

合成声场的声压为

$$p = p_{\mathrm{a}}\cos(\omega t - \varphi) \tag{1.2.16}$$

其中

$$p_a^2 = p_{1a}^2 + p_{2a}^2 + 2p_{1a}p_{2a}\cos\ (\varphi_2 - \varphi_1) \tag{1.2.17}$$

$$\varphi = \arctan \frac{p_{1a}\sin\varphi_1 + p_{2a}\sin\varphi_2}{p_{1a}\cos\varphi_1 + p_{2a}\cos\varphi_2} \tag{1.2.18}$$

合成声场的平均声能密度为

$$\overline{\varepsilon} = \overline{\varepsilon}_1 + \overline{\varepsilon}_2 + \frac{p_{1a}p_{2a}}{\rho_0 c_0^2}\cos\varphi \tag{1.2.19}$$

由式（1.2.19）可以看出，两列声波叠加后的声波平均声能密度会出现极大、极小值交错的现象，这就是声波的干涉现象。对于不同频率的两列固定相差声波，有

$$\overline{\varepsilon} = \overline{\varepsilon}_1 + \overline{\varepsilon}_2 \tag{1.2.20}$$

2. 无规相位声波的叠加

对于具有相同频率的两列相位随机变化的声波，有

$$p_1 = p_{1a}\cos\ (\omega t - \varphi_1),\ p_2 = p_{2a}\cos\ (\omega t - \varphi_2) \tag{1.2.21}$$

合成声场的声压为

$$p = p_a\cos\ (\omega t - \varphi) \tag{1.2.22}$$

其中

$$p_a^2 = p_{1a}^2 + p_{2a}^2 + 2p_{1a}p_{2a}\cos\ (\varphi_2 - \varphi_1) \tag{1.2.23}$$

$$\varphi = \arctan \frac{p_{1a}\sin\varphi_1 + p_{2a}\sin\varphi_2}{p_{1a}\cos\varphi_1 + p_{2a}\cos\varphi_2} \tag{1.2.24}$$

合成声场的平均声能密度为

$$\overline{\varepsilon} = \overline{\varepsilon}_1 + \overline{\varepsilon}_2 \tag{1.2.25}$$

对于多列这样的声波，有

$$p_a^2 = p_{1a}^2 + p_{2a}^2 + \cdots + p_{na}^2 \tag{1.2.26}$$

在实际场合中，多人讲话发出的声音、多台机器发出的噪声、不同车辆发出的交通噪声的叠加都可以看做无规相位声波的叠加。

1.2.4　声波的散射和衍射

当声波在介质中传播时，有可能遇到几何尺寸大小不一的障碍物，如大气中悬浮的颗粒、海水中的礁石、土壤中的岩石、建筑物、花草树木等。这些障碍物会引起声波的反射、散射以及衍射等声学现象。

在声传播过程中遇到障碍物时，当障碍物的尺寸远远大于声波波长时，会发生反射现象；而当障碍物的尺寸比较小且大于入射声波波长时，那么就会出现一部分声波发生反射，而另一部分波偏离原来的路径传播的现象。通常，把实际的波与假设障碍物不存在时所出现的不受干扰的波之间的差值定义为散射波，散射波一部分均匀地向各个方向散开，而另一部分则集中在障碍物后面，与反射波干涉叠加，从而形成阴影区；当障碍物的尺寸远远小于入射波波长的时候，通过散射的作用而使得散射波和一部分的入射波干涉叠加，从而使得障碍物后面没有明晰的“阴影区”，这时可以认为是声波绕过障碍物继续传播，我们把这种现象称为声波的衍射。总之，散射和衍射都是声波遇到障碍物后，由于一部分声波的传播方向被改变从而使得在障碍物后面形成了复杂的干涉和叠加的物理现象。散射和衍射的区别在于入射声波波长和障碍物尺寸比值：当声波的波长小于障碍物尺寸时称为散射，反之为衍射。从

波动原理考虑，它们之间没有本质的区别。

在声学测量的过程中，往往会用到不同的声学仪器，如传声器和声级计等。当这些仪器进入待测声场的时候，会改变声波的传播路径，发生上述声学现象，从而影响声场特性。

现以刚硬圆柱体在声场中时产生散射波和入射波叠加的现象为例，定量地分析、讨论声波的散射和衍射现象。

假设有入射声波沿 Ox 方向入射，而且

$$p_i(x, t) = p_0 e^{j(\omega t - kx)} \tag{1.2.27}$$

将其换为柱坐标的形式可以表示为

$$p_i(r, \varphi, t) = p_0 e^{-jkr\cos\varphi} e^{j\omega t} \tag{1.2.28}$$

为方便运算，使柱轴和轴坐标 Oz 轴重合，具体如图 1.2.1 所示。

由柱面波动方程的通解可知

$$p_i(r,\varphi,t) = e^{j\omega t}\sum_{n=0}^{\infty} a_n H_n^{(2)}(kr)\cos n\varphi \tag{1.2.29}$$

其中，a_n 取决于边界条件，它决定圆柱的散射能量在不同阶柱面散射波中的分配情况。

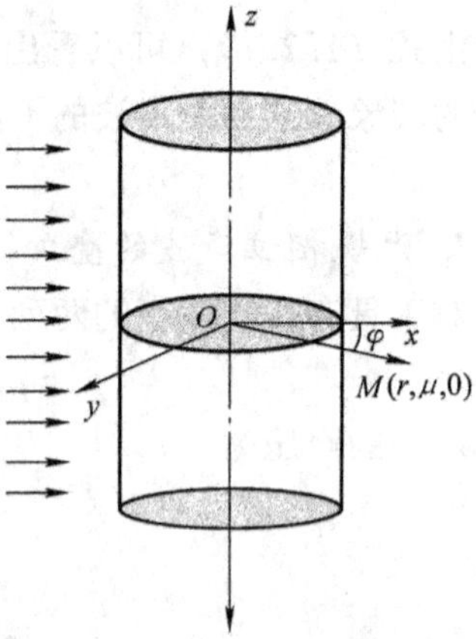

图 1.2.1 声波入射到圆柱体示意图

在此，入射波和散射波应该满足径向振速之和等于零的边界条件

$$(u_{sn} + u_{in})\big|_{r=a} = 0，即\frac{\partial}{\partial r}[p_i + p_s]\bigg|_{r=a} = 0 \tag{1.2.30}$$

由此边界条件可以解得散射波场中的声压和径向质点速度分别为

$$p_r(r,\varphi,t) = p_0 e^{j\omega t}\sum_{n=0}^{\infty} b_n H_n^{(2)}(kr)\cos n\varphi \tag{1.2.31}$$

$$u_{sr}(r,\varphi,t) = \frac{p_0 e^{j\omega t}}{-j\rho_0 c}\sum_{n=0}^{\infty} b_n \frac{dH_n^{(2)}(kr)}{d(kr)}\cos n\varphi \tag{1.2.32}$$

在远场（$ka \ll 1$）中，$H_n^{(2)}(kr)$ 的渐近公式为

$$H_n^{(2)}(kr) \approx \sqrt{\frac{2}{\pi kr}} e^{-j\left(kr - \frac{2n+1}{4}\pi\right)}\cos n\varphi \tag{1.2.33}$$

将式（1.2.33）代入式（1.2.31）和式（1.2.32），计算得到散射波声压和声强分别为

$$p_s(r, \varphi, t) \approx p_0\sqrt{\frac{2a}{\pi}}\frac{e^{j(\omega t - kr)}}{\sqrt{r}}\frac{1}{\sqrt{ka}}[b_n e^{j\frac{2n+1}{4}\pi}\cos n\varphi] \tag{1.2.34}$$

$$I_s(r) \approx I_0\frac{2a}{\pi r}\frac{|b_n e^{j\frac{2n+1}{4}\pi}\cos n\varphi|^2}{ka} \tag{1.2.35}$$

当柱比较细（$a \ll \lambda$，$ka \ll 1$）时，可以计算得到低频细柱散射波声压、声强以及散射功率分别为

$$p_s(r, \varphi, t) \approx p_0\sqrt{\frac{2a}{\pi}}\frac{(ka)^2 e^{j\left(\omega t - kr - \frac{\pi}{4}\right)}}{4}\frac{1}{\sqrt{r}}\frac{1}{\sqrt{ka}}[1 - 2\cos\varphi] \tag{1.2.36}$$

$$I_s(r, \varphi) \approx \frac{I_0}{r}\frac{\pi k^3 a^4}{8}(1 - 2\cos\varphi)^2 \tag{1.2.37}$$

$$W_{s1}=\frac{6\pi^5a^4}{\lambda^3}I_0 \tag{1.2.38}$$

从式（1.2.36）~式（1.2.38）可以看出，散射声压与 ka 的平方成正比，而散射声强与 ka 的三次方成正比，且散射波强度在正对入射波方向角分布比较均匀，散射功率与柱面半径和波长的比值成正比。这就意味着，当波长较小时散射功率较大；而当入射波波长较大时，散射功率较小，而当波长很大或细柱很细时，散射功率几乎为零，也就是发生了衍射。

上面讨论的是无限长细柱的散射，在声学测量中，传声器为细的有限长的刚性柱体，对于有限长的柱体，轴所在平面也有方向性。当高频声波入射时，散射波的强度可近似为

$$I_s\approx I_0\left\{\frac{a}{2r}\sin\frac{\varphi}{2}+\frac{1}{2\pi kr}\cot\frac{\varphi}{2}\sin^2(ka\sin\varphi)+\phi(\varphi)\right\} \tag{1.2.39}$$

其中，$\phi(\varphi)$ 随角度变化很快。

当入射波为低频时，散射波的能量主要分布在入射波的入射方向上，且散射波的分布比较均匀。

1.3 声场基本特性

1.3.1 声场的分类

声场所在空间总体上分为自由空间和有界空间两大类。理想的自由空间是指无限大的、没有障碍物的空间。有界空间指的是空间部分或全部被边界所包围，又分为两类：一类指那些有部分开口的闭合空间，如通风管道、输液输气管道、消声器等，由此形成的声场称为管道声场；另一类指完全封闭的闭合空间，如生产车间、办公室、音乐厅、会议室等，由此形成的声场为封闭空间声场或室内声场。

纯粹的自由空间并不多见，如果空间边界和空间内物体对声传播方式的影响很小，则该空间中的声场可近似为自由声场，如旷野中的变压器噪声声场、空中航行的飞机辐射的噪声声场、封闭空间中机械设备所在位置附近区域直达声形成的声场等。

在自由声场中，声波只是从声源向四周辐射出去，而不受边界和其他物体的阻碍，同时也没有另外的声波干扰，声场中只传播自由行波。

对于一维管道，如果管道无限长，则在管道方向上的声传播与自由空间无异，所传播的声波为行波。在管道横截面上声波则形成特定形式的驻波或简正波。任意声源都可以激发出许多阶简正波，当声源的振动频率小于管道截止频率时，管道中的高次波将沿管道方向逐步衰减，最后只能传播均匀平面波。

在封闭空间中，声源发出的声波向四周传播，在碰到边界产生反射之前的声波称为直达声；一次以上的反射声波将在空间中产生驻波，形成混响声。按声源频率的高低，混响声场又分为驻波声场和扩散声场。在低频段，声波在空间的传播会形成明显的驻波分布，每一个具有驻波形式的声场分布又称为声模态，相应的声场分析采用简正波理论或波动声学理论；当声源频率逐渐升到所谓的 Schroeder 频率后，一个声模态特征频率的半功率带宽内存在三个以上的声模态时，声场中各点的声能密度从统计的观点来看表现出大致均匀的倾向，此时的声场称为扩散声场。

1.3.2 声波导管理论

1. 矩形声波导管

假设有一矩形管道，长度方向用 z 坐标表示，管口取在 $z=0$ 处，另一端延伸到无限远处。管道截面在 xy 平面，长度分别为 l_x，l_y。在管道内，声场用直角坐标系表示，其声波方程为

$$\frac{\partial^2 p}{\partial x^2}+\frac{\partial^2 p}{\partial y^2}+\frac{\partial^2 p}{\partial z^2}=\frac{1}{c_0^2}\frac{\partial^2 p}{\partial t^2} \tag{1.3.1}$$

令 $p(x, y, z, t)=p_a(x, y, z)\mathrm{e}^{\mathrm{j}\omega t}$，$p_a(x, y, z)=X(x)Y(y)Z(z)$，代入式（1.3.1），在 x、y、z 三个方向即可获得三个独立坐标的常微分方程。以 x 坐标为例，有

$$\frac{\partial^2 X(x)}{\partial x^2}+k_x^2 X(x)=0 \tag{1.3.2}$$

y、z 坐标的两个方程与此类似。式（1.3.2）中，k_x 为待定常数，称为 x 方向的波数，各方向波数之间满足如下关系

$$k^2=k_x^2+k_y^2+k_z^2 \tag{1.3.3}$$

因为管道在 x、y 方向有界，声波入射到边界上产生反射波，入射波与反射波叠加后产生驻波；z 方向没有边界，传播自由行波，因而设

$$X(x)=A_x\cos k_x x+B_x\sin k_x x \tag{1.3.4a}$$

$$Y(y)=A_y\cos k_y y+B_y\sin k_y y \tag{1.3.4b}$$

$$Z(z)=A_z\mathrm{e}^{-\mathrm{j}k_z z} \tag{1.3.4c}$$

根据运动方程，可以求得 x、y 方向的质点振速 v_x 和 v_y。假设管道内壁为刚性边界，则边界条件为

$$v|_{x=0}=v|_{x=l_x}=0,\ v|_{y=0}=v|_{y=l_y}=0 \tag{1.3.5}$$

将式（1.3.5）代入 v_x 和 v_y 的表达式中即可求得待定系数 B_x 和 B_y。最后可求得

$$p(x,y,z,t)=\sum_{n_x=0}^{\infty}\sum_{n_y=0}^{\infty}p_{n_x n_y}=\sum_{n_x=0}^{\infty}\sum_{n_y=0}^{\infty}A_{n_x n_y}\cos k_x x\cos k_y y\mathrm{e}^{\mathrm{j}(\omega t-k_z z)} \tag{1.3.6}$$

其中

$$k_z=\sqrt{k^2-(k_x^2+k_y^2)}=\sqrt{k^2-\beta_{n_x n_y}^2} \tag{1.3.7}$$

$$\beta_{n_x n_y}^2=\left[\left(\frac{n_x}{l_x}\right)^2+\left(\frac{n_y}{l_y}\right)^2\right]\pi^2 \tag{1.3.8}$$

式（1.3.6）中的 $p_{n_x n_y}$ 为（n_x，n_y）次简正波的声压表达式。

以上求解声波方程的方法称为分离变量法。

2. 波导中的平面波和高次波

式（1.3.7）中，如果 $k^2<\beta_{n_x n_y}^2$，则 $k_z=-\mathrm{j}\alpha$，$\alpha_{n_x n_y}=\sqrt{\beta_{n_x n_y}^2-k^2}$，于是，$p_{n_x n_y}$ 可改写为

$$p_{n_x n_y}=A_{n_x n_y}\cos\frac{n_x\pi}{l_x}x\cos\frac{n_y\pi}{l_y}y\mathrm{e}^{-\alpha_{n_x n_y}z}\mathrm{e}^{\mathrm{j}\omega t} \tag{1.3.9}$$

式中，$A_{n_x n_y}$ 为待定常数。

式（1.3.9）表明，沿 z 方向传播的行波将会以指数方式逐渐衰减。反过来说，沿 z 方向声波不衰减的条件是 $k^2>\beta_{n_x n_y}^2$，也就是要求

$$f > f_{n_x n_y} = \frac{c_0}{2}\sqrt{\left(\frac{n_x}{l_x}\right)^2 + \left(\frac{n_y}{l_y}\right)^2} \tag{1.3.10}$$

$f_{n_x n_y}$就是与（n_x，n_y）次波相对应的波导管的简正频率。

取（n_x，n_y）=（0，0），则该次波对应的声压为

$$p_{00} = A_{00}e^{j(\omega t - kz)} \tag{1.3.11}$$

其中，A_{00}在x、y方向不同位置都是均匀的，这说明（0，0）次波是沿z方向传播的均匀平面波。(0，0）次波以外的声波称为高次波。定义除零以外最低的一个简正频率为管道的截止频率，那么如果声源频率低于管道截止频率，则管中只能传播（0，0）次均匀平面波。反之，当声源频率比某个简正频率高时，管道中就激发出（n_x，n_y）高次波，其声压表达式为

$$p_{n_x n_y} = A_{n_x n_y}\cos\frac{n_x\pi}{l_x}x\cos\frac{n_y\pi}{l_y}y e^{j\left(\omega t - \sqrt{\left(\frac{\omega}{c_0}\right)^2 - \left(\frac{n_x\pi}{l_x}\right)^2 - \left(\frac{n_y\pi}{l_y}\right)^2}z\right)} \tag{1.3.12}$$

1.3.3 室内声场

1. 基本声学现象

在室内声场，声波在不同特性的界面上将产生不同类型的声学现象，最基本的几种如下：

当声波入射到一个尺寸较大（与波长相比）的刚性光滑界面上时，将发生镜面反射，如图1.3.1a所示；当声波入射到一个尺寸较大（与波长相比）的非光滑界面上时，除了部分发生镜面反射外，大部分将以非镜面反射（散射）的形式出现，如图1.3.1b所示；当声波入射到一个具有吸收特性的界面上时，部分声能将被界面吸收并最终转化为热能，如图1.3.1c所示；当声波入射到一个厚度小或有透声性能的界面上时，部分声能将透过界面传入相邻的环境中，如图1.3.1d所示；当声波入射到一个尺寸较小（与波长相比）的界面上时，除了发生前述的现象外，还将产生衍射，即一部分声能可以传入被界面挡住的区域，如图1.3.1e所示。

对于各种封闭结构而言，内部一般都存在一定量的形状不一的物体，它们与封闭结构的界面一起对声波的传播过程产生十分复杂的影响，镜面反射、散射、透射、吸收、衍射、干涉等声学现象几乎都同时存在，如图1.3.1f所示。它们所占的相对比例取决于界面的形状、厚度、表面光滑度、材料的吸收和透射性能等因素。

这些基本声学现象的综合效应是，使不同结构的封闭空间内部的声能分布呈现出时间和空间上的差异性，从而导致相同声源产生的听感有明显的区别。

为了描述这种差异性，人们引入了混响和扩散这两个概念。它们是影响室内声场中音质的两个最关键的物理现象，也是室内声场区别于其他类型声场的典型特征。

2. 扩散

扩散是声场中能量趋于均匀化的一种物理现象。在理想的条件下，这种扩散将会形成扩散声场，即满足以下几个条件：

1）声以声线的方式沿直线传播（速度为c_0），声线携带的能量的各向传递几率相等。

2）声线之间互不相干，声线在叠加时相位无规。

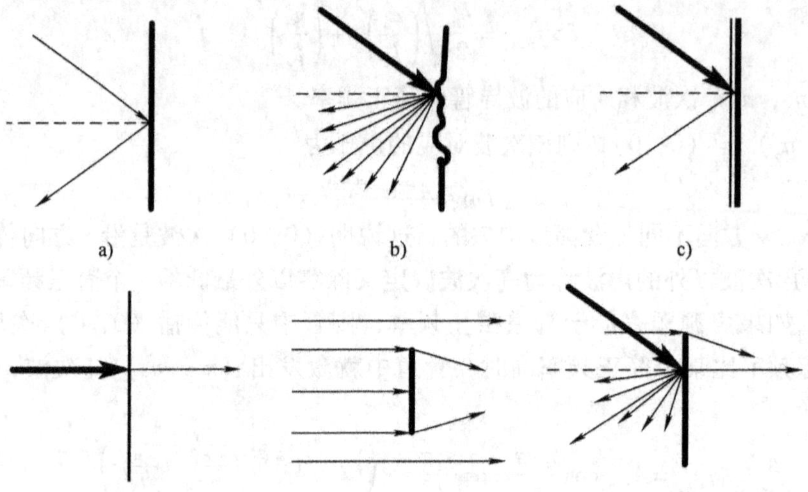

图 1.3.1 几种基本声学现象（声线粗细反映能量高低）
a）镜面反射 b）散射 c）声吸收 d）透射 e）衍射 f）几种现象的综合

3）室内平均声能密度处处相等。

室内声场特有的这种扩散现象可以通过驻波理论解释。设内壁刚性的某矩形封闭结构的长、宽、高分别为 l_x、l_y、l_z，直角坐标系下的波动方程为式（1.3.1），重写如下

$$\frac{\partial^2 p}{\partial x^2}+\frac{\partial^2 p}{\partial y^2}+\frac{\partial^2 p}{\partial z^2}=\frac{1}{c_0^2}\frac{\partial^2 p}{\partial x^2} \tag{1.3.13}$$

如果把坐标原点取在封闭空间的一角，刚性壁面的边界条件可表示为

$$\left.\begin{aligned}(v_x)_{(x=0,x=l_x)}&=0\\(v_y)_{(y=0,y=l_y)}&=0\\(v_z)_{(z=0,z=l_z)}&=0\end{aligned}\right\} \tag{1.3.14}$$

其中，v_x、v_y、v_z 分别表示质点速度在 x、y、z 方向的分量。

满足上述边界条件的特解为

$$p_n=A_{n_xn_yn_z}\cos k_x x\cos k_y y\cos k_z z\mathrm{e}^{\mathrm{j}\omega_n t} \tag{1.3.15}$$

其中，

$$\left.\begin{aligned}k_x&=\frac{\omega_x}{c_0}=\frac{n_x\pi}{l_x}\\k_y&=\frac{\omega_y}{c_0}=\frac{n_y\pi}{l_y}\\k_z&=\frac{\omega_z}{c_0}=\frac{n_z\pi}{l_z}\end{aligned}\right\} \tag{1.3.16}$$

又因为有以下关系

$$k_n^2=\left(\frac{\omega_n}{c_0}\right)^2=k_x^2+k_y^2+k_z^2 \tag{1.3.17}$$

$$\omega_n^2=\omega_x^2+\omega_y^2+\omega_z^2 \tag{1.3.18}$$

或可表示为

$$f_n=\frac{\omega_n}{2\pi}=\sqrt{f_x^2+f_y^2+f_z^2}=\frac{c_0}{2}\sqrt{\left(\frac{n_x}{l_x}\right)^2+\left(\frac{n_y}{l_y}\right)^2+\left(\frac{n_z}{l_z}\right)^2} \tag{1.3.19}$$

若将频率表示成一个矢量形式，有

$$\boldsymbol{f}_n=f_x\boldsymbol{i}+f_y\boldsymbol{j}+f_z\boldsymbol{k} \tag{1.3.20}$$

式中，$\boldsymbol{i}$，$\boldsymbol{j}$，$\boldsymbol{k}$ 分别表示在 x，y，z 方向的单位矢量，其分量为

$$\left.\begin{aligned} f_x&=\frac{n_xc_0}{2l_x}\\ f_y&=\frac{n_yc_0}{2l_y}\\ f_z&=\frac{n_zc_0}{2l_z}\end{aligned}\right\} \tag{1.3.21}$$

式中，矢量 $\boldsymbol{f}_n$ 的方向代表了相应的简正波的行进方向，其大小表示该简正波的频率数值。

通过近似计算可以得到频率低于 f 的所有轴向波的平均数目为

$$N_a=\frac{f\left(\dfrac{c_0^2}{4l_yl_z}+\dfrac{c_0^2}{4l_zl_x}+\dfrac{c_0^2}{4l_xl_y}\right)}{\dfrac{c_0^3}{8l_xl_yl_z}}=\frac{fL}{2c_0} \tag{1.3.22}$$

式中，$L=4\ (l_x+l_y+l_z)$，代表矩形空间的边线总长。

频率低于 f 的所有切向波平均数为

$$\begin{aligned} N_t&=\frac{\pi f^2}{c_0^2}(l_yl_z+l_zl_x+l_xl_y)-\frac{f}{c_0}[(l_y+l_z)+(l_z+l_x)+(l_x+l_y)]\\ &=\frac{\pi f^2S}{2c_0^2}-\frac{fL}{2c_0}\end{aligned} \tag{1.3.23}$$

式中，$S=2\ (l_xl_y+l_yl_z+l_xl_z)$，代表矩形空间内壁面的总面积。

频率低于 f 的斜向波平均数为

$$N_b=\frac{4\pi f^3V}{3c_0^3}-\frac{\pi f^2S}{4c_0^2}+\frac{fL}{8c_0} \tag{1.3.24}$$

由此可得频率低于 f 的各类波的平均总数为

$$N=N_a+N_t+N_b=\frac{4\pi f^3V}{3c_0^3}+\frac{\pi f^2S}{4c_0^2}+\frac{fL}{8c_0} \tag{1.3.25}$$

将上式对频率进行微分，可得到在 $\mathrm{d}f$ 内的简正频率数

$$\mathrm{d}N=\left(\frac{4\pi f^2V}{c_0^3}+\frac{\pi fS}{2c_0^2}+\frac{L}{8c_0}\right)\mathrm{d}f \tag{1.3.26}$$

式中，V 为矩形空间的体积。

这表明，在频率 f 附近的 $\mathrm{d}f$ 频带内，简正频率数基本上与频率的二次方成正比。频率越高，$\mathrm{d}N$ 数量增加越快。当中心频率较高时，在非常窄的频带内就会同时存在大量的简正波或驻波方式，某一种驻波的波节可能恰好是另一驻波的波腹，反之亦然。可以理解为，由于大量的驻波方式存在，它们的叠加使驻波效应得到了平均，从而使室内声场的能量趋向均匀。

由此说明，在一定条件下扩散声场是可以近似实现的。如果声源不是单频而是具有一定

带宽的声波，并且其中心频率较高，空间的体积较大，或者说与中心频率对应的声波波长远小于封闭空间的平均尺度，则声场中激发的简正波数就较多。因此，大尺度、高频条件容易产生扩散性强的声场。

是否扩散程度越高，声场的音质就越好呢？答案是否定的。扩散有助于建立分布均匀的声场，这在许多情况下是音质设计追求的目标，但充分扩散后，反而会使听者无从辨别声源的方位，反而削弱了现场感。实际中一般需要适度的扩散，以保证能量衰减曲线的平滑度，提高声音的品质。

近年来，人们越来越关注声场的空间感。这种空间感与扩散有关，但又不完全取决于扩散。有人提出利用 IACC（双耳互相关函数）和 LEF（早期侧向声能比）等指标来描述空间感，已经获得广泛认可。

3. 混响

在封闭空间内，从声源发出的声波能量不是迅速消失，而是在各个界面上来回反射，并由于部分被壁面吸收而形成逐渐衰减的过程，这种现象称为混响。

混响是封闭空间内最重要的声学特性，产生混响的本质原因正是由于空间的多个界面相互连结形成了一种闭环结构，使大量声能可以在界面之间来回反射而不至于迅速消失。

假设声源在辐射声波一段时间后，在 $t=0$ 时刻突然停止，封闭空间内的平均能量密度为$\overline{\varepsilon_0}$显然将逐渐衰减。假设平均吸声系数为 $\overline{\alpha}$，经过第一次反射后封闭空间内的平均能量密度变为

$$\overline{\varepsilon_1}=\overline{\varepsilon_0}\ (1-\overline{\alpha}) \tag{1.3.27}$$

第二次反射后为

$$\overline{\varepsilon_2}=\overline{\varepsilon_0}\ (1-\overline{\alpha})^2 \tag{1.3.28}$$

任意 M 次反射后为

$$\overline{\varepsilon_M}=\overline{\varepsilon_0}\ (1-\overline{\alpha})^M \tag{1.3.29}$$

设该空间的平均自由程为 $\overline{L}$，那么在 1s 内发生的反射次数 N_1 应该是速度 c_0 除以平均自由程，即

$$N_1=\frac{c_0}{\overline{L}}=\frac{c_0 S}{4V} \tag{1.3.30}$$

于是，t 秒内发生的反射次数是

$$N_t=\frac{c_0}{\overline{L}}t=\frac{c_0 S}{4V}t \tag{1.3.31}$$

所以，t 秒后的平均能量密度衰减为

$$\overline{\varepsilon_t}=\overline{\varepsilon_0}\ (1-\overline{\alpha})^{\frac{c_0 S}{4V}t} \tag{1.3.32}$$

因为扩散声场中各点的总平均能量密度可以看成是大量互不相干的声线的平均能量密度的叠加，其总平均能量密度与总有效声压平方的关系为

$$\overline{\varepsilon}=\frac{\overline{\Delta E}}{V}=\frac{p_{\mathrm{a}}^2}{2\rho_0 c_0^2}=\frac{p_{\mathrm{e}}^2}{\rho_0 c_0^2} \tag{1.3.33}$$

于是有

$$p_{\mathrm{e}}^2=p_{\mathrm{e}0}^2\ (1-\overline{\alpha})^{\frac{c_0 S}{4V}t} \tag{1.3.34}$$

式中，p_e 为声场内某时刻 t 的有效声压，p_{e0}为 $t=0$ 时的有效声压。

赛宾提出用混响时间来描述室内声场声波衰减的快慢程度，定义为：在扩散声场中，当声源停止发声后从初始的声压级降低 60dB（平均声能密度降为$\frac{1}{10^6}$）所需的时间，用符号T_{60}来表示。根据此定义有

$$20\lg\frac{p_e}{p_{e0}}=10\lg(1-\overline{\alpha})^{\frac{c_0S}{4V}T_{60}}=-60 \tag{1.3.35}$$

由此解得

$$T_{60}=55.2\frac{V}{-c_0S\log_e(1-\overline{\alpha})} \tag{1.3.36}$$

如果取 $c_0=344\text{m/s}$，可得

$$T_{60}=0.161\frac{V}{-S\log_e(1-\overline{\alpha})} \tag{1.3.37}$$

如果室内平均吸声系数满足 $\overline{\alpha}<0.2$，则有 $\log_e(1-\overline{\alpha})\approx-\overline{\alpha}$，所以

$$T_{60}\approx0.161\frac{V}{S\overline{\alpha}} \tag{1.3.38}$$

这就是著名的赛宾公式。过去近百年的时间内，该公式一直被用于描述室内声场的混响程度。经验表明，混响时间对语音、音乐等的听音效果的影响并不相同，因此，对于不同功能的观演空间，所要求的最佳混响时间也不同。

混响公式是在扩散声场前提下导出的，因此，一个封闭空间应该仅有一个混响时间。但实际中的室内声场不可能达到理想的扩散状态，混响时间也就不可能处处相同，而且室内声能量的衰减在不同时段也不可能都按同一指数规律进行。也就是说，实际室内声场内的混响时间存在时间不均匀性和空间不均匀性。

研究发现，早期的衰减时间，例如最先衰减 10dB 的时间，对于人们的混响感受特别重要。这使得从时间的角度去描述室内声场有了新的发展，一些新的指标如 EDT、T_{30}、T_{20} 等陆续被提出，并被证明在许多场合都非常有价值，甚至比混响时间更能准确地反映声场的特点。

1.4 基本声学参量

1.4.1 声压、声强与声功率

1. 声压与质点振速

正像本章开始叙述的那样，声压是定量描述声波的最基本的物理量，它是由于声扰动产生的逾量压强，是空间位置和时间的函数。由于声压的测量比较易于实现，而且通过声压的测量也可以间接求得质点振速等其他声学参量，因此，声压已成为人们最为普遍采用的定量描述声波性质的物理量。

声场中某一瞬时的声压值称为瞬时声压，在一定时间间隔内最大的瞬时声压为峰值声压。一定时间间隔内，瞬时声压对时间取方均根值称为有效声压，即

$$p_e = \sqrt{\frac{1}{T}\int_0^T p^2 \mathrm{d}t} \tag{1.4.1}$$

式中，T 代表平均的时间间隔。

媒质质点速度是求声能量所必需的一个参量，它是有方向的，是一个矢量。已知声压，通过运动方程可以求出质点速度，即

$$\boldsymbol{v} = -\frac{1}{\rho_0}\int \mathrm{grad}p\mathrm{d}t \tag{1.4.2}$$

在 x 方向，有

$$v_x = -\frac{1}{\rho_0}\int \frac{\partial p}{\partial x}\mathrm{d}t \tag{1.4.3}$$

2. *声能量与声能量密度*

在一足够小的体积元内，其体积、压强增量和密度分别记为 V_0，p，ρ_0，则声扰动的能量表示为声动能和声势能之和，有

$$\Delta E = \Delta E_k + \Delta E_p = \frac{V_0}{2}\rho_0\left(v^2 + \frac{1}{\rho_0^2 c_0^2}p^2\right) \tag{1.4.4}$$

单位体积里的声能量称为声能量密度，其表达式为

$$\varepsilon = \frac{\Delta E}{V_0} = \frac{1}{2}\rho_0\left(v^2 + \frac{1}{\rho_0^2 c_0^2}p^2\right) \tag{1.4.5}$$

以上方程对所有形式的声波都成立，具有普遍意义。对于平面波，有

$$\Delta E = V_0 \frac{p_a^2}{\rho_0 c_0^2}\cos^2 \left(\omega t - kx\right) \tag{1.4.6}$$

单位体积里的平均声能量为平均声能密度，有

$$\bar{\varepsilon} = \frac{\overline{\Delta E}}{V_0} = \frac{p_a^2}{2\rho_0 c_0^2} = \frac{p_e^2}{\rho_0 c_0^2} \tag{1.4.7}$$

3. *声功率与声强*

单位时间内通过垂直于声传播方向面积 S 的平均声能量称为平均声功率或平均声能量流，它与平均声能密度的关系是

$$\overline{W} = \bar{\varepsilon} c_0 S \tag{1.4.8}$$

单位面积上的平均声功率称为声强，有

$$I = \frac{\overline{W}}{S} = \bar{\varepsilon} c_0 \tag{1.4.9}$$

实际中求声强的另一种办法是

$$I = \frac{1}{T}\int_0^T \mathrm{Re}(p)\mathrm{Re}(v)\mathrm{d}t \tag{1.4.10}$$

声强的单位为 $\mathrm{W/m^2}$。需要特别注意的是，声强是有方向的，是一个矢量，它表示声场中声能流的运动方向。

1.4.2 声学参量的级与运算

1. *声压级、声强级和声功率级*

实际生活中，人们常会遇到强度变化范围很宽的各种声音。例如，人耳可以感受到的最

弱的声音和能够忍受的最强的声音，如果直接使用声压数值表示，其变化范围可达到10^6量级，使用起来极不方便，而用对数标度以突出其数量级的变化则相对明了些。另一方面，人耳对声音的接收，并不是正比于强度的绝对值，而更近于正比其对数值。由于这两方面的原因，在声学中普遍使用对数标度来量度声压、声强、声功率等声学参量，分别称为声压级、声强级和声功率级，单位用分贝（dB）表示。

声压级的符号为L_p，其定义为：将待测声压的有效值p_e与参考声压p_0的比值取以10为底的常用对数，再乘以20，即

$$L_p = 20\lg\frac{p_e}{p_0} \tag{1.4.11}$$

在空气中，参考声压$p_0 = 2\times10^{-5}$Pa，这个数值是具有正常听力的人对1kHz声音刚刚能够觉察到的最低声压值。低于这一声压值，一般人就不能觉察到此声音的存在了，亦即可听阈声压级为0dB。式（1.4.11）也可以写为

$$L_p = 20\lg p_e + 94 \tag{1.4.12}$$

人耳的感觉特性，从可听阈的2×10^{-5}Pa的声压到痛阈的20Pa，两者相差100万倍，而用声压级来表示则变化为0～120dB，使声音的量度大为简明。由此可以看出，声压值变化10倍相当于声压级增加20dB，声压值变化100倍，相当于声压级增加40dB。

一般说来，微风轻轻吹拂树叶的声音约14dB，在房间中高声谈话（相距1m处）约68～74dB，飞机强力发动机的声音（5m远）约140dB。一个声音比另一声音的声压大一倍时，声压级增加6dB，一般人耳对于声音强弱的分辨能力约为0.5dB。

声强级L_I的定义为：待测声强I与参考声强I_0的比值取常用对数再乘以10，即

$$L_I = 10\lg\frac{I}{I_0} \tag{1.4.13}$$

在空气中，参考声强I_0取为10^{-12}W/m^2，它是空气中参考声压$p_0 = 2\times10^{-5}$Pa相对应的声强值。这样，式（1.4.13）又可写成

$$L_I = 10\lg I + 120 \tag{1.4.14}$$

声强I的单位为W/m^2。由于

$$I = \frac{p^2}{\rho_0 c_0} \tag{1.4.15}$$

在计算参考声强时，空气的特性阻抗率取值为$\rho_0 c_0 = 400\text{Pa}\cdot\text{s/m}$，代入式（1.4.13），有

$$L_I = 10\lg\frac{I}{I_0} = 10\lg\left(\frac{p^2}{\rho_0 c_0}\times\frac{400}{p_0^2}\right)$$
$$= L_p + 10\lg\frac{400}{\rho_0 c_0} = L_p + \Delta L_p \tag{1.4.16}$$

一般情况下，$\Delta L_p = 10\lg(400/\rho_0 c_0)$的值很小，因此声压级$L_p$近似等于声强级$L_I$。例如，空气中在一个大气压下，温度为0℃时，$\rho_0 c_0 = 428\ \text{Pa}\cdot\text{s/m}$，$\Delta L_p = -0.29$dB；温度为20℃时，$\rho_0 c_0 = 415\text{Pa}\cdot\text{s/m}$，$\Delta L = -0.16$dB，都可以认为$L_p \approx L_I$。

声功率也可用“级”来表示，成为声功率级L_W，其定义为

$$L_W = 10\lg\frac{W}{W_0} \tag{1.4.17}$$

这里 W 是指声功率的平均值 $\overline{W}$，在空气中，参考声功率 $W_0=10^{-12}\text{W}$，这样式（1.4.17）可写为

$$L_W=10\lg\overline{W}+120 \tag{1.4.18}$$

利用式（1.4.9）中声强与声功率的关系，以及空气中声强级近似地等于声压级的关系，可得

$$L_p\approx L_I=10\lg\left(\frac{W}{S}\times\frac{1}{I_0}\right)$$

将 $W_0=10^{-12}\text{W/m}^2$ 代入，便得到

$$L_p\approx L_I=L_W-10\lg S \tag{1.4.19}$$

这就是空气中声强级、声压级与声功率级之间的关系。必须注意的是，式（1.4.19）成立的条件必须是自由声场，即除了声源发声外，其他声源的声音和反射声的影响均小到可以忽略不计的程度。自由场和半自由场中测量机器噪声声功率的方法就利用了上述原理。

有几点需要注意：

1）声强级、声功率级的定义中，在对数前面的常数都是 10，而声压级前面的对数为 20，这是因为声能量正比于声强和声功率的一次方，所以在以分贝为单位取“级”时，“能量”级和“幅度”级参量，其对数前面的常数分别是 10 和 20，注意不要混淆。如声压增加 1 倍，声压级和声强级增加 6dB；而声强增加 1 倍，声压级和声强级仅增加 3dB。

2）对于一个确定的声源，其声功率级是不变的，而声压级、声强级都随着测点的不同而变化。如自由声场（无反射声场）中的点声源，其声压级和声强级随着 r 的增加而减小。

2. 基准级

除了上述声压级、声强级和声功率级采用对数级以外，在声学测量中，还有许多其他相关测量的动态范围也很大，直接用绝对值记录数据很不方便。为简便起见，仍然以“级”的形式表达。声学测量中常用的“级”与基准值见表 1.4.1。

表 1.4.1 常用声学量的级和基准值

名 称	定 义 式	基 准 值
声压级	$20\lg(p/p_0)$	$p_0=20\mu\text{Pa}$
振动加速度级	$20\lg(a/a_0)$	$a_0=1\mu\text{m}\cdot\text{s}^{-2}$
振动速度级	$20\lg(u/u_0)$	$u_0=1\text{nm}\cdot\text{s}^{-1}$
振动位移级	$20\lg(\eta/\eta_0)$	$\eta_0=1\text{pm}$
力级	$20\lg(F/F_0)$	$F_0=1\mu\text{N}$
功率级	$10\lg(W/W_0)$	$W_0=1\text{pW}$
声强级	$10\lg(I/I_0)$	$I_0=1\text{pWm}^{-2}$
能量级	$10\lg(E/E_0)$	$E_0=1\text{pJ}$
能量密度级	$10\lg(\varepsilon/\varepsilon_0)$	$\varepsilon_0=1\text{pJ}\cdot\text{m}^{-3}$
传感器灵敏度级	$20\lg(\alpha/\alpha_0)$	$\alpha_0=1\text{V}\cdot\text{Pa}^{-1}$
声源发送灵敏度级	$20\lg(s/s_0)$	$s_0=1\text{Pa}\cdot\text{V}^{-1}$

3. 分贝的运算

如果已知一台机器在某点产生的声压级为 80dB，另一台机器为 85dB，那么该点的总声

压级是否可将两声压级的数值直接作算术相加呢？要回答这一问题，必须注意到分贝包含的物理意义及数学运算过程。

一般情况下，两个以上的噪声源产生的声波是不相干的，因此可以用声能量非相干叠加的概念。因此，依据式（1.2.20），两噪声源在该点产生的总声压 p_T 可表示为

$$p_T^2 = p_1^2 + p_2^2 \tag{1.4.20}$$

式中，p_1 和 p_2 分别为两个声源单独在测点产生的声压。如果第一个声源在测点处产生的声压级为 L_{p1}，则由声压级的定义得

$$p_1 = p_0 \times 10^{\frac{L_{p1}}{20}} \tag{1.4.21a}$$

或

$$p_1^2 = p_0^2 \times 10^{0.1L_{p1}} \tag{1.4.21b}$$

对第二个声源也是如此。于是，根据式（1.4.20），有

$$10^{0.1L_{pT}} = 10^{0.1L_{p1}} + 10^{0.1L_{p2}} \tag{1.4.22}$$

依此类推，对于 N 个噪声源的情况，有

$$10^{0.1L_{pT}} = \sum_{n=1}^{N} 10^{0.1L_{pn}} \tag{1.4.23a}$$

这样，总的声压级为

$$L_{pT} = 10\lg\left(\sum_{n=1}^{N} 10^{0.1L_{pn}}\right) \tag{1.4.23b}$$

对于仅有两个声压级相叠加的情况，总声压级为

$$L_{pT} = 10\lg\left(10^{0.1L_{p1}} + 10^{0.1L_{p2}}\right) \tag{1.4.24}$$

如果 $L_{p1} = 80\text{dB}$，$L_{p2} = 80\text{dB}$，由式（1.4.24）可得 $L_{pT} = 83\text{dB}$；如果 $L_{p1} = 80\text{dB}$，$L_{p2} = 85\text{dB}$，则 $L_{pT} = 86.2\text{dB}$。这就是所谓的“分贝相加”，在工程实际中被广泛应用。

式（1.4.24）也可以利用两个声压级 L_{p1} 和 L_{p2} 的差值 $\Delta L_p = L_{p1} - L_{p2}$（假定 $L_{p1} \geqslant L_{p2}$）求出合成的声压级为

$$L_{pT} = 10\lg\left[10^{0.1L_{p1}} + 10^{0.1(L_{p1} - \Delta L_p)}\right]$$

由对数和指数运算法则得出

$$L_{pT} = L_{p1} + 10\lg\left(1 + 10^{-0.1\Delta L_p}\right) = L_{p1} + \Delta L_p' \tag{1.4.25}$$

其中

$$\Delta L_p' = 10\lg\left(1 + 10^{-0.1\Delta L_p}\right) \tag{1.4.26}$$

$\Delta L_p'$ 与 ΔL_p 的关系可以绘成图1.4.1所示的曲线（称为分贝相加曲线），这里假定 $L_{p1} \geqslant L_{p2}$，具体的数值关系列于表1.4.2。用图1.4.2不经过对数和指数运算可以很快查出两个声压级叠加后的总声压级。

表1.4.2　$\Delta L_p'$ 与 ΔL_p 关系

ΔL_p/dB	0	1	2	3	4	5	6	7	8	9	10	11	12	13	14	15
$\Delta L_p'$/dB	3.0	2.5	2.1	1.8	1.5	1.2	1.0	0.8	0.6	0.5	0.4	0.3	0.3	0.2	0.2	0.1

例如，已知一声压级比另一声压级高出2.5dB，即 $\Delta L_p = L_{p1} - L_{p2} = 2.5\text{dB}$，从图中可查 $\Delta L_p' = 1.9\text{dB}$，即总声压级比第一个声压级 L_{p1} 高出1.9dB。

从图1.4.1中曲线可以看出：两声压级相差越大，即ΔL_p越大，则相加后的总声压级比其中大的一个声压级增加得越小，即$\Delta L'_p$越小。当两个声压级相差达10dB以上时，增加值就可以忽略不计。对于多于两个的声压级相加，除用式（1.4.23a）计算外，也可以利用两个声压级相加方法求得，就是把其中两个声压级先相加，将相加结果再与第三个声压级相加，如此一直相加到最后一个声压级。为简便起见常常从其中较大的声压级开始，这样在相加过程中当相加到声压级大于后面尚未相加的声压级10dB以上时，如果未相加的声压级数目不多，则后面的这些声压级就可略去不计了。

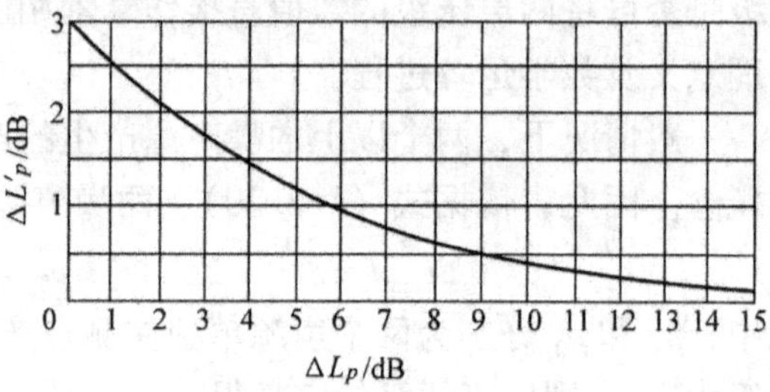

图1.4.1　分贝相加曲线

分贝的“相加”不仅仅局限用于两个声源或更多的声源发出的声音，对同一个声源发出的声音也有“分贝相加”问题。一般声源发声所包含的不只是单一频率的成分，它发出的是各种频率合成的声波，而频率不同的声波是不相干的，它们之间的相加也遵循能量相加的原则，所以，如果已知声源所发出的声波各频率成分的声压级，则可按“分贝相加”原理得出其总声压级（这一点在2.4.2“倍频程分析”一节有详细说明）。

在测量噪声的过程中，往往会受到其他外界噪声的干扰，此种噪声称为背景噪声（或本底噪声）。如果所测得车间内某机器运行时包括背景噪声在内的总声压级为L_{pT}，在机器停止时，测得背景噪声声压级为L_{pB}，那么如何从这一测量结果中得出这一机器的真实声压级？这一问题实际上是求L_{pT}中扣去因L_{pB}所引起的增加值等于多少，也就是所谓的“分贝相减”问题。

由式（1.4.26）可以得到被测机器的声压级为

$$L_{pS}=10\lg\left(10^{0.1L_{pT}}-10^{0.1L_{pB}}\right) \qquad (1.4.27)$$

如果令总声压级L_{pT}与背景噪声级L_{pB}的差值为$\Delta L_{TB}=L_{pT}-L_{pB}$，则总声压级$L_{pT}$与被测机器声压级$L_{pS}$的差值表示为

$$L_{pS}=L_{pT}+10\lg\left(1-10^{-0.1\Delta L_{TB}}\right)=L_{pT}-\Delta L_{TS}$$

也就是

$$\Delta L_{TS}=L_{pT}-L_{pS}=-10\lg\left[1-10^{-0.1\Delta L_{TB}}\right] \qquad (1.4.28)$$

式（1.4.28）也可类似图1.4.1那样绘制成ΔL_{TS}与ΔL_{TB}的关系曲线（称为分贝相减曲线），如图1.4.2所示。从图中虽然可以查到$\Delta L_{TB}=1$dB的修正值ΔL_{TS}，但背景噪声和所测量的噪声通常都有一定的涨落，所以实际上当测得的总声压级L_{pT}高出背景噪声声压级L_{pB}不到3dB时，所测得的结果是不可靠的，这是声学测量需要遵守的基本原则。

在实际测量中，通常对“分贝相减”作近似处理（大多数国家标准就是如此规定的），见表1.4.3。

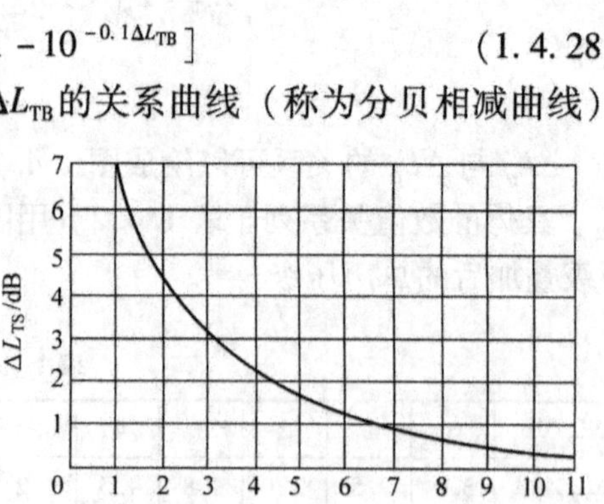

图1.4.2　分贝相减曲线

表 1.4.3 分贝相减的近似处理

ΔL_{TB}/dB	≥10	6~9	4~5	3	≤2
ΔL_{TS}/dB	0	1	2	3	测量无效

如果测量的是多频率复合噪声的声压级，则在测量背景噪声和机器噪声时，应分别按各个频带进行测量，对每一频带声压级需逐一加以修正。

上面所讲的都是以声压级来推导公式和举例的，但其本质是不相干波的能量相加，所以这里所列的这些关于分贝“相加”和“相减”的公式也都适用于声强级和声功率级。

1.4.3 评价参量

噪声对人的危害和影响是多方面的。多年来，各国研究者对噪声的危害和影响进行了大量研究，提出了各种评价方法和评价指标，期望得出与主观响应相一致的客观评价量和计算方法。这些客观评价量大致可概括为：与人耳听觉特性有关的评价量、与心理感受有关的评价量、与人体健康有关的评价量，以及与室内活动有关的评价量等几个方面。这些不同的评价量分别适用于不同的环境、时间、噪声源特性和评价对象。下面按上述分类介绍一些基本的噪声评价参量。

1. 响度与计权声级

（1）响度 研究表明，人耳对于不同频率的声音的响度感觉是不一样的，它不纯粹是一个物理问题。大体上说来，人耳接收到的声波，主观上产生的关于“响”的主观感觉（响度）近似地与声音强度的对数成正比。对于不同频率的声音，即使其声强级相同（声能量相同），人耳听起来却不一样响。例如，同为 60dB 的两个声音，若第一个声音频率为 100Hz，第二个为 1kHz，人耳听起来会感觉到前者比后者要轻得多。要使 100Hz 的纯音听起来和 60dB、1kHz 的纯音同样响，则它的声压级要调高到 67dB。

为了使人耳对频率的响应与客观量（声压级）联系起来，人们采用响度级来定量地描述这种关系。响度级是以 1kHz 纯音为基准，对听觉正常的人进行大量比较试听后定出的。具体说来就是，对于 1kHz 的纯音，它的响度级就是这个声音的声压级，对频率不是 1kHz 的纯音，则用 1kHz 纯音与这一待定的纯音进行试听比较，调节 1kHz 纯音的声压级，使它和待定的纯音听起来一样响，这时 1kHz 纯音的声压级就被定义为这一纯音的响度级。

响度级记为 L_N，单位是方（phon）。例如上述的 60dB、1kHz 纯音的响度级就是 60 方，而 100Hz 的纯音其声压级要达 67dB 才是 60 方，两者听起来才一样响。对各个频率的声音都作这样的试听比较，把听起来同样响的各相应声压级按频率连成一条条曲线，这些曲线就称为等响曲线，如图 1.4.3 所示。同一条曲线上的每个频率的声音在感觉上都一样响，它们的响度级就是这条曲线上 1kHz 处的声压级值。

由等响曲线可以得出各个频率的声音在不同的声压级时，人们主观感觉出的响度级是多少。从频率上看，人耳能听到的声音在 20Hz ~ 20kHz 的频率范围内，低于 20Hz 的次声和高于 20kHz 的超声人耳都听不到，另一方面，即使在 20Hz ~ 20kHz 的声频范围内也不是任意大小的声音都能被人耳所听到。图 1.4.3 中最下面的一根虚曲线表示人耳刚刚能听到的声音的强弱，其响度级为零方，称为可听阈，低于这根曲线的声音人耳是听不到的；图中最上面

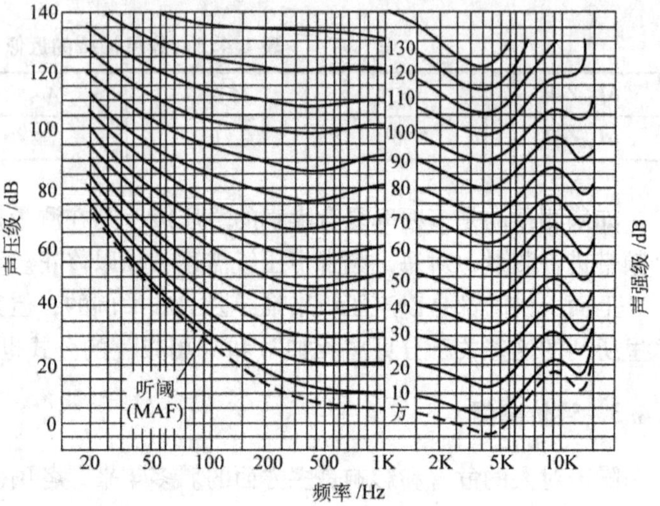

图 1.4.3 等响曲线

的曲线是痛觉的界限，叫痛阈，超过此曲线的声音人耳也听不到，感觉到的是痛觉。介于听阈和痛阈之间的声音为人耳可听声。从曲线中可看出，人耳能感受为声音的声能量范围达 10^{12} 倍，相当于 120dB 的变化范围。

响度级是一种对数标度的单位。不同响度级的声音不能直接进行比较，如响度级由 40 方增加到 80 方，并不意味着 80 方的声音听起来是 40 方的加倍响。声音“响”的程度，叫响度，它与正常听力对声音的主观感受量成正比，也就是说，响度加倍时，声音听起来也加倍的响。

响度记为 N，单位是宋（sone）。规定响度级为 40 方时响度为 1 宋，经实验得出响度级增加 10 方则响度增加一倍，如响度级 L_N 由 40 方增加到 50 方时，响度 N 加倍，由 1 宋增加为 2 宋，当 L_N 由 50 方变到 60 方时，响度再加倍由 2 宋增加至 4 宋等。由此可得响度级 L_N 与响度 N 的关系为

$$N = 2^{0.1\times(L_N - 40)} \tag{1.4.29}$$

$$L_N = 40 + 10\log_2 N \tag{1.4.30}$$

值得注意的是，响度涉及人的主观评价，所以两个声音相加时不能简单地将其响度作代数相加，必须借助于实验得出的频率修正才能得到总响度，这是一个复杂的问题。

上面所考虑的主要是建立测量到的声压级与纯音或窄带信号的主观感觉响度之间的关系，然而大多数实际噪声源产生的声音频率范围都是很宽的，为了计算这类复杂噪声的响度，斯蒂文斯在对大量听力正常人的主观测试基础上提出了等响度指数曲线，如图 1.4.4 所示。

这一方法是假定在一扩散声场内，它的响度指数由对应于该中心频率和频带声压级的响度指数曲线来确定。这一响度指数代表该频带对总响度的作用，但各频带的响度指数中以最大的响度指数对总响度的作用比其他频带指数作用为大。因此，计算总响度时最大响度指数的计权数为 1，而其他响度指数的计权数小于 1，其值随频带的宽度而异。具体情况见表 1.4.4 所示。

表 1.4.4 带宽修正因子的取值

倍频带宽	1/1	1/2	1/3
带宽修正因子 F	0.30	0.20	0.15

响度的计算方法为：首先在图 1.4.4 中，根据各中心频率和频带声压级分别确定各频带的响度指数。在各指数中找出最大的一个指数 S_m，然后将各指数总和中除去最大的指数，

乘以计权数 F，最后与 S_m 相加，即

$$S_t = S_m + F(S - S_m) \quad (1.4.31)$$

式中，$S = \sum_{i=1}^{n} S_i$ 是各频带响度指数的总和（包括 S_m 在内），n 为频带数，F 为带宽修正因子。

有了总响度（宋），就可由式(1.4.30)或用图1.4.4中右边的列线图求得响度级（方）。

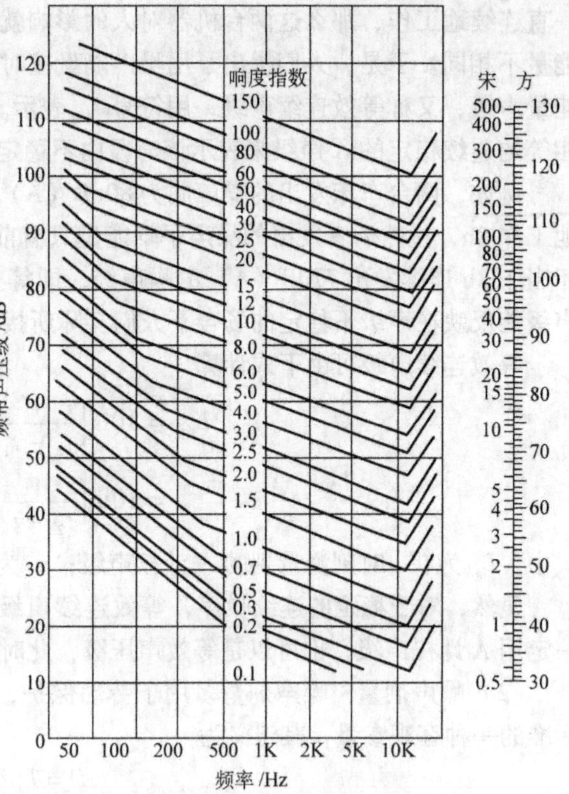

图1.4.4　斯蒂文斯等响度指数曲线

（2）计权声级　由等响曲线可以看出，人耳对于高频声音，特别是对于1kHz～5kHz的声音比较敏感，而对低频声音，特别是对100Hz以下的可听声不敏感，且频率越低越不敏感。也就是说，声压级相同的声音由于频率不同所产生的主观感觉不一样。为了使声音的客观量度和人耳听觉主观感受近似取得一致，测量声音的仪器（如声级计）一般都装置了对频率的计权网络。计权网络本质上是一个滤波器，它对所接受到的声音按频带设一定的衰减来模拟人耳的听觉特性。主要的计权网络有A、B、C、D四种，其频率特性如图1.4.5所示。用计权网络测得的结果叫计权声级，在书写时单位dB的后面写出所用的计权网络的标称，如dB（A）、dB（B）、dB（C）等。对声强级、声功率级也类似。

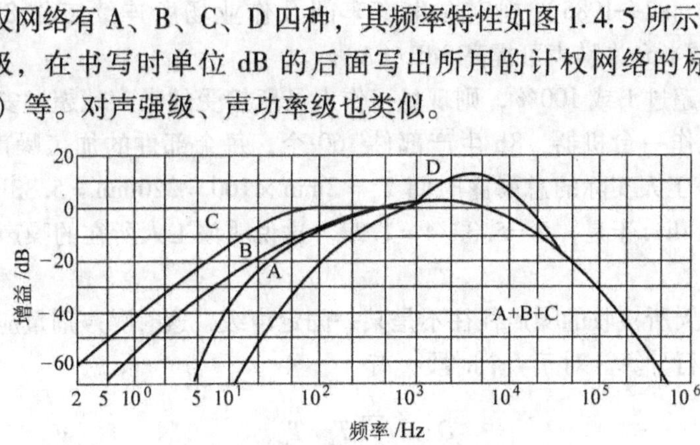

图1.4.5　计权网络频率特性

2. 声级的时间特性

（1）等效连续声级　A计权声级对于稳定的宽频带噪声是一种较好的评价方法，但对于一个声级起伏不定或不连续的噪声，A计权声级就显得不合适了。对于室外环境噪声，如交通噪声，噪声级是随时间而变化的，当有汽车通过时，噪声可能是85～90dB（A），但当没有车辆时可能是50～55dB（A），这时就很难说这个地方的交通噪声到底是多少分贝。又如，一台机器虽其声级是稳定的，但它是间歇地工作，而另一台机器噪声级虽与之相同，但

一直连续地工作，那么这两台机器对人的影响就不一样。因为在相同时间内作用于人的噪声能量不相同。于是，人们提出了用噪声能量按时间平均的方法来评价噪声对人的影响，即等能量声级，又称等效连续声级，用符号 L_{eq} 表示。也就是说，用一个在相同时间内声能与之相等的连续稳定的 A 声级来表示该时段内不稳定噪声的声级。

例如，两台车床发出的噪声同为 80dB（A），一台连续工作 8h，一台每小时中停半小时地工作 8h，显然后者发出的噪声平均能量只有前者的一半，即比前者小 3dB（A），也就是相当于 8h 连续发出 77dB（A）的噪声级，即等效连续声级为 77dB（A）。可见，等效连续声级能反映在声级不稳定的场合下人们实际所接受的噪声能量的大小。

等效连续声级可由下式计算

$$\begin{aligned} L_{eq} &= 10\lg\left[\frac{1}{t_2 - t_1}\int_{t_1}^{t_2}(p^2/p_0^2)\,dt\right] \\ &= 10\lg\left[\frac{1}{t_2 - t_1}\int_{t_1}^{t_2}10^{L_{pA}/10}dt\right] \end{aligned} \tag{1.4.32}$$

式中，L_{pA}为在 t 时刻测量到的 A 计权声级；p_0 为参考声压，等于 $20\mu Pa$。

显然，对于稳定的连续噪声，等效连续声级即等于所测得的噪声级。L_{eq} 的计算有时不一定用 A 计权声级，也可以是等效声压级，此时式中 L_{pA} 换成 L_p。

（2）噪声剂量　噪声剂量多用于劳动保护，是衡量劳动者所接收的噪声是否超过安全标准的一种客观参量，其定义为

$$D = T_a/T_p \tag{1.4.33}$$

式中，T_a 为实际的噪声暴露时间，T_p 为允许的噪声暴露，它们的单位均为 h。

各国对于允许的噪声暴露时间的规定不一样，我国 1986 年颁布的《工业企业噪声控制设计规范》（GB J87—1985）规定在生产车间及作业场所连续工作 8h 的允许噪声为 90dB（A），时间减半允许噪声可提高 3dB（A）。

如果噪声剂量超过 1 或 100%，则现场工作人员所接受的噪声就超过安全标准。举例说来，如果某工人操作一台机器，8h 生产部件 160 个，每个部件的加工噪声为 93dB（允），均持续 2min。则该工人实际的总暴露时间 $T_a = 2\text{min} \times 160 = 320\text{min} = 5.33\text{h}$。93dB（A）的允许暴露时间 $T_p = 4\text{h}$。于是，$D = 5.33/4 = 1.33$。这说明该工人所在的噪声环境已超过噪声安全标准。

通常，人们每天所接收的噪声往往不是某一固定声级，这时噪声剂量应按具体的声级和相应的暴露时间进行计算。对于 I 个时段，有

$$D = \sum_{i=1}^{I} T_{ai}/T_{pi} \tag{1.4.34}$$

（3）累积百分声级　现实生活中，许多环境噪声是属于非稳态的。对于这类噪声前面已有叙述，可用等效连续声级 L_{eq}表达其大小，但是对噪声随机的起伏程度却没有表达出来。因而，需要用统计方法，以噪声级出现的时间概率或者累积概率来表示。目前，主要采用累积概率的统计方法，也就是用累积百分声级 L_x 表示。

L_x 是表示在整个测量时间内，$x\%$ 的时间所超过的噪声级。例如，$L_{10} = 70$dB（A），是表示在整个测量时间内有 10% 的时间，其噪声级超过 70dB（A），其余 90% 的时间则噪声级低于 70dB（A）；同理，$L_{50} = 60$dB（A）是表示有 50% 的时间噪声级低于 60dB（A），

$L_{90}=50$dB（A）表示有90%的时间噪声级超过50dB（A），只有10%的时间噪声级低于50dB（A）。因此，L_{90}相当于本底噪声级，L_{50}相当于中值噪声级，L_{10}相当于峰值噪声级，具体关系有$L_{10}>L_{50}>L_{90}$。

如果某声级的统计特性符合正态分布，那么等效声级也可用下式累积百分声级近似得出为

$$L_{eq}\approx L_{50}+\frac{(L_{10}-L_{90})^2}{60} \tag{1.4.35}$$

3. 噪声的主观感觉

(1) 感觉噪声级　确定噪声对人的干扰程度要比确定响度复杂得多，因为这里包含了心理因素的影响。例如，一般都认为高频噪声比同样响的低频噪声更吵闹，强度随时间激烈变化的噪声比强度相对地稳定的同一声音觉得更吵闹，声源位置观察不到的声音比位置确定的噪声更吵闹。噪声的干扰又与一天中噪声出现的时间和人的活动有关。两个声强相同的声音，其中一个包含纯音或声能集中在窄频带内，则该声音将觉得比另一个更令人烦恼。Kryter考虑了这些因素的一部分，提出了等感觉噪度曲线，如图1.4.6所示。由这些曲线可以确定感觉噪度与声压级、频带的关系。

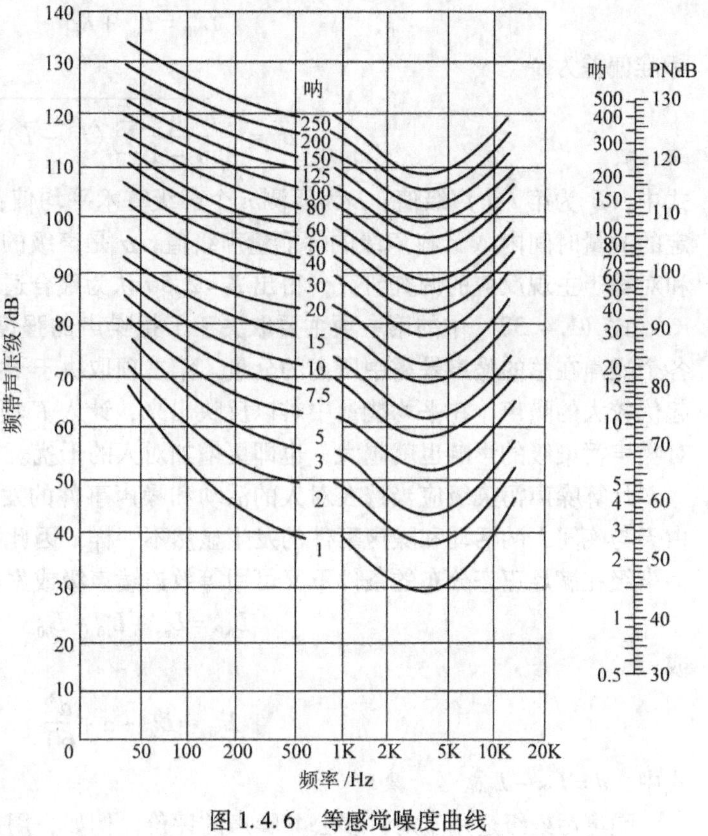

图1.4.6　等感觉噪度曲线

感觉噪度的单位是呐，类似于响度指数宋。一个感觉噪度为3呐的声音与一个1呐响三倍的声音一样吵闹。感觉噪度的定义是：中心频率为1kHz的倍频带，声压级为40dB，规定其感觉噪度为1呐。感觉噪度可转换到类似dB指标，称为感觉噪声级（L_{PN}），单位用PNdB表示，也可写为dB。感觉噪度加倍，感觉噪声级L_{PN}增加10dB。通常感觉噪声级较感觉噪度使用得更为习惯。计算L_{PN}的方法与用斯帝文斯法计算响度S类同。总的感觉噪度（呐）可用下式将各频带的感觉噪度加以计权，然后相加而求得，即

$$N_t=N_m+F\ (N-N_m) \tag{1.4.36}$$

式中，N_m是N_i的最大值，$N=\sum_{i=1}^{n}N_i$，是各频带噪度之和（包括N_m在内），F是与频带有关的加权数称带宽修正因子；1/1倍频带为0.30，1/3倍频带为0.15，每一频带的呐值由图1.4.6得到。

感觉噪声级与总的感觉噪度的关系可由下式来确定

$$N_t = 2^{(L_{PN}-40)/10} \tag{1.4.37a}$$

或

$$L_{PN} = 33.3\lg N_t + 40 \tag{1.4.37b}$$

计算响度的宋与噪度的呐相类似，响度级的方与感觉噪声级的 dB 相似。

（2）噪声污染级　噪声污染级也是用以评价噪声影响人们烦恼的一种方法，不过它是用噪声的能量平均值和标准偏差来表示的。标准偏差实际上也是表达噪声起伏的一种形式。标准偏差越大，表示噪声离散程度越大，也即噪声的起伏越大。它的表达式为

$$L_{NP} = L_{eq} + K\sigma \tag{1.4.38}$$

标准偏差为

$$\sigma = \sqrt{\frac{1}{n-1}\sum_{i=1}^{n}(L_i - \overline{L})^2} \tag{1.4.39}$$

式中，L_i 为第 i 个声级值；$\overline{L}$ 为所测 n 个声级算术平均值；n 为取样总数；L_{eq}表示在一个指定的测量时间内 A 计权声级的等能量声级值；σ 是声级的标准偏差；K 为常数，经一些测量和对噪声主观反应的调查研究，得出 $K=2.56$ 认为最合适。

式（1.4.38）中的第一项主要取决于干扰噪声的强度，在这一项中已经计入了出现的各个噪声在总的噪声暴露中所占的分量。第二项取决于干扰噪声事件的相继时间，尤其对于起伏较大的噪声，在平均能量中难以反映出来，计入 K 项后，就能反映出起伏越大的噪声，对噪声污染级的影响也就越大，也即更增加对人的干扰。

计算噪声污染级应当选在对人的活动和噪声事件的发生比较合理的一段时间内。例如，白天与晚间人的活动和噪声事件的发生显然不一样，因此，噪声污染级要分开来计算。噪声污染级在满足正态分布的条件下又可用等效连续声级或累积百分声级表示

$$L_{NP} = L_{eq} + L_{10} - L_{90} \tag{1.4.40a}$$

或

$$L_{NP} \approx L_{50} + d + \frac{d^2}{60} \tag{1.4.40b}$$

式中，$d = L_{10} - L_{90}$。

噪声污染级适用于对许多公共噪声的评价。例如，用来评价航空或道路交通噪声是非常适当的，它与噪声暴露的物理测量相比较，其一致性很好。但是，到目前为止，还没有见到进一步说明噪声污染级与人们对噪声主观反应的相关程度的其他试验数据。

L_{NP}在美国住房和城市规划部门已作为一项室内和室外环境噪声允许指标提出。例如，对现有收听无线电和电视的房间 L_{NP}不得超过 50～60dB（A），对于卧室 L_{NP}宜控制在 40～65dB（A）；对于新建住宅区的室外环境噪声的 L_{NP}如大于 88dB（A），则明显的不可接受，如在 74～88dB（A），则一般不可接受，而在 62～74dB（A）一般认为可以接受，只有在小于 62dB（A）时，才明显地认为可以接受。

（3）昼夜等效声级　美国国家环境保护局已引用昼夜等效声级上 L_{dn}作为在整个特定时间的公共噪声暴露的单一数值量度。为了考虑噪声出现在夜间对人们烦恼的增加，规定夜间测得的 L_{eq}值需增加 10dB（A）作为修正值。L_{dn}主要用于预计人们昼夜长时期暴露在环境噪声中所受的影响。由上述的规定，可以写成如下的关系式

$$L_{dn} = 10\lg\left[0.625 \times 10^{L_d/10} + 0.375 \times 10^{(L_n+10)/10}\right] \tag{1.4.41}$$

式中，L_d 为昼间等效声级值；L_n 为夜间等效声级值。

昼间和夜间一般为 7：00～22：00 和 22：00～7：00。我国的噪声标准规定白天和夜间的时段可由当地人民政府根据当地实际情况作适当的调整。

（4）交通噪声指数　通常，起伏的噪声比稳定的噪声对人们的干扰更大，因此，评价这类噪声时必须考虑这一因素。交通噪声指数的基本测量是在 24h 周期内进行大量的室外 A 计权声压级取样，取样时间是不连续的。将这些取样声级进行统计，求得累积百分声级 L_{10} 和 L_{90}。

交通噪声指数 TNI 为 L_{10} 和 L_{90} 的计权组合被规定如下：

$$\mathrm{TNI} = 4(L_{10} - L_{90}) + L_{90} - 30 \tag{1.4.42}$$

式中第一项表示“噪声气候”的范围和说明噪声的起伏变化程度，第二项表示本底噪声，第三项是使得数据方便些而加入的修正值。

TNI 是根据交通噪声特性，经大量测量和调查而得出的，它只适用于机动车辆噪声对周围环境干扰的评价，而且只限于交通车辆比较多的地段和时间内。例如，在车辆来往繁忙的道路上测得：L_{90} = 70dB（A），L_{10} = 84dB（A），其 TNI = 96dB（A）；对于车流量很少的道路，L_{10} 一般不太会降低，可能仍为 84dB（A），而 L_{90} 显然会大为降低，可以假定为 55dB（A），其 TNI = 141dB（A），大大超过前者。显然后者因噪声涨落较大，引起烦恼较前者大，但后者比前者大得这么多，显然不合情理。

（5）噪声冲击指数　合理地评价噪声对环境的影响，除噪声级的分布外，还应考虑受某一声级影响的人口数，即人口密度这一因素。人口密度越高，噪声影响也越大。噪声对人们生活和社会环境的影响（包括短期或长期的）可用噪声冲击的总计权人口数（TWP）来描述

$$\mathrm{TWP} = \sum_i W_i P_i \tag{1.4.43}$$

式中，P_i 为全年或某段时间内受第 i 等级范围内（例如 60～65dB（A））昼夜等效声级影响的人口数；W_i 为该等级的计权因子，见表 1.4.5。

表 1.4.5　计权因子

L_{dn} 范围/dB（A）	W_i
35～40	0.01
40～45	0.02
45～50	0.05
50～55	0.09
55～60	0.18
60～65	0.32
65～70	0.54
70～75	0.83
75～80	1.20
80～85	1.70
85～90	2.31

当然，由于不同的国家或地区因生活习惯和环境的差异，各等级的计权值可能有所不同，它体现了“以人为本”的思想。从 TWP 表达式可以看出高噪声级对少数人的冲击可等量于低噪声级对多数人的冲击。

将式（1.4.43）的噪声冲击除以暴露在该环境噪声下的总人数得到噪声冲击指数，也就是平均每人受到的冲击量。噪声冲击指数用 NII 表示，有

$$\mathrm{NII} = \frac{\mathrm{TWP}}{\sum_i P_i} \tag{1.4.44}$$

NII 可用作对声环境质量的评价和不同环境的相互比较，以及供城市规划布局中考虑噪声对环境的影响，并作出选择。

（6）烦恼度　人对噪声最直接的主观反应就是引起烦恼，烦恼度（annoyance）是定量描述声音引起烦恼程度的一个综合评价量。烦恼度的定义有多种，一种典型的定义是：将噪声对人的影响分为五级，分别为“不烦恼”、“有点烦恼”、“烦恼”、“很烦恼”、“极度烦恼”，其中感到极度烦恼的人占整个被调查人数的百分比就是烦恼度（α_a）的取值。

α_a 的定量描述仍然是一个正在研究的课题，目前已有表达式有多种，典型的有

$$\alpha_a = 0.036L_{dn}^2 - 3.27L_{dn} + 79.14 \tag{1.4.45}$$

式（1.4.45）是 1978 年由 Schultz 提出的，其中 L_{dn} 为昼夜等效连续声级。

另一个是由 Zwicker 提出的，即

$$\alpha_a = 0.56L_{eq} + 0.08\beta_s + 0.40\beta_r \tag{1.4.46}$$

式中，L_{eq} 为等效连续 A 声级，β_s 和 β_r 分别为尖锐度（sharpness）和粗糙度（roughness）。

尖锐度是响度的一次加权矩，其单位是 acum。当临界带宽数（bark 数）z 大于 16 时，声音的尖锐度明显提高。尖锐度的计算公式是

$$\alpha_s = 0.1043 \times \frac{\int_1^{24} N'(z)g(z)\,\mathrm{d}z}{\int_1^{24} N'(z)\,\mathrm{d}z} \tag{1.4.47}$$

式中，N' 为特性响度（也就是单个临界带宽内的响度）；$g(z)$ 是加权系数，有

$$g(z) = \begin{cases} 1 & z \leqslant 16 \\ 0.06\mathrm{e}^{0.171z} & z > 16 \end{cases} \tag{1.4.48}$$

式中，z 为临界带宽数。

粗糙度刻画了声音的高频调制特性，其单位为 asper。计算公式为

$$\alpha_r = 0.0003 f_{mod}(z) \sum_{i=1}^{24} \Delta N_i(z) \tag{1.4.49}$$

式中，$f_{mod}(z)$ 为调制频率；$\Delta N_i(z)$ 为第 i 个临界带宽内响度的变化量。

4. 噪声对语言的干扰

（1）噪声掩蔽　当噪声很响而影响人们听不清楚其他声音时，我们就说后者被噪声掩蔽了。由于噪声的存在，一般来讲，它降低了人耳对另外一个声音听觉的灵敏度，因此，使听阈发生迁移，这种现象叫做掩蔽。听阈提高的分贝数称为掩蔽值。例如，频率为 1kHz 的纯音当声压级为 3dB 时，正常的人耳还可以听到（再降低就听不见了），这就是说，1kHz 纯音的听阈为 3dB。然后，发出一声压级为 70dB 的噪声时，要能听到 1kHz 纯音的声压级必须要提高到 84dB。那就认为噪声对 1kHz 纯音的掩蔽是 84dB 减 3dB，即 81dB。

噪声对语言有掩蔽作用。例如，在较高的噪声环境中，人们谈话就会感到吃力。在电话通话中，为了克服噪声的掩蔽作用，就必须提高讲话的声级。但是，对于频率在 200Hz 以

下，7kHz 以上的噪声，即使它的声压级高一些，但对语言的交谈却不致引起很大的干扰。主要原因是由于语言的频谱声能主要集中以 500Hz、1kHz 和 2kHz 为中心的三个倍频程中。

（2）语言干扰级　语言干扰级（SIL）最初由 Beranek 提出，是衡量噪声对语言通话干扰程度的一种参量。由于语言的频率范围处于噪声的中频区，故语言干扰级是指噪声在中心频率为 500Hz、1000Hz、2000Hz 三个频带声压级分贝数的算术平均值，即

$$\mathrm{SIL}=\frac{1}{3}\left(L_{500}+L_{1000}+L_{2000}\right) \tag{1.4.50}$$

由于语言通话还与距离远近有关，因此，人们还提出随距离变化的所谓优先语言干扰级（PSIL），它考虑到上述频率范围以外的高、低频成分也对通话有一定影响，优先语言干扰级为语言干扰级附加另一分贝值，即

$$\mathrm{PSIL}=\mathrm{SIL}+3 \tag{1.4.51}$$

PSIL、讲话声音的大小、背景噪声级三者之间的关系见表 1.4.6。

表 1.4.6　优先语言干扰级

讲话者与听者间的距离/m	声音正常/dB	PSIL 声音提高/dB	声音很响/dB	非常响/dB
0.15	74	80	86	92
0.30	68	74	80	86
0.60	62	68	74	80
1.20	56	62	68	74
1.80	52	58	64	70
3.70	46	52	58	64

表 1.4.6 中的分贝值表示以稳态连续噪声作为背景噪声的 PSIL 值。所列出两个人之间的距离和相应干扰级（作为背景噪声级）情况下，只是勉强地能保证有效的语言通信，干扰级是指男性讲话声音的平均值（女性减 5dB），测试条件是讲话者与听者面对面，用意想不到的字，并假定附近没有反射面加强语言声级。

例如，两个人相距 0.15m 以正常声音对话，能保证听懂话的干扰级（作为背景噪声级）只允许 74dB，远隔 3.7m 对话，只允许干扰级 46dB。如果干扰级再高，就必须提高讲话声音才能听懂讲话。假使距离增大，如从 0.15m 增大到 0.30m，原来干扰级 74dB 可用正常声音进行对讲，而现在要听懂对话就必须提高声音。

对于语言交谈，用图 1.4.7 以 A 计权背景噪声级作为干扰级更为方便。例如，由图可得教室中正常的讲课要使距离为 6m 的学生听得清楚，则背景噪声 A 计权声级必须在

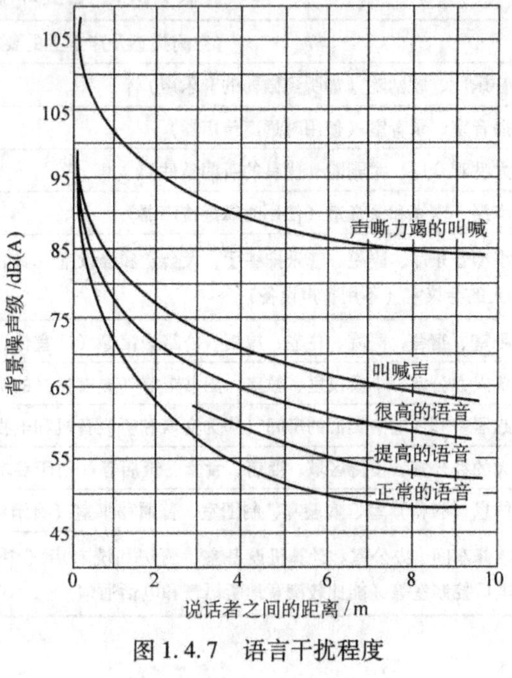

图 1.4.7　语言干扰程度

50dB 以下。

在一对一的个别交谈中，两者距离通常是 1.5m，A 计权背景噪声级高达 66dB（A），基本上也能保证正常的语言通信。如果一个组有许多人对话，距离为 1.5～3.6m，则背景声级应低于 50～60dB（A）。在公共会议室或室外庭园、公园或运动场，讲话者与听者之间距离一般是 3.7～9m，若要能够比较正常的语言通信，则背景噪声 A 计权声级必须保持在 45～55dB 以下。

（3）噪声标准曲线　由 Beranek 提出的噪声标准（NC）曲线最早在美国得到普遍推广应用。它是以语言干扰级和响度级为基础的，可作为评价各类室内噪声环境的一种方法。经过实践证明，NC 曲线尚有一些不足之处，于是对这些曲线作了修正，提出了新的优先噪声标准（PNC）曲线，如图 1.4.8 所示。

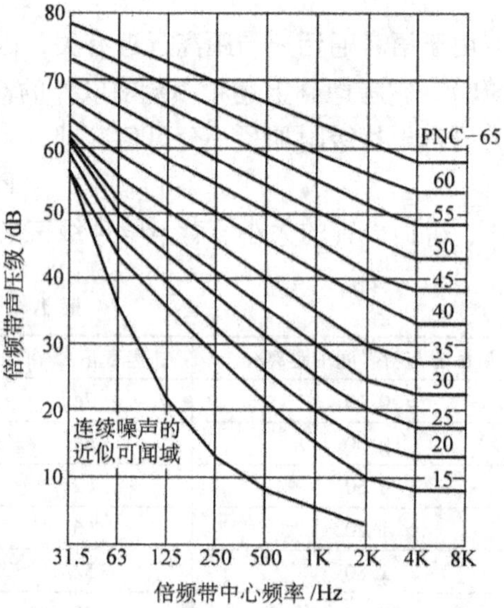

图 1.4.8　优先噪声标准曲线

这些曲线不但适用于对室内活动场所稳态环境噪声的评价，也可用于设计中以噪声控制为主要目的许多场合。PNC 曲线的使用方法是对实际存在的或建筑设计中将出现的环境噪声，取频率从 31.5Hz 至 8kHz 共 8 个倍频带的声压级由 PNC 曲线分别得到对应的 PNC 号数，其中最大的号数即为该环境噪声的评价值。例如 PNC－35，表示这一环境噪声或建筑设计中噪声将达到 PNC－35 标准。表 1.4.7 给出了不同环境中推荐的 PNC 值。

表 1.4.7　各类环境的 PNC 曲线推荐值

空间类型及声学上的要求	PNC 曲线
音乐厅、歌剧院（能听到微弱的音乐声）	10～20
播音室、录音室（使用时远离传声器）	10～20
大型观众厅、大剧院（优良的听闻条件）	不超过 20
广播、电视和录音室（使用时靠近传声器）	不超过 25
小型音乐厅、剧院、音乐排练厅、大会堂和会议室（具有良好的听闻效果），或行政办公室和 50 人的会议室（不用扩声设备）	不超过 35
卧室、宿舍、医院、住宅、旅馆、公路旅馆等（适宜休息、睡眠、休养）	25～40
单人办公室、小会议室、教室、图书馆等（具有良好的听闻条件）	30～40
起居室和住宅中类似的房间（作为交谈和听收音机和电视）	30～40
大的办公室、接待区域；商店、食堂、饭店等（对于要求比较好的听闻条件）	35～45
休息（接待）室、实验室、制图室、普通秘书室（有清晰的听闻条件）	40～50
维修车间、办公室和计算机设备室、厨房和洗衣店（中等清晰的听闻条件）车间、汽车库、发电厂控制室等（能比较满意地听语言和电话通信）	50～60

第 2 章 声信号采集与分析

2

2.1 声信号及其基本特性

2.1.1 声信号及其分类

信号可以描述范围相当广泛的物理现象，它是信息的一种物理体现。狭义地讲，所有信号都需要通过传感器进行转换，绝大多数表现为电压的形式。按传感器传感对象的物理性质，信号可以分为声信号、振动信号、光信号、磁信号等。例如，声学测量中的声波经过声学传感器（传声器）转换后，传声器的输出信号就称为声信号。在数学上，信号可以表示为一个或多个变量的函数，它可以在时间域（时域）和频率域（频域）中分别描述。声信号的分类与绝大多数信号的分类是一致的，但有少数分类体现了声波的特点，具体情况简介如下。

1. *确定性信号和随机信号*

确定性信号的每一个值都可以用有限个参量唯一地加以描述。例如，直流信号用一个幅度参量就可以加以描述，而正弦波可以用幅度、频率和相位三个参量来描述。确定性信号又可分为周期性信号和非周期性信号两类。随机信号是相对于确定性信号而言的一种信号，因此也称为非确定性信号。这种信号不能用确定的数学解析式表达其变化历程，也就是说不可能预见其任一瞬时所应出现的数值，所以也无法用实验的方法重复再现。随机信号可用统计学的方法加以描述，描述其统计特征的量主要有均值、方差、概率密度函数、功率谱密度、自相关函数、互相关函数等。随机信号分为平稳随机信号和非平稳随机信号两大类，而平稳随机信号又分为严平稳和宽平稳随机信号两种。

在信号处理领域，噪声是相对有用信号而言的，它是一种典型的随机信号。在声学领域，噪声指的是人们不希望出现的声音，将它进行电声转换后，成为分析、处理和控制的对象，实际上是一种信号。以上两种噪声有时分别称为电噪声和声学噪声，由于本书在具体指这两个概念时，其物理意义相当明确，不易混淆，因此以后一般不再逐一指出。

按频谱特性，噪声分为窄带噪声、宽带噪声、白噪声、粉红噪声等。窄带噪声和宽带噪声是以噪声的频带宽窄来划分的，“白”和“粉红”是将噪声的频谱与白色光线和粉红光线的谱相类比而得名。白噪声是指在较宽的频率范围内，各等带宽的频带所含噪声能量相等的噪声，其频谱与白光的频谱分布类似，故定名为白噪声。采用等带宽的滤波通带，以对数分布的频率为横坐标，白噪声的频谱基本上呈水平线分布。但若采用等比带宽的滤波通带，也用对数分布的频率横坐标，这时白噪声的频谱分布基本上为每倍频程上升 3dB 的斜线。白噪声的概率密度函数可以具有各种分布形式，最常见的是具有高斯型概率密度分布的白噪声，简称为高斯白噪声。粉红噪声是指在较宽的频率范围内，各等比带宽所含能量相等的噪声。用频率为对数分布的横坐标，则粉红噪声的频谱分布基本上呈水平线分布。但若采用等带宽的滤波通带为频率横坐标，则粉红噪声的频谱分布基本上为每倍频程下降 3dB 的斜线。由于低频成分的能量分布较多，故类似于光学中的粉红色，并引用“粉红”一词而定名为粉红噪声。

按时域特性，声学测量中的噪声有无规噪声和脉冲声，其信号表现形式就是随机信号和脉冲信号。无规噪声的瞬时参量（如声压、声功率等）无法确定，而只能按概率分布函数给出某一时刻的相对量，它对时间的分布满足高斯分布（正态分布）曲线。无规噪声的频谱不一定是均匀的，因此，它不一定是白噪声或粉红噪声。同样，白噪声或粉红噪声的能量对时间的关系也不一定满足正态分布，因此也不一定是无规噪声。概括地说，白噪声是指能量对频率分布均匀；无规噪声是指能量对时间满足概率分布。脉冲声是指持续时间短促（通常指 1s 以下）的噪声，如冲床加工声、枪击声都可看做脉冲声。猝发声是间断的纯音（即正弦波），故也叫正弦波列或猝发音。

2. 模拟信号、连续时间信号、离散时间信号和数字信号

模拟信号指的是在规定的连续时间内，信号的幅值可以取连续范围内的任意数值。由传感器产生的信号都属于模拟信号。连续时间信号是指在连续时间范围所定义的信号，但它的幅值可以是连续值，也可以是离散的数值。

离散时间信号指的是在一组特定的时间下，表示信号数值的函数，也就是说，作为独立变量的时间变量使用一组数值来表示。如果离散信号的幅值是连续值，有时又被称为“抽样数据”信号。数字信号则是在时间上和幅值上都经过量化的信号，总可以用一序列的数来表示，而每个数又可以用有限长的数值编码来表示。

2.1.2 随机信号分析

对随机信号进行分析，由于它的不可重复性，从理论上讲，应当分析无限长的信号内容才能得到准确的分析结果，然而这在实际工作中是不可能做到的。所以，对随机信号的分析只能限定在某种情况（如平稳随机过程），甚至更为特定的情况（如各态历经或各态遍历性过程）。由于这两种情况对随机信号分析极为重要，下面对它们作简要介绍。

分析一个无限长的信号时，在实际工作中只可能根据仪器的容量每次取有限长的信号作分析，这一有限长信号称为一个样本，在数学上称为子集。无限的子集构成一个随机信号的总体（集），如图 2.1.1 所示。图中的 $x_1(t)$，$x_2(t)$，…，$x_N(t)$（其中 $N=1, 2, \cdots, \infty$）是此随机信号的总体。如果对各子集在同一时间坐标值 t_1 上取值作平均，则称为集平均，即

$$E[x] = \lim_{N\to\infty} \frac{1}{N} \sum_{i=1}^{N} x_i(t_1) \tag{2.1.1}$$

假如一个随机过程的任一时刻所得的集平均

$$E[x] = \lim_{N\to\infty}\frac{1}{N}\sum_{i=1}^{N}x_i(t_j) \quad (j = 1,2,\cdots,\infty) \tag{2.1.2}$$

都是相同的，那么就称它为平稳随机过程。平稳随机过程可以用某一时刻的集平均来代表所有各时刻的集平均，这样就使问题得到了简化。

如果一个平稳随机过程的集平均与一子集的时间平均值相等，则称其为各态历经的平稳随机过程。实际工作中可以利用各态历经平稳随机过程的特点进一步缩小研究范畴，以使对随机过程的研究更为简化。

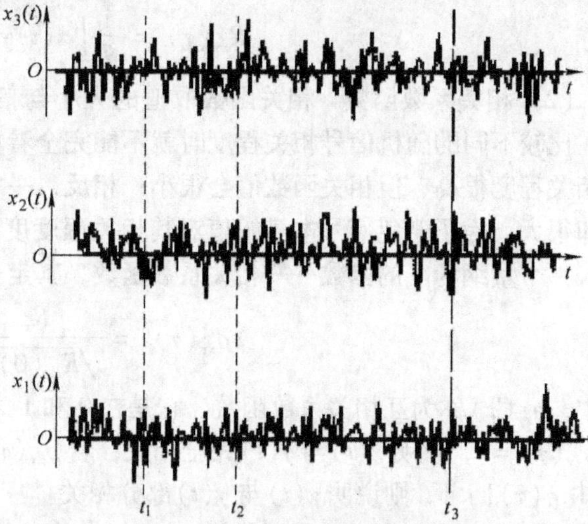

图 2.1.1 随机信号的样本

由于随机信号不能用确定的数学解析式来表达，无法重复出现，所以对它的描述需要用统计的参数，这些统计的参数主要有均值、方差、概率密度函数等一些数字特征量，具体描述如下。

1. 均值、方均值、方差

随机信号的均值是样本记录 $x(t)$ 在整个时间坐标上的积分平均，它表达了这一随机信号变化的中心趋势，或称直流分量。在实际工作中取时间坐标上的有限长度作估计，有

$$\mu_x = \frac{1}{T}\int_0^T x(t)\,\mathrm{d}t \tag{2.1.3}$$

如将这一概念推至周期信号，则仅取一个周期长度 T 作计算就能完全反映整个信号的均值。

方均值表达了信号的强度或功率，在有限长时间 T 内，由下式表达

$$\phi_x = \frac{1}{T}\int_0^T x(t)\,\mathrm{d}t \tag{2.1.4}$$

方均值的二次方根称为方均根值，又称为有效值，它是信号平均能量或平均功率的一种表达方式。随机信号方差的定义是

$$\sigma_x^2 = \lim_{T\to\infty}\frac{1}{T}\int_0^T[x(t) - \mu_x]^2\mathrm{d}t \tag{2.1.5}$$

显然，随机信号的方差是去除了均值后的方均值，所以它是信号幅值相对于均值分散程度的一种表示。由于去除了直流分量，因此，它也是信号纯波动分量（交流量）强度的一种表示。

2. 相关

相关代表客观事物或过程中某两种特征量之间联系的紧密程度。随机信号的相关函数分为以下几个方面：

(1) 自相关函数和互相关函数　假定一个样本记录 $x(t)$ 来自各态历经平稳随机过程，则它的自相关函数 $R_{xx}(\tau)$ 是原样本记录信号 $x(t)$ 与此样本记录作时延 τ 后的信号 $x(t+\tau)$ 乘积的积分。对有限长样本，有

$$R_{xx}(\tau) = \frac{1}{T}\int_0^T x(t)x(t+\tau)\mathrm{d}t \tag{2.1.6}$$

两随机信号样本 $x(t)$ 和 $y(t)$ 的互相关函数定义为

$$R_{xy}(\tau) = \frac{1}{T}\int_0^T x(t)y(t+\tau)\mathrm{d}t \tag{2.1.7}$$

（2）相关系数函数　相关函数取值的大小与信号样本本身的取值大小有直接关系，因而在比较不同的随机信号相关程度时就不能完全看相关函数值的大小。例如，一对小信号虽然相关程度很高，但相关函数值会很小；相反，一对大信号虽然相关程度很低，但相关函数值却很大。为了避免信号本身幅值对其相关程度度量的影响，可将相关函数作归一化处理，引入一个量纲为1的函数——相关系数函数，其定义是

$$\rho_{xy}(\tau) = \frac{R_{xy}(\tau)}{\sqrt{R_{xx}(0)\ R_{yy}(0)}} \tag{2.1.8}$$

式中，$\rho_{xy}(\tau)$称为互相关系数函数，它是在0和1之间变化的一个函数。
若$\rho_{xy}(\tau)=1$，说明$x(t)$与$y(t)$完全相关；若$\rho_{xy}(\tau)=0$，说明$x(t)$和$y(t)$完全不相关；若$0<|\rho_{xy}(\tau)|<1$，则说明$x(t)$与$y(t)$部分相关。

自相关系数函数反映了原信号$x(t)$和时移后的原信号$x(t+\tau)$之间的相关程度，其定义为

$$\rho_{xx}(\tau) = \frac{R_{xx}(\tau)}{R_{xx}(0)} \tag{2.1.9}$$

3. 功率谱、相干函数

随机信号不存在频谱函数，只存在功率谱密度函数（简称功率谱）。功率谱分为自功率谱（自谱）和互功率谱（互谱）两种。自谱是随机信号自相关函数的傅里叶变换，标为$S_x(f)$，有

$$S_x(f) = \int_{-\infty}^{\infty} R_x(\tau)\mathrm{e}^{\mathrm{j}2\pi f\tau}\mathrm{d}\tau \tag{2.1.10}$$

互谱是两个随机信号的互功率谱密度函数，它是互相关函数的傅里叶变换，标为$S_{sy}(f)$，有

$$S_{xy}(f) = \int_{-\infty}^{\infty} R_{xy}(\tau)\mathrm{e}^{-\mathrm{j}2\pi f\tau}\mathrm{d}\tau \tag{2.1.11}$$

两个随机信号之间的相干函数为

$$v_{xy}^2(f) = \frac{|S_{xy}(f)|^2}{S_x(f)S_y(f)} \tag{2.1.12}$$

相干函数是在频域内判断两信号相关程度的指标。例如，在一测试系统中，为了评价其输入信号与输出信号间的因果性，即输出信号的功率谱中有多少是所测试输入信号引起的响应，就可以用相干函数。

4. 倒谱

倒谱最初是由于语音分析的需要而出现的，但是近年来在其他领域已得到越来越多的应用，目前对它的解释和应用也有所差异，而且还在发展中。对于倒谱的定义主要有两类，一是功率倒谱，二是复倒谱。

（1）功率倒谱　一时域信号 $x(t)$ 的自谱为$S_x(f)$，则其功率倒谱为

$$C(\tau) = |\Gamma^{-1}[\lg S_x(f)]|^2 \tag{2.1.13}$$

式中，Γ^{-1}表示对函数取傅里叶逆变换。工程应用上常取其二次方根作为信号 x（t）的有效幅值倒频谱。

（2）复倒谱　按下式确定

$$C_a(\tau) = \Gamma^{-1}[\lg S_x(f)] \tag{2.1.14}$$

需要说明的是，倒谱的不同定义方法可根据不同应用场合选取。另外，倒谱具有与相关函数自变量相同的量纲，即时间量纲，在倒谱中称此自变量为“倒频率”。

2.2　声信号采集

传统的声学测量是将连续变化的声学量转变为连续电压信号，并进行显示、记录或进一步分析处理。这些连续变化的声信号是模拟量。模拟信号的缺点是显示、记录的精度低，抗干扰能力差，而且不便进一步分析处理。

数据采集的目的是将一个连续变化的模拟信号在时间域上离散化，然后再将幅值域离散，使之成为数字信号。这一过程前者称为采样，后者称为量化。与模拟信号相比，数字信号便于储存、传输和分析处理，它在整个现代声学测量中起着承前启后的关键作用，目前的声学测量技术基本上已进入了数字测量的新阶段。声学测量中的数据采集是所谓的动态数据采集，面对的是动态信号（快变参数），比起用于常规工业控制或静态信号（慢变参数）的数据采集有着更高的要求。

连续时间信号经采样将产生所谓频率混叠的问题，导致采样信号的偏度误差。量化将引起量化噪声，降低信号的信噪比，限制量化数据的动态范围。下面将分别定量描述数据采样与量化过程中的各种现象。

2.2.1　数据采样

1. 采样与频率混叠

所谓采样，就是将连续变化的信号转变为时间域离散的信号。采样的核心问题是：信号在时域离散化后会不会失掉信息？也就是说，信号在离散时间采样时，在采样点之间的信息会不会丢失？如何选取采样频率，从而保证采样后的离散信号能够准确、不失真地代表原有连续信号。

设模拟信号为 $x_a(t)$，采样周期为 t_s（即采样频率为 $f_s = 1/t_s$）。采样后的时间离散信号记为 $x(t) = x_a(nt_s)$，（$n = -\infty, \cdots, -1, 0, 1, \cdots, \infty$）。物理上，采样过程可以看成是周期为 t_s 的采样脉冲对模拟信号的调制，周期性单位脉冲序列记为 $\delta_s(t)$，有

$$\delta_s(t) = \sum_{n=-\infty}^{\infty} \delta(t - nt_s) \tag{2.2.1}$$

单位脉冲序列形同梳子，又称梳状函数。当原始连续信号 $x_a(t)$ 按采样频率 f_s 采样后，采样信号 $x(t)$ 可以看成是 $x_a(t)$ 和脉冲序列 $\delta_s(t)$ 的乘积，即

$$x(t) = x_a(t) \sum_{n=-\infty}^{\infty} \delta(t - nt_s) \tag{2.2.2}$$

式（2.2.2）的傅里叶变换为

$$X(f) = \sum_{n=-\infty}^{\infty} f_s X_a(f - nf_s) \tag{2.2.3}$$

式中，$X_a(f)$ 为原始连续信号的频谱。

采样信号的频谱包含着原信号频谱及无限个经过平移的原信号频谱（频谱的幅值均乘以常数f_s）。平移量等于采样频率f_s及其各次倍频 nf_s。

当连续信号频谱的最大频率$f_m \leqslant f_s/2$，即$f_s \geqslant 2f_m$ 时，在$0 \leqslant f \leqslant f_m$ 频率范围内，采样信号的频谱 $X(f)$ 与原信号频谱完全一样，即采样信号无失真。但是，当$f_m > f_s/2$，即 $f_s < 2f_m$ 时，平移谱将与原信号谱重叠，使某些频带的幅值与原始频谱不同，这种现象称为频率混叠。频率混叠使采样信号产生失真，造成偏度误差。物理概念是，采样频率太低，采样点过少，以致不能复现原信号。

不难看出，为了使采样过程不失掉信息，就要求能从采样信号的频谱中取出原信号频谱，以保证能无失真的恢复原信号。这时，采样频率f_s 与原信号最大频率f_m 之间必须满足如下关系

$$f_s \geqslant 2f_m \tag{2.2.4}$$

这就是著名的采样定律。满足临界条件 $f_s = 2f_m$ 的信号最大频率 f_m 称为折叠频率，记为f_c。当信号频谱超过$f_s/2$时，将会以此为镜像对称轴折叠回来，造成频谱重叠。满足临界条件的采样频率又称为奈奎斯特频率。

在对实际动态信号进行采样时将产生如下问题：由于在采样前并不知道信号的最大频率f_m，这时应如何确定采样频率f_s？我们固然可以假设f_m 很大，从而确定f_s。但是，随之带来的问题是由于采样频率过高而产生过于大量的数据，增加不必要的内存容量；或是在进一步进行数字谱分析时，由于谱线数有限，造成频率分辨率不足。

实际做法是，首先根据动态测试任务的需要确定频率上限，然后对原信号进行低通滤波，限制信号带宽，并由此按采样定律确定采样频率。用于防止频率混叠的这种低通滤波器称为抗混叠滤波器。

由于频率混叠将造成很大的偏度误差，特别是在信号频带较宽而采样率有限（即分析带宽有限）的情况下，问题将变得十分严重。对于用作抗混叠滤波的低通滤波器，对其特性有较高的要求，希望能接近理想低通滤波器，从而消除频率混叠。

2. 量化与动态范围

模拟信号经过采样后，转变成时间离散但幅值仍然连续的离散信号。数据采集的第二个重要功能就是将幅值连续的离散信号（仍然是模拟量）变成幅值离散的量化数字信号，这一过程称为量化。量化的分档单位，即两个相邻量化水平的差，称为量化单位。经量化后的数字量一般用二进制数表示。归一化后的量化单位与二进制数的位数 b 的关系为

$$q = \frac{1}{2^b} \tag{2.2.5}$$

即等于相邻量化值之差除以幅值。

当模拟量不等于量化单位 q 的整倍数时，量化后就会产生误差，称为量化误差。对于截断误差情况，可能产生的最大误差为 q。最大量化误差与量化的分档（即分辨率）直接有关。对于舍入误差情况则最大量化误差变成 $\pm q/2$（但分辨率仍然是 q）。

对于一般采样信号 $x(n)$，信号在量化点（即分档点）附近的分布是随机的，量化误差

也是随机的。因此，对量化误差的分析应采用统计的方法。

对于测量信号 $x(n)$，量化误差 $e(n)$ 相当于一个叠加的随机噪声。这样，信号功率与噪声功率之比——信噪比（SNR），也可以用来衡量量化误差的大小，并作为反映量化过程的主要精度指标。设二进制总位数为 $N=b+1$（加一个符号位），那么 $q=\frac{1}{2^{N-1}}$，这时模数转换器的动态范围 DR（单位为 dB）和二进制总位数 N 的关系为

$$\mathrm{DR}=20\lg\frac{2}{q}=20\lg 2^{N}\approx 6N \tag{2.2.6}$$

如二进制总位数为 12，则量化动态范围为 72dB 左右。

由以上分析可知，只要量化分档足够细或二进制位数足够大，总可以得到足够大的量化动态范围，也就是说，量化误差不致带来严重影响。但是，这里必须指出，以上分析是在满量程信号前提下进行的。对实际测量信号，量化动态范围要减小：测量信号越小（相对满量程），动态范围越小。例如，当满量程为 5V，而信号只有 50mV（满量程的 1/100）时，即使采用 12 位二进制数分档，动态范围也仅为 DR =（72 − 40）dB = 32dB。

解决量化误差对实际测量信号的影响的措施是，在进行量化之前，将信号放大到接近满量程，从而充分利用量化动态范围。实现办法是：在采样和量化前增加一个放大倍数可编程控制的程控放大器。

2.2.2 模数转换

将模拟信号转换为数字信号的过程称为模/数（A/D）转换，反之称为数/模（D/A）转换。在进行 A/D 转换之前和 D/A 转换之后需要对信号进行调理，这些电路称为外围电路。外围电路主要完成多路转换、信号放大、抗混叠滤波、采样保持、平滑滤波等功能。下面就一些主要环节涉及的器件及功能给予描述。

1. 程控放大器

程控放大器实质上就是放大倍数（增益）可编程控制的测量放大器，主体部分是运算放大器，它的主要功能是将输入电压信号放大到接近模/数转换器（ADC）的满量程，以便充分利用 ADC 的动态范围。

先进数据采集系统的程控放大器还具有自动增益能力。这类程控放大器由专用电路或软件根据输入信号的大小，自动调节放大器的增益，使输出信号始终保持在所要求的电平上，从而使数据采集系统中的模数转换器处于最佳工作状态。

程控放大器作为数据采集系统的第一级模拟信号适调器，必须考虑到输入信号的特点，具备适当的耦合模式和连接方式，以保证测试精度。根据输入信号的特点，程控放大器的输入一般有两种耦合模式，即直流耦合和交流耦合。程控放大器须具备较宽的频率范围（包括低频和高频）。目前常用的线性集成电路构成的前置放大器均为直流耦合模式，其低频响应从直流（零频）开始。但在实际进行动态测量时，测量信号中往往会有直流偏置。由于放大器量程是一定的，当直流分量较大时，将会限制放大器对有用的交变信号进行放大。这时可采用交流耦合模式，以去除直流分量，使放大器对于有用的交变信号有足够的动态范围。因而在现代数据采集系统中都具有直流与交流两种耦合方式。在交流耦合模式中，输入电阻和电容构成一个高通滤波器。通常此高通滤波器的频率下限为 1Hz（ − 3dB）左右。当

测量信号的频率下限在10Hz以上时，一般选用交流耦合模式，而在10Hz以下时，宜选用直流耦合模式。

在实际进行振动测量时，经常会遇到信号频率下限在10Hz以下，而信号中又有较大的直流偏置的情况。因此，在前置放大器的输入耦合电路中又发展了一种去直流耦合模式。这是一种特殊的直流耦合模式，它通过数/模转换器（DAC）给输入端人为地施加一个与输入信号中直流分量相等的直流电压，从而达到消除直流偏置的目的。在这种耦合模式中，直流偏置量可人工设置，也可以根据测量信号自动设定，称为自动去直流。

输入信号与适调放大器的连接方式有两种：接地（单端输入）和浮地（双端输入）。作为数据采集系统的前置放大器，一般具有差分（双端）输入。当被测信号较强、内阻较小或者连接电缆又较短时，共模干扰信号可以忽略不计，这时可将前置放大器的反向输入端（一极）接地，构成单端（接地）输入方式。当被测信号较弱、内阻较大或者连接电缆较长时，为了准确地对被测信号进行数据采集，就必须抑制共模信号的干扰，这时应采用浮地（双端）输入连接方式。注意到在浮地情况，实际上有两条输入线，两条信号线（分别接前置放大器的+、-端）和一条地线。如果采用三芯插座，其三根线中两根为输入端（浮地），一根接地。如果采用双芯插座（如BNC插头），地线通常即仪器的机壳。

浮地连接时，前置放大器具有对共模干扰信号的抑制能力，后者常用共模抑制比CMRR来描述。共模抑制比定义为

$$\mathrm{CMRR}=\frac{\text{差模电压增益}}{\text{共模电压增益}}$$

对于数据采集用前置放大器，通常要求具有60~120dB的共模抑制比。

测量信号经过程控量程放大和抗混滤波等信号适调后，即适合于进行数字化，实现由模拟量到数字量的转换——对测量信号进行采样（时间域离散化）和模/数转换（幅值域量化）。

测量信号经自动量程放大，其幅值接近模/数转换器的满量程，从而可以充分利用模/数转换器的动态范围；经抗混滤波，截止信号频率被限制在0~f_c范围，从而可选定采样频率f_s（$\geqslant 2f_c$），防止频率混叠及由此产生的偏度误差。

2. 采样/保持器

对时间连续的信号进行采样是通过周期脉冲序列的调制来完成的。实际的采样脉冲有一定宽度t_c，但通常远小于采样间隔t_s。在采样时间t_0内，要完成从幅值连续的模拟量到数字量的转换（模/数转换），将会对模/数转换器提出过高要求，即要求模/数转换器有非常高的转换速度。因此，在实际实现采样时，是将采样所得到的时间离散信号通过记忆装置——保持器保持起来，在信号处于保持期间进行模/数转换。

实现信号采样的电路称为采样器，由开关元件及其控制电路组成。早期采样器的开关元件采用电磁继电器之类元件，但由于工作速度低、功耗大、寿命短等缺点，已很少使用。现代采样器一般采用半导体器件构成的无触点式电子模拟开关。常用的电子模拟开关有双极型晶体管、结型场效应晶体管（J—FET）和金属氧化物半导体场效应晶体管（MOS—FET）等几种。

保持器由保持电容和缓冲放大器组成。当采样开关导通时（采样状态），模拟信号向保持电容C_H充电，这时输出电压跟踪输入电压的变化。当采样开关断开时（保持状态），输出电压V_0保持在模拟开关断开瞬间的输入信号值。但是，将保持电容直接和负载相接是不

行的，因为保持电容 C_H 上的电荷会通过负载放电，达不到信号保持的目的。所以，在保持电容和负载之间必须加一个输入阻抗很高的缓冲放大器。

3. A/D 转换

完成 A/D 和 D/A 转换的电路分别称为 A/D 转换器和 D/A 转换器。A/D 转换器把采集到的模拟信号量化和编码后，转换成数字信号并输出。A/D 转换器的品种很多，其分类方法也很多，分类的标准有速度、精度和位数等。较常用的是按工作原理分类，有直接比较型和间接比较型两种。

A/D 转换器的主要指标有以下几种：

1）分辨率，指 A/D 转换器所能分辨模拟输入信号的最小变化量。分辨率的高低取决于 A/D 转换位数的多少。例如，一个 12 位的 A/D 转换器，它可将满量程的电压分为 4096 级，每一级仅占满量程的 0.0244%。

2）精度。A/D 转换器精度分为绝对精度和相对精度两种，绝对精度对应于输出数码的实际模拟输入与理想模拟输入电压之差，而相对精度则为绝对精度与满量程电压值之比的百分数。需要注意的是，精度和分辨率是两个不同的概念，精度是指转换后所得结果相对于实际值的准确度，而分辨率则是指转换器所能分辨的模拟信号的最小变化值。

3）转换时间和转换速率。转换时间指按照规定的精度将模拟信号转换为数字信号并输出所需要的时间；转换速率指能够重复进行数据转换的速度，即每秒钟转换的次数。

在 A/D 转换过程中，连续模拟信号经过采样器采样后，变成了时间上离散的采样信号，但其幅值在采样时间内是连续的，因此，采样信号仍然是模拟信号。为了便于数字信号处理，必须将采样信号的幅值用二进制代码来表示。由于二进制代码的位数是有限的，因而需要对采样信号进行量化。概括说来，量化就是把采样信号的幅值与某个最小数量单位的一系列整数倍数比较，以最接近于采样信号幅值的最小数量单位倍数来代替该幅值。

由于量化是用近似值代替信号精度，因此，量化过程必然引起误差，称为量化误差。量化误差是一种原理性误差，它只能减小而无法完全消除。由于它与噪声有相同影响，因而也被称为量化噪声，其大小取决于 A/D 转换器的字长。A/D 转换器输出序列中的信噪比 SNR 与 A/D 转换器字长 N 的关系是

$$\mathrm{SNR} = 6N + 10.8 \tag{2.2.7}$$

程控放大器、抗混滤波器、采样/保持器和模/数转换器构成了一个完整的单通道动态数据采集系统。在动态测试中经常需要对多个信号进行数据采集。多通道数据采集系统的输入为多路模拟信号，而输出为单路数字信号。在系统构成上，除上述信号适用调和数字化电路之外，还需要一个多路转换器。数据采集系统将模拟信号转换为数字量后，还必须将采集的数据存储起来，以供显示、记录和进一步处理。在数据采集过程中，将数字信号不间断地传输到存储器中也是数据采集的一个重要问题。

2.3 傅里叶变换及其实现

仅仅在时域对信号进行分析是远远不够的，我们经常需要进行一些“变换”。变换在某些情况下又被称为映射，它是一种最常用的数学技巧。一个看似很复杂的问题，通过变换到另一个域中，往往能够很容易地分析和求解。

傅里叶变换是动态信号分析的基础，它不仅可以实现线性谱分析，而且还是均方谱分析，即功率谱（自功率谱和互功率谱）估计的关键环节。通过傅里叶反变换，可以由功率谱密度求出相关函数（自相关和互相关函数）。此外，傅里叶变换还是卷积、数字滤波等信号处理的中间环节。

现代动态信号分析采用数字化方式实现，其核心是离散傅里叶变换（DFT）。20 世纪 60 年代中期提出了离散傅里叶变换的快速算法——快速傅里叶变换（FFT），开辟了动态信号分析的新纪元。

2.3.1 离散傅里叶变换

一个时域信号 $x(t)$ 的无限傅里叶变换定义为

$$X(f) = \int_{-\infty}^{\infty} x(t)\mathrm{e}^{-\mathrm{j}2\pi ft}\mathrm{d}t \tag{2.3.1}$$

这里用频率 f 作为傅里叶变换的自变量。理论上，上述无限傅里叶变换（在无限区间积分）可能不存在。如当 $x(t)$ 为平稳随机过程时，情况就是如此。在实际进行信号分析时，信号样本长度总是有限的，设信号样本长度为 T，则可计算有限傅里叶变换

$$X(f) = \int_{0}^{T} x(t)\mathrm{e}^{-\mathrm{j}2\pi ft}\mathrm{d}t \tag{2.3.2}$$

信号 $x(t)$ 经数据采集后，变成离散化数据 $x(nt_s)$，t_s 为采样时间间隔。如在时间 T 内采集 N 个数据，则有 $x(t_n)=x(nt_s)$，$n=0, 1, 2, \cdots, (N-1)$，简记为 $x(n)$。对离散数据，积分运算转化为求和，其结果将是离散频率 $f_k=k\Delta f$ 的序列

$$X(f_k) = X(k\Delta f),\ k=0, 1, 2, \cdots, (N-1) \tag{2.3.3}$$

离散频率 f_k 可表示为

$$f_k = k\Delta f = \frac{k}{T} = \frac{k}{Nt_s} \tag{2.3.4}$$

式中，$\Delta f=1/T$。于是，有限连续傅里叶变换式可改写成离散形式

$$X(k\Delta f) = \sum_{n=0}^{N-1} x(nt_s)\mathrm{e}^{-\mathrm{j}2\pi\frac{nk}{Nt_s}t_s} \tag{2.3.5}$$

常用的离散傅里叶变换采用归一化形式（$t_s=1$）

$$X(k) = \frac{X(k\Delta f)}{t_s} = \sum_{n=0}^{N-1} x(n)\exp\left(-\mathrm{j}2\pi\frac{nk}{N}\right) \tag{2.3.6}$$

由式（2.3.6）可知，离散傅里叶变换将 N 个时域数据变换成 N 个频域数据。对于有限连续傅里叶反变换，同样可以导出归一化的离散形式

$$x(n) = \frac{1}{N}\sum_{k=1}^{N-1} X(k)\mathrm{e}^{\mathrm{j}2\pi\frac{nk}{N}} \tag{2.3.7}$$

当采样点数 N 确定以后，指数项 $\mathrm{e}^{-\mathrm{j}\frac{2\pi}{N}}$ 为常数，令其为 W_N。于是，离散傅里叶变换和反变换可分别表示为

$$X(k) = \sum_{k=1}^{N-1} x(n)W_N^{nk} \tag{2.3.8}$$

$$x(n) = \frac{1}{N}\sum_{k=1}^{N-1} X(k)W_N^{-nk} \tag{2.3.9}$$

离散傅里叶变换的一个基本特性是具有周期性，周期为 N。设 l 为正整数，有

$$X(k)=X(k\pm lN) \tag{2.3.10}$$

由于 DFT 的周期性，我们无法区别频率为 $f_k=k/T$ 和 $f_{k+lN}=(k+lN)/T$ 时的频谱值。也就是说，高频段信号将“混叠”到低频段。

离散傅里叶变换的另一个基本特性是折叠性。折叠性的数学公式可表达为

$$X(k)=X^*(N-k) \tag{2.3.11}$$

式中，上标“*”为复数共轭符号。根据周期性，式（2.3.11）还可表示为

$$X(k)=X^*(-k) \tag{2.3.12}$$

也就是说，离散傅里叶变换为共轭对称序列。由于 $|X(k)|=|X^*(-k)|$，可知离散傅里叶变换的幅值相对于 $N/2$ 折叠。折叠性在频率特性曲线上表现为对称性，即实频特性曲线呈对称，虚频特性曲线呈反对称。

作为傅里叶变换，DFT 具有连续形式傅里叶变换的所有性质。以下给出傅里叶变换时移性和频移性的 DFT 形式。离散傅里叶变换的时移性

$$\mathrm{DFT}[x(n-n_0)]=W^{n_0k}X(k) \tag{2.3.13}$$

离散傅里叶变换的频移性

$$\mathrm{DFT}[x(n)W^{nk_0}]=X(k+k_0) \tag{2.3.14}$$

总的说来，傅里叶级数将周期连续时间信号变换为离散频谱，连续傅里叶变换将非周期连续时间信号变换为连续频谱，而离散傅里叶变换则将离散时间信号变换为离散频谱。注意，离散傅里叶变换也可以由傅里叶级数导出。在有的文献中将 DFT 和 IDFT 直接定义为

$$X(k)=\sum_{k=1}^{N-1}x(n)W_N^{nk} \tag{2.3.15}$$

$$x(n)=\frac{1}{N}\sum_{k=1}^{N-1}X(k)W_N^{-nk} \tag{2.3.16}$$

对于有限长信号样本进行傅里叶分析时，相当于加了一个矩形窗，从而导致泄漏。在功率谱密度估计时将产生严重偏度误差。从物理概念上讲，泄漏也可以看成是由于有限长信号样本在采样开始和末尾部分不连续而引起的。例如，当采样长度 T 是信号周期的整倍数时，两端连续，无泄漏。否则，两端不连续，产生泄漏。因此，抑制泄漏的一个常用办法就是采用特别设计的窗函数，又称时域加权或时域加窗，以消除采样始、末端的不连续性。

目前使用的窗函数多达数十种，其中最普遍采用的窗函数称为汉宁窗（Hanning Window）。汉宁窗函数由下式给出

$$w_{\mathrm{H}}(t)=\begin{cases}\dfrac{1}{2}\left(1-\cos\dfrac{2\pi t}{T}\right), & 0\leqslant t\leqslant T\\ 0, & \text{其他}\end{cases} \tag{2.3.17}$$

2.3.2 快速傅里叶变换

由离散傅里叶变换公式可知，计算一个 N 点傅里叶变换的频域数据需进行 N 次乘法运算，计算 N 个频域数据则需进行 N^2 次乘法运算。对于振动噪声之类的快变信号，一般至少需 $N=1024$ 个采样数据，完成 DFT 分析所需乘法运算达 $N^2=10^6$ 次。在通用计算机上做乘法运算要比做加法慢得多，这就是为什么在 20 世纪 60 年代中期以前，数字信号分析一直没

能在振动、声学等快变信号领域获得应用的缘故。1965 年提出的离散傅里叶变换的快速算法，称为快速傅里叶变换（FFT），使运算速度提高了两个数量级，从而使基于傅里叶变换的动态信号分析进入了一个崭新的时期。

FFT 现已发展了多种形式，但是最基本，目前应用最广泛的还是所谓基 - 2 算法。基 - 2FFT 算法要求采样数据为 2 的整次幂，即 $N=2^L$（L 为正整数）。FFT 算法的基本特点就是利用 DFT 的周期性和对称性，减少乘法和加法运算次数。基 - 2 算法首先将 N 个数据一分为二，即将 $x(n)$（$n=0, 1, 2, \cdots, N-1$）分成两段，即

$$x(n),\ x\left(n+\frac{N}{2}\right),\ n=0,\ 1,\ 2,\ \cdots,\ \left(\frac{N}{2}-1\right)$$

于是可将 N 个数据的 DFT 写成

$$\begin{aligned} X(k) &= \sum_{N=0}^{N-1} x(n) W_N^{nk} = \sum_{n=0}^{\frac{N}{2}-1}\left[x(n) W_N^{nk} + x\left(n+\frac{N}{2}\right)\right] W_N^{\left(n+\frac{N}{2}\right)k} \\ &= \sum_{n=0}^{\frac{N}{2}-1}\left[x(n) + x\left(n+\frac{N}{2}\right) W_N^{\frac{N}{2}k}\right] W_N^{nk} \end{aligned} \tag{2.3.18}$$

式中，W_N 中的下标 N 表示数据个数，由指数函数性质

$$W_N^{\frac{N}{2}k} = \exp\left(-\mathrm{j}\frac{2\pi}{N}\right)^{\frac{N}{2}k} = \exp(-\mathrm{j}\pi k) = (-1)^k$$

可以将 X（k）的计算分成奇数和偶数两组分别进行。当 k 为偶数时，可令

$$k=2l,\ l=0,\ 1,\ 2,\ \cdots,\ N/2-1$$

这时

$$W_N^{\frac{N}{2}k} = (-1)^{2l} = 1$$

令

$$g(n) = x(n) + x\left(n+\frac{N}{2}\right) \tag{2.3.19}$$

并注意到

$$W_N^2 = \exp\left(-\mathrm{j}\frac{2\pi}{N}\right)^2 = \exp\left(-\mathrm{j}\frac{2\pi}{N/2}\right) = W_{N/2}$$

这时式（2.3.18）可简化为

$$X(2l) = \sum_{n=0}^{\frac{N}{2}-1} g(n) W_N^{2ln} = \sum_{n=0}^{\frac{N}{2}-1} g(n) W_{N/2}^{nl} \tag{2.3.20}$$

当 k 为奇数时，可令

$$k=2l+1,\ l=0,\ 1,\ 2,\ \cdots,\ (N/2-1)$$

这时

$$W_N^{\frac{N}{2}k} = (-1)^{2l+1} = -1$$

令

$$y(n) = x(n) - x\left(n+\frac{N}{2}\right),\ h(n) = y(n) W_N^n \tag{2.3.21}$$

这时式（2.3.18）可简化为

$$X(2l+1)=\sum_{n=0}^{\frac{N}{2}-1}y(n)W_N^{n(2l+1)}=\sum_{n=0}^{\frac{N}{2}-1}h(n)W_{N/2}^{nl} \tag{2.3.22}$$

于是 N 点 DFT 变成了两个奇、偶序列的$N/2$点 DFT，乘法运算减少了一半。

事实上，由式（2.3.20）和式（2.3.22）可知，对于$N/2$个数据的 $g(n)$ 和 $h(n)$（仍然是 2 的整倍数），还可进一步对分（再分解为偶数组和奇数组），变在 4 个 $N/4$ 点 DFT 运算。依此类推，直到最后进行$N/2$个 2 点 DFT。

FFT 是动态信号分析的核心，可以通过通用计算机加 FFT 软件、专用硬件或数字信号处理器（DSP）加软件等方式来实现。动态信号分析仪（有时又称为 FFT 分析仪）采用硬件或 DSP 加软件完成 FFT、加窗处理、功率谱分析等功能。动态信号分析系统实际上是一种计算机辅助分析系统。信号分析功能由软件实现或者由 DSP 完成 FFT、加窗等信号预处理，然后由计算机软件完成其他信号分析功能，适用于多通道信号分析，不论是动态信号的仪器或系统，都需要以数据采集系统为前端。

由此可见，FFT 算法实际上很简单，基本上由蝶形运算加循环语句实现。FFT 算法的要点可归纳如下：①FFT 的基本运算为复数加/减/乘蝶形运算；②每级的运算由蝶形运算循环 $N/2$ 次完成；③为完成 L 级运算，只需再在级间循环 L 次，注意到最后一级无需做乘法，故可将最后一级分开计算；④由频率抽取 FFT 算法得出的输出序列 $X(k)$ 是乱序的，最后还需要完成输出结果的整序。

FFT 的实现方式有三种，即软件实现，硬件实现，以及硬、软件结合的 DSP 实现。在实验室条件下，用软件在通用计算机上实现 FFT 的优点是通用性强，额外投资少，缺点是计算速度较慢。无论是采用 20 世纪 70 年代实验室普遍使用的小型计算机（如 DEC 公司的 PDP11），还是 80 年代的微型计算机（如 PC286/386），做一次 1024 点的 FFT，如用高级语言编写的软件需数秒，用汇编语言，也需几百毫秒。

20 世纪 70 年代曾发展了各种全硬件 FFT，即用乘法/累加器实现蝶形运算，用控制电路实现对 FFT 运算的控制（如循环等）。为此，还研制了集成化 FFT 运算专用蝶形件。一块蝶形件，可同时完成 32 或 64 点 FFT 运算，1024 点 FFT 运算在数毫秒内即可完成。

硬件 FFT 的优点是运算速度快，缺点是缺乏通用性。目前除在对实时性要求很高的水声、雷达等专业领域使用，在声信号处理中极少采用。

由于信号处理等技术的需求和超大规模集成电路（VLSI）的发展，20 世纪 80 年代出现了基于单片集成电路的所谓数字信号处理器（DSP）。在短短的十年中，已经相继出现了四代 DSP 产品，并在信号处理等领域获得广泛的应用，成为振动、声学等信号处理的主要工具。

单片 DSP 实际上是一种特殊的中央处理器（CPU），它的特点是能直接进行乘法/累加运算。但在内部构造上，它已不同于传统 CPU 所采用的顺序运算（所谓冯·诺伊曼结构），而是将程序和数据空间分开，允许取指令和执行指令完全重叠（所谓哈佛结构）。此外，在运行中采取了流水作业方式，从而大大加快了计算速度。

在 DSP 硬件基础上，用汇编语言实现 FFT 运算，1024 点 FFT 仅需 5～50ms 甚至更快。这种软、硬件结合的信号处理方式，不仅速度快，而且通用性好，DSP 不仅可用作 FFT，还可用于加窗处理、数字滤波、卷积等运算。

尽管 FFT 有多种实现方式，但从实用角度出发，衡量 FFT 运算的性能指标主要有三个，即运算精度、运算速度和运算过程所占用的存储量。一般来说，要求高速度就必然要牺牲一定的精度。因而在具体应用时，就要根据实际需要从这三个方面折中考虑。对于有些动态信号分析仪或动态信号分析系统，由于工程应用中测量信号的动态范围有限，并且要求尽量高的运算速度，因而一般采用定点运算。定点运算精度较低，但所需存储量小，运算速度快，特别适合于硬件或软、硬件结合实现方式。

与定点运算相比，浮点运算的数值范围大、精度高（单精度数底数字长为 24 位，双精度数底数字长为 48 位），因而在计算机上用软件实现 FFT 时大多采用浮点运算。浮点运算的不足之处是计算时间较长。

随着测试技术的发展，测量信号动态范围不断增加，对 FFT 的精度要求就越来越高，而定点运算精度很难满足需要。目前主要从增加字长（由 16 位扩展到 24 位或 32 位）和改进算法（即采用块浮点技术）两个方面加以改进，从而使动态范围得以大大提高。20 世纪 80 年代以后，先进的动态分析设备大多采用高速数字信号处理器 DSP 为核心，在 FFT 运算中采用块浮点技术，以满足精度高，速度快的需要。

2.4 声信号的频率分析

2.4.1 倍频程分析

如果在同一地点，声压随时间的变化都是正弦形式的，那么这种声音是只含有单一频率的纯音。实际上，只有音叉、音频振荡器等少数声源才能发出纯音；一般的声音，尤其对于噪声都是由许多频率声波组成的复合声。不同的声音，其含有的频率成分及各个频率上的能量分布是不同的，这种频率成分与能量分布的关系称为声的频谱。声音的频率特性，常用频谱来描述，各个频率或各个频段上的声能量分布绘成的图形称为频谱图。

在噪声控制等声学问题中，频谱图的构成通常是以频率为横坐标，以频率的对数为标度，用声压级（或声强级、声功率级）做纵坐标，单位是 dB。实际中有几种典型噪声频谱，如宽频率连续谱、窄频率连续谱和不连续线状谱，也有连续谱中杂有能量较高的纯音频率（线状）的复合频谱，这些频谱反映了噪声能量在各个频率上的分布特性。另外，由 1.2 节可知，频率不同的声波是不相干的，所以即使这些不同频率成分的声波是由同一个声源发出的，也不会形成相干干涉，因此，总的声能量是各个频率分量上的能量叠加之和。

对噪声作频谱分析时，一般并不需要每一个频率上声能量的详细分布。为方便起见，常在连续频率范围内把它划分为若干个相连的小段，每一小段叫做频带或频程，每个小频带内的声能量被认为是均匀的，然后研究不同频带上的分布情况。根据不同的要求，声学量的分析频率带宽的选择也不一样。若分析精度要求高时，分析频带应选用窄频带宽；若是简单测量，则频率分析带宽可以放宽。实际测量中最为常用的频率分析带宽为窄频带宽、倍频程和 1/3 倍频程带宽。窄频带宽是恒定频率分析带宽，它的大小由频谱分析仪类型和分析频率上限值确定。倍频程带宽和 1/3 倍频程带宽为百分比带宽，其频率带宽总是中心频率的恒定百分比，中心频率 f_0 与带宽上、下限截止频率 f_h 和 f_l 的关系为

$$f_0 = \sqrt{f_h f_l} \tag{2.4.1}$$

$$f_h = 2^n f_l \tag{2.4.2}$$

式中，n 可以为任何值。

对于倍频程带宽，$n=1$，对于 1/3 倍频程带宽，$n=1/3$。表 2.4.1 是倍频程和 1/3 倍频程带宽中各中心频率值与其上、下限截止频率的对应关系。由表可以看出：倍频程和 1/3 倍频程的频率带宽随中心频率的增加而增大。当声学信号在各个频带内的频率分量幅值相对恒定时，用倍频程或 1/3 倍频程带宽为频率分析带宽是可以满足要求的，当不是这种情况时，某些频率分量大大超过其他频率分量而起支配作用，则应采用窄频带宽为分析带宽更为恰当。

表 2.4.1　中心频率与其上、下限截止频率的对应关系

	1/1 倍频程			1/3 倍频程		
频带数	f_l/Hz	f_0/Hz	f_h/Hz	f_l/Hz	f_0/Hz	f_h/Hz
12	11.2	16	22.4	14.1	16	17.8
13				17.8	20	22.4
14				22.4	25	28.2
15	22.4	31.5	44.7	28.2	31.5	35.5
16				35.5	40	44.7
17				44.7	50	56.3
18	44.6	63	89.2	56.2	63	70.8
19				70.8	80	89.2
20				89.1	100	112.2
21	89.0	125	178.0	112.2	125	141.3
22				141.2	160	177.9
23				177.8	200	224.0
24	177.6	250	355.2	223.8	250	282.0
25				281.2	315	355.0
26				354.7	400	446.9
27	354.4	500	708.8	446.5	500	562.6
28				562.1	630	708.2
29				707.7	800	891.6
30	707.1	1000	1414.2	891.0	1000	1122.4
31				1121.6	1250	1413.1
32				1412	1600	1779.0
33	1410.8	2000	2821.7	1777.6	2000	2239.6
34				2237.8	2500	2819.5
35				2817.3	3150	3549.5
36	2815.0	4000	5630.1	3546.7	4000	4468.6
37				4465.1	5000	5625.6
38				5621.2	6300	7082.3
39	5616.8	8000	11233.4	7076.7	8000	8916.0
40				8909.0	10000	11220.6
41				11215	12500	14131.0
42	11206.9	16000	22413.8	14119.8	16000	17789.8
43				17775.8	20000	22396.1

倍频程和1/3倍频程之间的关系可以由声压的非相干叠加原理直接换算得到。由于每个倍频程内有3个1/3倍频程，各1/3倍频程的声音彼此是不相干的，因此每个倍频程内的声压级为3个1/3倍频程的声压级叠加之和。例如，在某次利用混响室法测定扬声器的声功率级时，通过实验测得扬声器在1/3倍频程下的声压级见表2.4.2。

表2.4.2 1/3倍频程平均声压级

频率/Hz	100	125	160	200	250	315	400	500	630	800	1000	1250
$\overline{L}_p$/dB	104.7	108.7	115.8	118.0	116.0	114.6	111.9	100.0	108.8	107.6	106.6	105.6
频率/Hz	1600	2000	2500	3150	4000	5000						
$\overline{L}_p$/dB	108.3	108.2	103.8	101.2	98.2	98.2						

运用不同频率上的声压级的叠加原理，有

$$DL = 10\lg(10^{\frac{DL_1}{10}} + 10^{\frac{DL_2}{10}} + \cdots + 10^{\frac{DL_N}{10}}) \tag{2.4.3}$$

可以得到在倍频程上的平均声压级，见表2.4.3。

表2.4.3 倍频程平均声压级

频率/Hz	125	250	500	1000	2000	4000
$\overline{L}_p$/dB	116.85	121.2	113.82	111.45	111.98	104.22

与其对应的1/3倍频程和倍频程图如图2.4.1、图2.4.2所示。

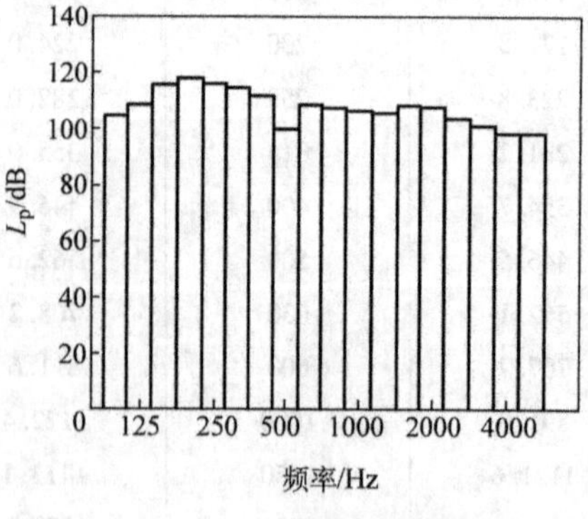

图2.4.1 1/3倍频程图

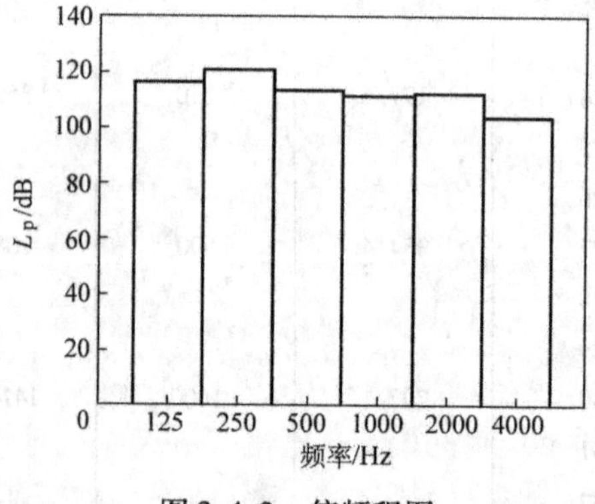

图2.4.2 倍频程图

2.4.2 临界带宽

当考虑到人对声音的主观反应时，声音的“掩蔽效应”需要特别重视。所谓掩蔽效应，指的是由于一个声音的存在（掩蔽音，masking tone），使得另一个声音（被掩蔽音，masked tone）的听阈抬高的现象。被掩蔽音单独存在时的听阈分贝值，或者说在安静环境中能被人耳听到的纯音的最小值称为绝对闻阈。在掩蔽情况下，提高被掩蔽弱音的强度，使人耳能够听见时的闻阈称为掩蔽闻阈（或称掩蔽门限），被掩蔽弱音必须提高的分贝值称为掩蔽量（或称阈移）以dB表示。掩蔽量与声音的性质和频率都有关。

掩蔽分成时域掩蔽和频域掩蔽两种。时域掩蔽指的是在时间上相邻的声音之间出现的掩蔽现象，又分为超前掩蔽（pre - masking）和滞后掩蔽（post - masking）两种。产生时域掩蔽的主要原因是人的大脑处理信息需要花费一定的时间。一般来说，超前掩蔽很短，只有大约5 ~ 20ms，而滞后掩蔽可以持续50 ~ 200ms。

频域掩蔽是指时间上同时出现的两种不同频率的声音之间的掩蔽现象，也称同时掩蔽（simultaneous masking）。例如，一个声强为60dB、频率为1000Hz的纯音，另外还有一个1100Hz的纯音，前者比后者高18dB，在这种情况下我们的耳朵就只能听到那个1000Hz的强音。如果有一个1000Hz的纯音和一个声强比它低18dB的2000Hz的纯音，那么我们的耳朵将会同时听到这两个声音。要想让2000Hz的纯音也听不到，则需要把它降到比1000Hz的纯音低45dB。一般来说，弱纯音离强纯音越近就越容易被掩蔽。

确定一个声音的频率，则能够产生同时掩蔽的另外一个声音的频率范围称为"临界频带"（critical band）通常认为，在20Hz到16kHz的音频范围内有24个临界频带。临界频带的单位叫Bark（巴克），其宽度定义如下：①1Bark = 一个临界频带的宽度；②频率$f<500$Hz的情况下，1Bark $=f/100$；③$f>500$Hz的情况下，1Bark $=4\log(f/1000)$。临界频带的具体划分方法见表2.4.4。

表2.4.4 临界频带的具体划分方法

临界频带	频率/Hz			临界频带	频率/Hz		
	低端	高端	宽度		低端	高端	宽度
0	0	100	100	12	1720	2000	280
1	100	200	100	13	2000	2320	320
2	200	300	100	14	2320	2700	380
3	300	400	100	15	2700	3150	450
4	400	510	110	16	3150	3700	550
5	510	630	120	17	3700	4400	700
6	630	770	140	18	4400	5300	900
7	770	920	150	19	5300	6400	1100
8	920	1080	160	20	6400	7700	1300
9	1080	1270	190	21	7700	9500	1800
10	1270	1480	210	22	9500	12000	2500
11	1480	1720	240	23	12000	15500	3500

从表2.4.4中可以看出，临界带宽与中心频率存在如下的关系：当中心频率小于500Hz时，临界带宽约为100Hz；当中心频率大于500Hz时，临界带宽约为中心频率的20%，这与1/3倍频程23%的覆盖范围比较接近。

在心理声学等与听觉特性有关的声信号分析中，常采用临界带宽作为频带宽度的划分方法，如特性响度（specific loudness）的计算就是如此。

第 3 章 声学仪器与声学设施

按测量对象分，常用的声学测量仪器有声级计和声强测量系统，它们分别用于测量声压级和声强；按电路构成方式分，声学仪器分为模拟式和数字式两种，数字式声学测量仪器与系统在现代声学测量中得到越来越广泛的使用，基本上已取代模拟式测量仪器。另外，某些测量方法需要专门的声学设施（如消声室和混响室）加以配合，本章分别对它们加以介绍。

3.1 传声器

不管哪种声学测量仪器，获得声信号的传感器必不可少。在空气介质中的声传感器称为传声器（microphone)，俗称话筒，也叫麦克风，它将声信号转换为相应的电信号。传声器作为一种主要的电声器件，不但广泛用于声学测量与研究中，在各种录音及扩声系统中，如广播电视、电话、信息产品的人机接口、卡拉 OK、音乐会及各种声报警和控制系统中也有广泛应用。

3.1.1 传声器的分类及工作原理

传声器的分类方法有多种。若按换能方式分类，可分为电动式、电容式和压电式等。按接收方式可分为压强式、压差式、复合式等。若按传声方式分类，可分为有线传声器和无线传声器两类。若按指向特性分类，可分为无指向性、双指向性和单指向性（包括心形和钳形）三类。若按声波接收原理分类，可分为声压式和压差式两类。常见的传声器有以下几种。

1. 动圈式传声器

图 3.1.1 所示是动圈式传声器的结构示意图，它与球顶式扬声器的结构非常相似。传声器的振膜非常轻、薄，可随声波的激励而振动。动圈与振膜粘在一起组成振动系统，受声波激励的振膜带动线圈在磁路的磁隙中运动。动圈因切割磁力线而产生感应电动势。此电动势与振膜振动的幅度和频率直接相关，因而动圈输出的电信号与声音的强弱、频率的高低相对应。这样，传声器就将声音转换成电信号予以输出。

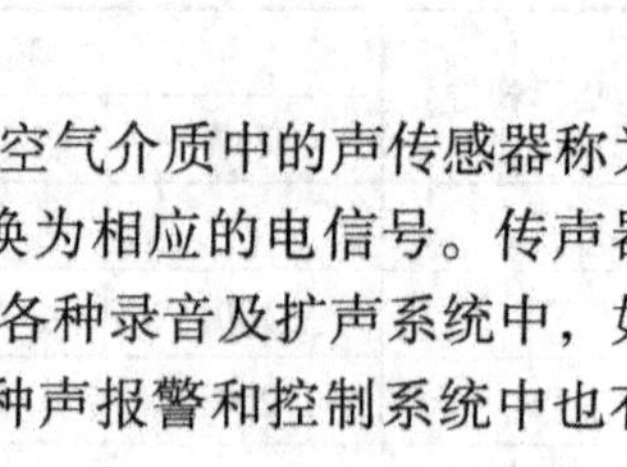

图 3.1.1 动圈式传声器的结构示意图

动圈式传声器的固有噪声小，输出阻抗低，可直接连接衰减器和放大器，但体积大，频响不平，易受电磁干扰。

2. 电容式传声器

图 3.1.2 给出的是电容式传声器的结构示意图。由固定电极（后板）和膜片（振膜）构成一个电容。将极化电压加到电容的固定电极上。当声波入射时，振膜随声波的运动发生振动，此时振膜与固定电极间的电容量随声音而发生变化，相应的电容阻抗也在变化。与其串联的负载电阻的阻值是固定的，电容的阻抗变化表现为输出电位的变化。经过耦合电容，将电位变化的信号输入到前置放大器，经放大后输出音频电信号。

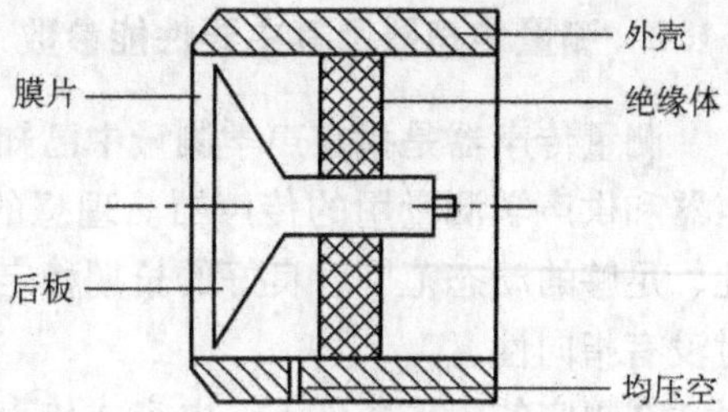

图 3.1.2　电容式传声器的结构示意图

电容式传声器是一种精密测量器件，膜片一般由镍材料做成，厚度为几个 μm 至几十个 μm，厚极板与外壳材料为不锈钢，绝缘体为玻璃或石英，均压孔用来保持传声器后腔与外面大气的平衡，这样可避免大气压力变化时，传声器膜片凸起或凹下，造成传声器灵敏度变化或损坏。

一般情况下，不要打开传声器前面的保护罩，切忌用手或其他东西去碰传声器膜片，同时避免传声器受潮，否则容易造成打火击穿。

实际的电容式传声器中，为了提高灵敏度，减少杂散电容的影响，常将前置放大器装与电容传声头组装在一起，使固定电极到前置放大器间的引线最短。另外，由于电容传声器的静电容容量很小（几十 pF 至 100pF），在音频频率范围内的阻抗相当高，故负载电阻常需取几百欧以上才能保证电容传声器的下限频率。

为与传声器阻抗相匹配，前置放大器也具有极高的输入阻抗，因此，一般都用场效应晶体管输入的放大器。电容式传声器的前置放大器的有两方面的作用：一方面是对电容传声头输出的信号进行预放大，另一方面主要是将电容头的高输出阻抗转换为低阻抗输出。

电容式传声器的特点是频率范围宽，频率响应好，灵敏度变化小，长期稳定性好，体积小等，但内阻高，需要加极化电压。

3. 驻极体电容式传声器

某些材料受电场作用后在其表面会产生电荷，电场撤除后，其表面电荷仍不消失，由此构成的物体称为驻极体。将驻极体材料事先进行极化用来代替极化电压制成的电容式传声器称为驻极体电容式传声器（驻极体话筒）。

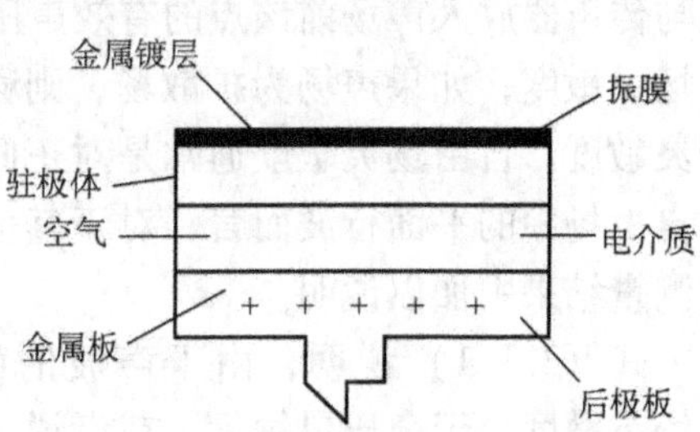

图 3.1.3　驻极体电容式传声器结构示意图

驻极体电容式传声器实际上也是一种电容式传声器，其结构示意图如图 3.1.3 所示。驻极体实际上是一种“永久荷电体”。磁铁有电磁铁和永磁铁两种。电磁铁需要通电才能产生磁性，而永磁铁是一种“永久磁体”。因此，驻极体就是一种类似于“永久磁铁”的“永久荷电体”。在驻极体的两面，“永久”地存在正电荷和负电荷。为了进行阻抗变换，驻极体电容式传声器内一般都装有一个场效应晶体管（FET）。实际使用时，常常需要外加与场效应晶体管相配的电源、负载电阻和耦合电容 C。驻极体电容式传声器的优点是结构简单，频响好，价格低，使用方便灵活、输出电平较高，目前应用很广泛。但其缺点是寿命有限，受温度影响大，稳定性差。

3.1.2 测量传声器及其主要性能参数

测量传声器是指在声学测量中已知其灵敏度响应的高精度传声器，常分为实验室标准传声器和供声学测量用的传声器。理想的标准传声器具有较高的灵敏度、宽而平直的频率特性、足够的动态范围、良好的长期稳定性，并且要求传声器体积小以免干扰被测量声场，同时没有指向性。

在规定的工作条件下，电容式传声器可基本满足理想的标准传声器的要求，因此，一般选用电容式传声器作为声学测量传声器。测量传声器的主要性能参数如下所述。

1. *灵敏度*

传声器的灵敏度是指传声器输出电压与该传声器所受声压之比，常以符号 M 表示，单位为 V/Pa（以前曾普遍采用 V/μbar）。通常情况下，传声器的灵敏度是指传声器在 1kHz 频率处接受 1Pa 声压时，传声器的开路输出电压。灵敏度越高，表示传声器声—电转换能力越强。

已知传声器的灵敏度就可以根据测得的开路电压求出该点的声压或声压级。传声器的灵敏度和工作条件有关，按照负载情况分空载灵敏度和有载灵敏度；按测量方法分声压灵敏度和声场灵敏度，下面分别加以说明。

用传声器进行声学测量时，相当于入射声波作用于弹性物体上。该弹性体由于受到力激励而产生声辐射，这就是所谓的声散射。由散射理论可知，物体表面任意一点的声压（p_d）在数值上等于入射声压（p_j）和它本身激起的散射波声压 Δp 之和。有物体存在时的声压 p_d 与自由声场的声压 p_j 之比称为声场的畸变系数。畸变系数与 ka 有关，其中 k 为波数，a 为刚性球的半径。一般情况下，畸变系数大于 1，也就是 $p_j < p_d$。对于同一传声器，由于开路输出电压 U_0 不会改变，所以

$$\frac{U_0}{p_j} > \frac{U_0}{p_d} = \frac{U_0}{p_j + \Delta p} \tag{3.1.1}$$

传声器输出电压和实际作用到传声器的有效声压之比称为声压灵敏度；而传声器输出电压与传声器放入声场前该点的有效声压之比称为声场灵敏度。如果声场为自由场，则称为自由场灵敏度；如果声场为扩散场，则称为无规声场灵敏度。自由场灵敏度通常是对正向入射条件下自由场中的平面行波而言，对于其他情况则应在测量结果中加以说明。

式（3.1.1）说明，由于声波的散射作用，声场灵敏度大于声压灵敏度。或者说，传声器自由场灵敏度等于声压灵敏度加上散射引起的增压。因此，若已知声压响应，根据压力增量校正曲线就可以求得自由场灵敏度。在足够低的频率时，传声器放入声场中引起的干扰可以忽略，这时，自由场灵敏度就趋近于声压灵敏度。压力增量与入射角有关，图 3.1.4 给出了 1/2″电容式传

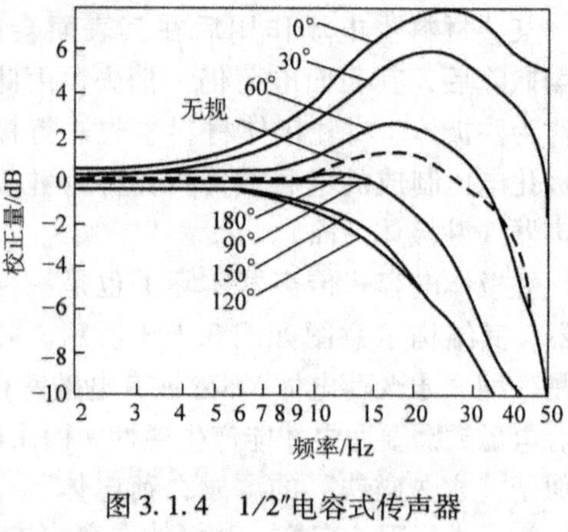

图 3.1.4 1/2″电容式传声器自由场校准曲线

声器的压力增量与入射角的关系，图中还给出了无规入射时的校正曲线。

当测量传声器是以前置放大器的输入电容为负载时，其有载灵敏度为

$$M_L = M_0 G \frac{C_t}{C_t + C_i} \tag{3.1.2}$$

式中，M_L 为传声器和放大器总的有载灵敏度；M_0 为传声器的空载灵敏度；G 为前置放大器的电压增益；C_t 为传声器的电容；C_i 为前置放大器的输入电容。

传声器灵敏度也经常用灵敏度级来表示，由下式定义

$$S \approx 20\lg \frac{M}{M_0} \tag{3.1.3}$$

式中，S 为灵敏度级（dB）；M 为灵敏度（V/Pa）；M_0 为基准灵敏度，通常取 1V/Pa。

传声器灵敏度可以为有载灵敏度 M_L 或空载灵敏度 M_0，这时相应的灵敏度级为有载灵敏度级 S_L 或空载灵敏度级 S_0。

电容传声器灵敏度级的典型值如下：1″为 0dB，1/2″为 -14dB，1/4″为 -34dB。驻极体传声器的灵敏度级大约为：1″为 0dB，1/2″为 -6dB，1/4″为 -21dB。

丹麦 B&K 公司在生产传声器时曾以灵敏度等于 5mV/μbar 作为设计目标，故在传声器所连用的测试放大器上用红线标志作为标称刻度，这一做法作为惯例也为其他厂家采用。5mV/μbar 用分贝数表示就是 $20\lg \frac{5\times10^{-3}\text{V}/0.1\text{Pa}}{1\text{V/Pa}} = -26\text{dB}$。

由于实际传声器都不同程度地偏离这一设计值，因此，各传声器的出厂灵敏度与 -26dB 都有一定出入，需要进行修正。例如，有一只传声器，其实际灵敏度为 55mV/Pa，转换为分贝，其灵敏度为 $20\lg \frac{55\times10^{-3}\text{V/Pa}}{1\text{V/Pa}} = -25.2\text{dB}$。这表示该传声器的灵敏度比设计值 -26dB 高 0.8dB，因此，用该传声器测得的噪声结果中，应考虑由此引起的影响，也就是传声器的灵敏度修正值 $K_0 = -0.8\text{dB}$。负值即表示灵敏度过高，应在使用时将实际测量结果减去 K_0。

2. 频率响应

传声器在恒定声压和规定入射角声波的作用下，各频率正弦信号的开路输出电压与规定频率（通常为 1000Hz）的开路输出电压之比，用 dB 表示，称为传声器频率响应。

传声器频率响应一般是在自由场平面波条件下测得的，并且传声器轴与波阵面垂直，这种频率响应即为自由场频率响应，简称“声场响应”。如果测量是在声压或扩散场条件下进行，则得到的是声压频率响应或扩散场频率响应。

一般要求传声器的频率响应尽量平直，但不同的使用场合，要求也不一样，如测量用传声器要求频率宽达 20Hz ~ 20kHz 或更宽，不均匀度小于 0.5dB。图 3.1.5 给出了电容式传声器的声压灵敏度频率响应和自由场灵敏度

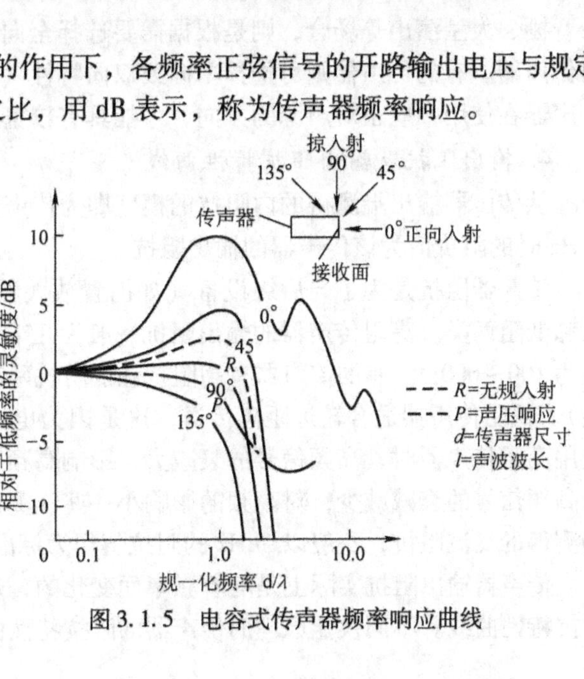

图 3.1.5　电容式传声器频率响应曲线

频率响应。对于电容式传声器，其灵敏度频率响应大约为：1″达到 18kHz，1/4″达到 100kHz。对于驻极体电容式传声器的灵敏度频率响应大约为：1″达到 12kHz，1/2″达到 15 ~ 20kHz，1/4″达到 30kHz。

3. 指向特性

传声器灵敏度随声波入射方向变化的特性称为灵敏度指向特性。声波以角 θ 入射时传声器灵敏度 E_θ 和轴向入射（$\theta=0°$）时灵敏度 E_0 的比值称为灵敏度指向性函数 $R(\theta)$，即

$$R(\theta) = \frac{E_\theta}{E_0} \tag{3.1.4}$$

通常用指向特性图可用灵敏度指向特性图来表示。图 3.1.6a、b 分别给出 1″和 1/2″测量传声器的灵敏度指向特性图。

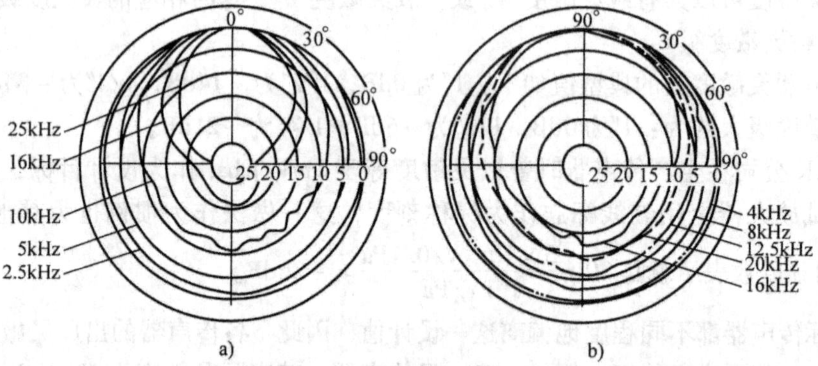

图 3.1.6 测量传声器灵敏度指向特性

也可按定性分类法来对传声器的指向特性进行划分。一般分为 4 类：第 1 类是无指向性传声器；第 2 类是双指向性传声器；第 3 类是心形指向传声器；第 4 类是强指向传声器。

一般音响工程中用的传声器多为心形指向传声器，俗称“单向传声器”。专业录音室、录音棚、大型演出等场合，则是根据需要选择全向（无指向性）、双向、心形或强指向特性的传声器。有的传声器则可选择单向或双向特性（通常带一个方向选择开关）。通常的单向传声器在使用中应正对声源的方向，才能具有较宽的频响和较高的灵敏度。

4. 输出阻抗及输出阻抗特性曲线

从传声器输出端测得的内阻抗的模值即为传声器输出阻抗，简称传声器阻抗。一般测量 1kHz 时的阻抗值为该传声器的输出阻抗。

传声器阻抗是为了与后级设备（如前置放大器）输入端合理配接而设计的，可分为高阻和低阻两类。高阻传声器的输出阻抗一般为几千欧至十几千欧，低阻传声器的输出阻抗一般为 100 ~ 600Ω。有的传声器有高阻抗和低阻抗两种输出阻抗可供选择（一般用一个开关转换）。低阻传声器适合较远距离传送，这是因为电缆较长时，传声器电缆的分布电容较大，使用高阻传声器时，高频信号的衰减大，影响高频频响。同样长度的电缆，配接低阻传声器时高频信号的衰减减少，对高频的影响小一些。测量传声器的输出阻抗是指前置放大器输出端测得的交流阻抗，一般以 1kHz 的阻抗值作为标准值，通常不大于 50Ω。

传声器输出阻抗实际上是随着频率面变化的，这条随频率变化的阻抗曲线就称为传声器阻抗特性曲线。不同换能原理的传声器的阻抗特性曲线是不一样的，如同样标称为 200Ω 的

动圈式传声器和电容式传声器，在高频和低频时，其阻抗值可能差别很大，因动圈式传声器在振动系统的谐振点附近（一般在300Hz左右），可产生较大的阻抗峰值，而且在高频时，因音圈的电感量使输出阻抗随频率的增加而增加。对电容式传声器（包括驻极体电容式传声器），其极头紧接前置放大器，所以它的输出阻抗实际上是前置放大器的输出阻抗，故两者差别较大。

5. 传声器的噪声级

引起传声器输出噪声的原因有多种，如固有噪声、风噪声和磁感应噪声等。

（1）等效噪声级　当作用在传声器膜片上的声压为零时，传声器仍有输出电压，称这个电压为传声器的固有噪声电压，它是由传声器内部的电路噪声及导线中分子热运动而产生的，这种固有噪声电压，可以看做是由能产生相同输出电压的外部声压级引起的，故称等效噪声级。电容传声器的等效噪声级不大于20dB（A）。

（2）磁感应噪声级　传声器受到交流电磁场的作用时，在其输出端会产生感应噪声电压，即为传声器的磁感应噪声。磁感应噪声级越小，说明该传声器的抗磁感应能力越强。

6. 最大声压级和动态范围

在强声波的作用下，传声器的输出会产生非线性畸变。当非线性畸变达到3%时的声压级，习惯上规定为传声器能测量的最高声压级。测量传声器能够测量的声压大小，上限受非线性畸变限制，下限受固有噪声限制。因此，最高声压级减去等效噪声级就是测量传声器的动态范围。一般说来，电容式传声器的最高声压级大约分别为：1″为150dB，1/2″为160dB，1/4″为175dB，1/8″为180dB。若允许超过3%的谐波畸变，则尚可提高10～15dB，接近于传声器膜片破裂的情况。对于驻极体电容式传声器的最高声压级大约为：1″为140dB，1/2″为145dB，1/4″为150dB，若再提高20dB，驻极体就会破裂。

7. 测量传声器的稳定度

温度、湿度、气压等气象条件的变化会影响传声器灵敏度，可以用稳定度来描述这种变化的影响。其中温度的影响比较严重，通常电容式传声器可以在-50～150℃的环境条件下使用，其温度稳定性较好。在35℃时，其稳定度大约为：短期稳定性，每年0.1dB；长期稳定性，每年小于0.5dB。在-50～150℃时，温度变化1℃，其灵敏度变化大约为0.008dB。在相对湿度为0～90%的环境条件下，其灵敏度的变化小于0.5dB；大气静压强的影响大约为-0.003dB/mmHg（1mmHg≈133.3Pa）。对于驻极体电容式传声器，稳定度较差，在0～55℃环境条件下，温度系数大约为每度0.03dB，驻极体电容式传声器在室温条件下放置15个月，其灵敏度变化大约为±1dB。

除此之外，表示测量传声器的性能参数还有谐波失真、传声器的极性、相位特性等。

3.1.3 测量传声器等效电路

常用的测量传声器就是电容式传声器，其结构如图3.1.2所示。电容式传声器的振动系统可以近似地认为位于弹性控制区。在该控制区，当外力激励频率远小于振动系统固有频率时，系统振动的位移与外力振幅成正比，与系统的弹性系数成反比，与激励频率无关。电容式传声器的缺点是内阻比较高，其电容量一般只有几十皮法，甚至几个皮法，如果与它相连的放大器输入电容量与之比拟，就会降低传声器的灵敏度；如果放大器的输入电阻太低，测量传声器在低频时的灵敏度会下降，也就是说频率范围受到了限制。因此，在声级计中需要使用前置放大器（简称前置），它一般不起放大作用，其电压增益小于并接近等于1，它主要起阻抗变换作用，因此又称为阻抗变换器。电容式传声器与其负载（前置放大器）相连时的等效电路如图3.1.7所示。

图3.1.7中，C_t 为电容传声器没有受到声波作用时的静电容；$C(t)$ 为声压引起的电容变化量；C_s 为接线与分布电容；C_c 为电路耦合电容；C_i 是负载电路（前置放大器）的输入电容；R_i 为前置放大器输入电阻；U_0 是传声器的极化电压；R_c 为充电电阻；U_i 为加到放大器输入端的电压。

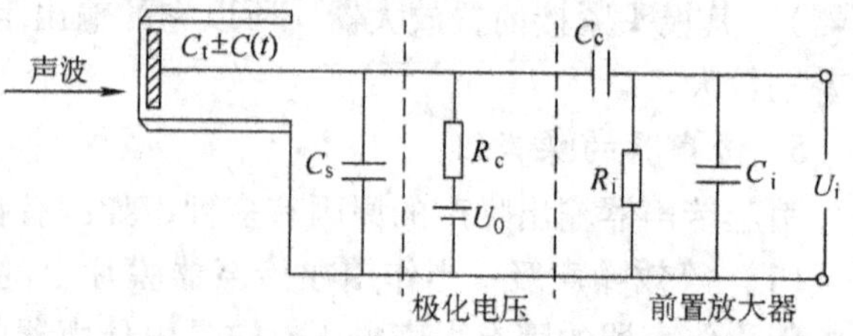

图3.1.7 电容式传声器与其负载相连时的等效电路

由图3.1.7可以看出，在没有声波作用时，即静态情况下，极化电压 E_0 经 R_c 给电容 C_t 充电，C_t 上所充的电荷为

$$Q = C_t U_0 \tag{3.1.5}$$

有声波扰动时 $Q = [C_t \pm C(t)][U_0 \pm \Delta U]$，所以

$$\Delta E = \frac{C(t)}{C_t} U_0 = \frac{\Delta d}{d} U_0 \left(C = \varepsilon \frac{A}{d} \right) \tag{3.1.6}$$

式中，ΔU 为电容式传声器的输出电压；d 为静态时传声器膜片与后极板之间的距离；Δd 是有声波作用时 d 的增量；ε 是空气中的介电常数；A 为膜片的面积。

由式（3.1.6）可看出，当 C_t 和 U_0 确定时，传声器的输出电压 ΔU 与 $C(t)$ 成正比，即完全取决于声压的大小。由于 R_c 的阻值很大，因此要将数值很小的 ΔU 传送到后级电路，必须有前置放大器以便和电容传声器进行阻抗匹配。

图3.1.7的电路可根据等效电源定理进一步简化，以把传声器头转化为电压源形式，即把传声器用一个内阻为 C_t、电压为 $C(t)U_0/C_t$ 的等效电压源来代替，此外，其中电容 C_c 是信号传输耦合电容，主要起到隔断直流电压 U_0 而将交流电压 ΔU 取出，该电容数值较大，故在电路等效电路中对声信号可以视为短路。充电电阻 R_c 和输入电阻 R_i 可合并为 R，杂散分布电容和前置输入电容也可合并为 $C_s + C_i$，这样图3.1.7可简化为图3.1.8。其中 U_i 为前置放大器输入电压，$R = R_c R_i / (R_c + R_i)$。

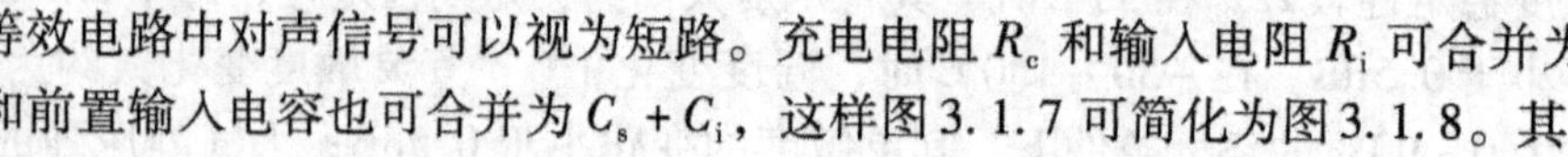

图3.1.8 电容式传声器的等效电路

根据图3.1.8，由分压定理可知，前置放大器输入端的电压 U_i 为

$$U_i = \frac{Z_2}{Z_1 + Z_2} \Delta U = \frac{Z_2}{Z_1 + Z_2} \times \frac{C(t)}{C_t} U_0 \tag{3.1.7}$$

其中

$$Z_1 = \frac{1}{\mathrm{j}\omega C_t} \tag{3.1.8a}$$

$$Z_2 = \frac{R}{\mathrm{j}\omega(C_i + C_s)} \tag{3.1.8b}$$

$$U_i = \frac{\mathrm{j}\omega RC}{1+\mathrm{j}\omega RC} \times \frac{C(t)}{C} U_0 \tag{3.1.8c}$$

式中，$C = C_t + C_e + C_i$。

由式（3.1.7）可见，前置输入电压除与 $C(t)$ 和 U_0 有关外，还与 C 有关，即接线与分布电容 C_s 及前置放大器的输入电容 C_i 会影响到电容式传声器输出的信号强度，相当于降低了电容式传声器的灵敏度。

对于高频噪声，即当 $\omega RC \gg 1$ 时，有

$$U_i = \frac{C(t)}{C} U_0 \frac{\mathrm{j}\omega RC}{1+\mathrm{j}\omega RC} \approx \frac{C(t)}{C} U_0 \tag{3.1.9}$$

传声器的输出正比于极化电压，反比于总电容。因此，任何附加电容都会降低传声器高频率的灵敏度。

对于低频噪声，即当 $\omega RC \ll 1$ 时，有

$$U_i = \frac{C(t)}{C} U_0 \frac{\mathrm{j}\omega RC}{1+\mathrm{j}\omega RC} \approx C(t) U_0 \mathrm{j}\omega RC \tag{3.1.10}$$

即前置输入电压与频率有关。通常定义电压降低到原来值的70%（3dB）时的频率为截止频率。在截止频率处，$\omega RC = 1$。因此，截止频率 f_c 为

$$f_c = \frac{1}{2\pi RC} \tag{3.1.11}$$

因此，要降低下限截止频率，就要求前置放大器的 R 和 C 都必须很大，但增大 C 会降低传声器灵敏度，因此下限截止频率主要取决于 R，输入电阻越大截止频率越低。目前前置放大器的等效交流输入电阻可达到1GΩ以上，等效输入电容在1pF以下，测量用电容传声器的低限频率可以达到2Hz。

3.1.4　测量传声器的选择

设计测量传声器时常常折中考虑了一些因素，因此，不可能用一只电容传声器来适应各种测量目的，实际上，必须根据具体要求来选择合适的测量传声器。一般情况下，可以选择1/2″测量传声器，因为在声频范围内，它的指向性比1″传声器均匀，而灵敏度可做得与1″的一样。此外，小直径电容式传声器可以扩展灵敏度频率范围和动态范围。

测量传声器可分为声压响应、自由场响应和无规响应三种。在消声室内测量时，若使用自由场响应传声器则应该直接对着声源，而使用声压响应传声器则应与声波传播方向成90°，使声波掠入射；在混响室内测量时应使用无规响应传声器，如果使用自由场响应传声器，则应加上无规入射校正器或鼻锥等附件，以使传声器灵敏度响应与声波入射方向无关。表3.1.1给出的是国产CH系列电容式传声器的参考特性，表3.1.2给出的是B&K公司电容式传声器的空载灵敏度。这两类测量传声器系列具有类似的特性。

表 3.1.1　国产 CH 系列电容式传声器参考特性

型号	CH－11	CH－12	CH－13	CH－14	CH－16	CH－18
类型	声场型	声压型	声场型	声压型	声场型	声压型
直径/″	1″	1″	1/2″	1/2″	1/4″	1/8″
频率响应/Hz	20～18000	20～7000	20～10000	20～20000	30～80000	30～140000
灵敏度/（V/Pa）	50	46	10	10	1	0.3
极化电压/V	200	200	200	200	200	200
传声器极头电容/pF	67～75	67～75	20～30	20～30	<10	<6
等效体积/cm^3	<0.2	<0.2	<0.02	<0.02	<0.002	<0.001
共振频率/kHz	>8	>8	>15	>15	>50	>100
温度系数/（dB/℃）	0.02	0.02	0.02	0.02	0.02	0.02
动态范围/dB	15～146	15～146	30～160	30～160	60～180	70～180
机械稳定性（1*g* 加速度产生的声压）/dB	90	90	90	90	90	90

表 3.1.2　B&K 公司电容式传声器的空载灵敏度

	灵敏度/（mV/Pa）	灵敏度级/dB	允许偏差/dB
1″	50	－26	±1.5
1/2″	50	－26	±1
1/2″	12.5	－38	±2
1/4″	4	－48	±3
1/4″	1.6	－56	±3
1/8″	1.0	－60	±3

通常，测量传声器序列中的尾数若为偶数，测量传声器为声压型；若为奇数，则为声场型。表 3.1.3 以 B&K 公司的电容式传声器为例，列出不同测试条件下建议使用的传声器型号。

表 3.1.3　B&K 公司电容式传声器的选用

使用条件	型　号
自由场	4939，4130，4176，4188，4189，4190，4191，4145
扩散场	4942，4943
声压场	4144，4138，4938，4944，4947，4192
低噪声	4179（与 2660 前置放大器一起，本底噪声低至 5.5dB（A））
低频声	4193（适用于次声测量，下限频率为 0.01～0.05Hz）
高静压	4938－W－001，适用于 1～10atm 静压
阵列	4935，4944A（在 STSF 或 Beamforming 系统中组成传声器阵）
校准	4180（1/2″），4160（1″）
户外	4184，4198（防风防雨设计，适用于室外永久性监测）
探头式	4182（适用于非常狭小的空间或恶劣的环境）

声学测量中除了电容式传声器和驻极体电容式传声器外，在特殊环境下还可以使用压电式陶瓷传声器和探管式传声器。压电陶瓷传声器是用压电陶瓷作压电元件，利用压电效应将声压转换为相应电荷。这种传声器性能稳定，具有平直的频率响应，传声器坚固可靠，可以在高温、高湿度环境条件下使用。最常用的是1″压电式陶瓷传声器，它的灵敏度、频率响应和指向特性都比较合适。1/2″压电式陶瓷传声器虽然具有更好的高频响应并且没有指向性，但其灵敏度较低。探管式传声器是用来探测声场而又不对声场产生显著干扰的一种传声器，它可能是一个小型传声器，也可能是由普通电容式传声器附加一根管子组成的。

3.1.5 测量传声器的校准

要保证传声器测量结果的准确，必须首先对传声器的灵敏度加以严格校准。校准传声器灵敏度的常用方法有耦合腔互易法、自由场互易法、活塞发生器法和标准声源法。耦合腔互易法用来校正传声器的声压灵敏度，自由场互易法则用来校准传声器的声场灵敏度。由于进行了大量研究工作，耦合腔互易法达到了较高的准确度，国际标准组织已建议采用该法为传声器绝对校准的标准方法。此外尚有用于现场校准的标准声源法，但其校准准确度较低。

1. *声压灵敏度校准*

校准传声器的声压灵敏度用耦合腔互易法。在耦合腔互易校准中，可以用三个传声器，其中两个传声器必须是可逆的；或者用一个辅助声源和两个传声器，其中一个传声器也必须是可逆的。

耦合腔互易校准法有两种方法。第一种方法用两个传声器耦合到耦合腔，其中一个用作发射器，另一个用作接收器。由接收器的开路输出电压和发射器的输入电流的比值可以得到计算两个传声器声压灵敏度乘积的公式。如果互换传声器，进行三组测量并比较测量结果就可以求出每一个传声器的声压灵敏度。第二种方法用辅助声源在耦合腔内建立一个恒稳的声压，这时两个传声器输出电压的比值等于在声压相同情况下，两个传声器声压灵敏度的比值。

图3.1.9给出了耦合腔互易校准的流程，其中的三个换能器，1为可逆传声器，2为待校传声器，3为辅助换能器。上述两种方法的校准步骤如下：

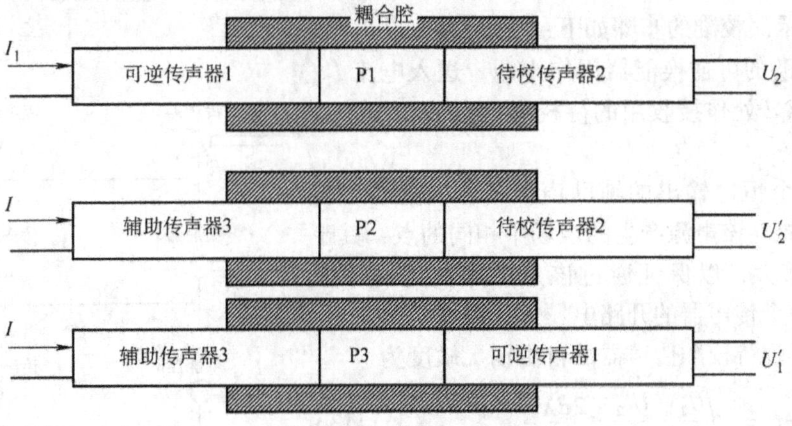

图3.1.9 耦合腔互易校准方法示意图

1）将传声器1、2 放入耦合空腔。将传声器 1 用作声波发射器，传声器 2 用作接收器。测量出传声器 1 的驱动电流 I_1 和传声器 2 的开路电压 U_2。

2）将换能器 3、传声器 2 放入耦合空腔。换能器 3 用作声波发射器，传声器 2 用作接收器。测量出换能器 3 的驱动电流 I 和传声器 2 的开路电压 U'_2。

3）将换能器 3、传声器 1 放入耦合空腔。换能器 3 用作发射器，并保证驱动电流与前一步骤中的驱动电流相同，传声器 1 用作接收器；测量出传声器 1 的开路电压 U'_1；这时，传声器 2（待校传声器）的声压灵敏度为

$$M = \sqrt{\frac{U_2 U'_2}{I_1 U'_1} \cdot \frac{\omega V_0}{\gamma p}} \tag{3.1.12}$$

式中，V_0 为耦合腔容积和传声器等效容积之和；$\gamma = 1.41$；p 为大气压。

应该注意，由于电容式传声器的输出阻抗很大，即使采用阴极输出器作其负载，仍有一定的衰减。同一个传声器，若用不同的阴极输出器，其读数不同。因此，通常采用替代法（插入电压法）来测量传声器头的开路电压以计算开路灵敏度，从而与阴极输出器无关。

作精密校准时，应该对耦合腔容积、高频效应、热传导和毛细管等效应作修正。IEG—R327（1971 年）对 1″电容式传声器的绝对校准规定了耦合腔尺寸和各项修正值。校准的准确度和测量系统的准确度有关。如果对各项因素保证给定的准确度，则总的校准准确度在低频和中频时大约可达 0.05dB，随着频率增高，校准准确度降低，到 10kHz 时大约下降为 0.1dB。

为了扩大校准的频率范围，耦合空腔应该做得小些，并可充入氢气。由于氢气中的声速较大，故可扩展校准的频率范围。例如，对于 0.3cm^3 的耦合空腔的允许进行校准频率范围为 20～20kHz，如耦合空腔内充入氢气则可以将高频范围扩展到 60kHz。对于 20cm^3 的耦合空腔充入氢气后校准，则允许进行校准的频率上限就可以提高到 15kHz。

注意，以上描述的耦合腔互易校准法的具体内容在国际电工委员会（IEC）制定的两项标准：IEC 1094—1（声压校准）和 IEC 1094—3（自由场校准）中已详细给出。

2. 自由场灵敏度校准

传声器的自由场灵敏度校准通常用自由场互易法，在消声室内进行。校准方法与耦合腔法类似，待校准的传声器不必是可逆的，但需要使用一个辅助的可逆换能器。其校准过程如图 3.1.10 所示。校准的步骤如下：

1）以辅助的可逆换能器用作声源，送入电流 I_T，测量放在距离 d 处作接收用的待校准传声器 2 的开路电压 U_2。

2）用一个恒定输出的辅助声源 3 作发射器，将传声器 1、2 放在该声源产生的声场中相同的点，其距离 d 应该足够大，以保证通过该点的声波是一平面波，测量出两个传声器的开路电压 U'_1 和 U'_2。

于是，得到待校准传声器的自由场灵敏度为

$$M = \sqrt{\frac{U_2}{I_T} \cdot \frac{U'_2}{U'_1} \cdot \frac{2d\lambda}{\rho_0 c} \cdot e^{\alpha d}} \tag{3.1.13}$$

式中，α 为空气衰减系数。

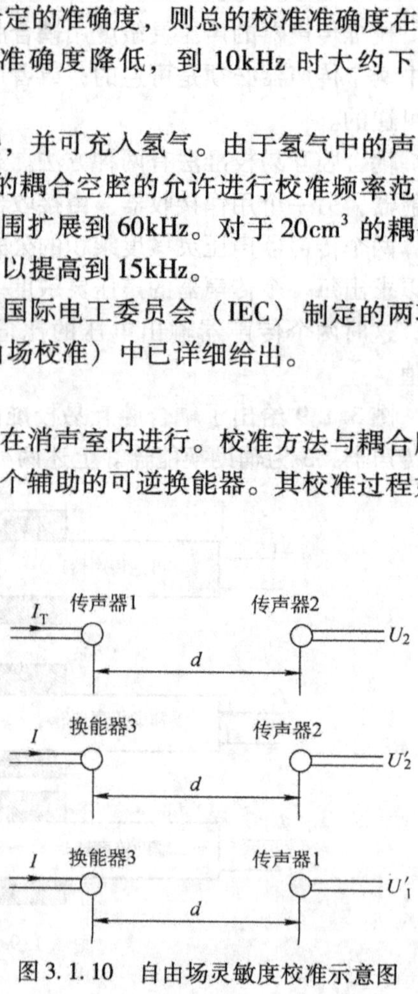

图 3.1.10　自由场灵敏度校准示意图

因此，由测量比值 U_2/I_T，U'_2/U'_1 和距离 d 可以准确地校准传声器。IEC—R486（1974年）给出了空气衰减随频率、温度和相对湿度变化的关系。

自由场互易校准的准确度与测量系统的准确度有关。如果能保证电容式传声器极化电压的准确度为0.05%，空气密度数值的准确度为0.1%，频率的准确度为0.1%，距离的准确度为0.5%，空气衰减的准确度为0.02dB，则总的校准准确度在中频时大约为0.1dB；随着频率增高，准确度就下降，到20kHz时，准确度大约为0.2dB。在上述自由场互易校准参量推导中，忽略了传声器对声波散射的影响。这种影响对高精度的校准，特别是在高频校准时是不能忽略的。也就是说，当两个传声器相对放于自由场中时，传声器2接收到的除了传声器1直接辐射的自由场声压以外，还有通过传声器2和传声器1之间往返散射所引起的声压。如果声场中稍有反射，准确度将大为降低，若将两传声器膜片稍为偏离平行位置则可避免声波在两个传声器之间来回反射。

3. 活塞发生器校准

实际中常用的标准声源有两类：活塞发生器和声级校准器。活塞发生器包括一个刚性壁空腔，空腔内的一端用来装待校传声器，另一端则装有圆柱形活塞。活塞用凸轮或弯曲轴推动作简谐运动，测定活塞运动的振幅后就可以求出腔内声压的有效值。活塞发生器运动的频率上限为机械振动的允许速度所控制，故活塞发生器仅适用于低频校准，典型的参量为：频率为250Hz，声压级为124dB，其准确度大约可达±0.2dB。

用活塞发生器校准传声器灵敏度的方法很简单。先使待测传声器与活塞发生器耦合，接通活塞发生器的电源，使它在传声器的膜片前产生一个恒定的声压。这时传声器的输出经放大器放大后，可以用电压表来测量给定声压级时的输出电压。然后断开活塞发生器，将和活塞发生器产生的声压频率相同的电压串接入传声器极头的输出端，调节电压大小以获得相同的输出电压，这时传声器在该频率的灵敏度就是串接的电压和所加声压的比值。校准应该在标准大气压下进行，如果大气压不同，应当进行修正。图3.1.11给出使用活塞发生器时气压的修正曲线。

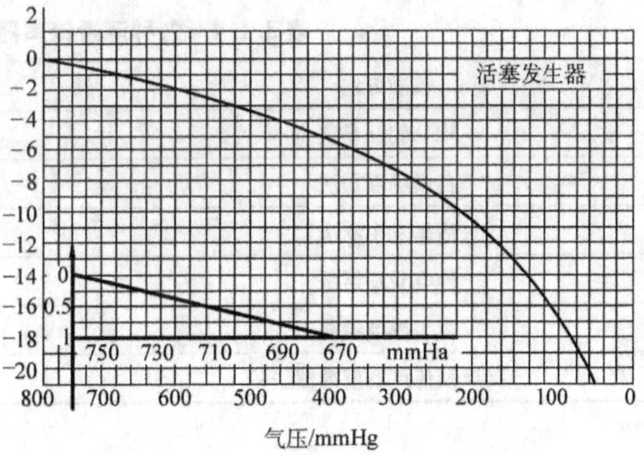

图3.1.11　活塞发声器校准气压修正曲线

用已校准的测量传声器来测量声压都是通过测量传声器开路电压换算而得的，仪表的设计常常使灵敏度为50mV/Pa的传声器读数与实际测得的声压一致。对于灵敏度不是50mV/Pa的传声器用 K 值来修正。这样，已知传声器的 K 值，读出声压级就很方便。当传声器置于声场中，测得的声压级应该是：仪表量程范围读数＋量程倍程数＋表头读数＋传声器 K 值。注意，以上读数的单位均为dB。

传声器的 K 值可以用活塞发生器测量，如果腔内产生的信号频率为250Hz，声压级为124dB，那么传声器的 K 值就等于124dB减去传声器放大器的电表读数。

4. 声级校准器的校准

声级校准器包括一个性能稳定的频率为1kHz的振荡器和压电元件。使用时，振荡器的输出馈给压电元件，带动膜片振动并在耦合腔内产生 1Pa 的声压（94dB）。上述系统工作在共振频率，其等效耦合体积约为 200cm^3，所以产生的声压与传声器等效容积无关。在现场用它来校准传声器，其准确度可达 ±0.3dB。

5. 高声强传声器校准器

高声强传声器校准器用电动激振器推动活塞，它的空腔较小，允许在 164dB 声压级条件下校准 12″、14″、1/8″三种电容式传声器。如果使用脉冲信号源，则校准声压级可以提高到 172dB。在使用不同容积的耦合腔时，其校准频率范围为 10^{-2}Hz～1kHz，校准的准确度大约为 ±1.5dB，不受空腔体积和大气静压力的影响。

6. 声压灵敏度频率响应的测量

可用静电激励器测量电容式传声器的声压灵敏度频率响应。静电激励器包括一块开槽板，它安装在传声器膜片的前方。在开槽板和膜片之间加上极化电压并串接入信号电压，当输入电压为 800V、交流信号电压为 30V、传声器膜片上的有效声压大约为 1Pa（94dB），静电激励器产生的力和频率无关，所以能测量电容式传声器的声压频率响应，测量频率范围可高达 200kHz。在高频率时，辐射阻抗要影响测量的准确度，通常在板的后面加 1/4 波长的空腔可以降低它的影响。

若不加极化电压，直接送入交流信号电压，则产生频率为信号频率两倍的电压，如 U = 120V，可以获得声压级为 0.1～0.4Pa（74～86dB）。近年来有人提出用静电激励器作绝对校准，实验表明，其准确度大约不大于 1dB。

7. 各种传声器校准方法的比较

表 3.1.4 列出几种常用传声器校准方法的准确度，以供比较与选择。

表 3.1.4　各种测量传声器校准方法的准确度

校准方法	校准准确度
耦合腔互易法	低频和中频为 0.05dB，高频为 0.1dB
自由场互易法	中频为 0.1dB，20kHz 时为 0.2dB
活塞发生器法	250Hz，124dB，±0.15dB
静电激励器法	±0.5dB
声级校准器法	1kHz，94dB，±0.3dB
高声强传声器校准器法	<1kHz，164dB，±1.5dB

3.1.6　测量传声器的附件

在室外特殊条件（如有风、雨等环境）下使用传声器时，应该有相应的附件，如防风罩、鼻锥、防雨罩等。防风罩用来减少空气动力噪声。在室外测量时应该使用多孔聚氨酯海绵制成的专用防风罩，它还可以为传声器遮挡住灰尘、污物和雨滴。防风罩装于传声器上大约有 10dB 的降噪效果。下雨时也可以用防风罩，即使防风罩淋湿了，测量也还准确。但是在非常潮湿的环境中连续测量时，应该采用专用的室外传声器或加防雨罩。防雨罩允许长期用于室外，它与 1/2″传声器头组装在一起，可以给出等效声压级为（90 ±1） dB。无规入射校正器可以替代防护栅装在声场型测量传声器极头上，使测量传声器在 10kHz 以下具有无指向性，以便用作无规响应测量传声器。湍流罩用来降低湍流噪声，它主要用在管道内测量，抑制湍流噪声的效果比鼻锥要好些。

在大于40 km/h的高速气流中，风罩就不大适用了，而必须使用鼻锥来减小这种高速气流对测量的影响。传声器放在高速气流中，在传声器的膜片上就会产生湍流，而这种湍流会产生很强的干扰。例如，在风洞、排气孔、行驶的火车或飞机外面测量噪声就属于上述情况。鼻锥是为降低有固定方向的高速气流所产生的强干扰而设计的。鼻锥的前端做成流线形，使用时用它代替一般的防护罩，这样就可以使风阻最小，从而消除湍流。此时，传声器膜片四周的金属网纱仍允许声音传到传声器的膜片上进行正常的声测量。鼻锥使用时除了会降低高速风的影响外，还能改善传声器的全方向性。

3.2 声级计

3.2.1 概述

声级计（Sound Level Meter，简称SLM）是一种按照一定的频率计权和时间计权测量声音声压级的仪器。世界上第一台声级计是1925年由美国贝尔电话公司发明的，用于城市交通噪声的普查。声级计是声学测量中最常用的基本仪器，可广泛用于环境噪声、机器噪声、车辆噪声以及其他各种噪声的测量，也可用于电声学、建筑声学等领域的测量。

为了使世界各国生产的声级计的测量结果可以相互比较，IEC制定了声级计的有关标准，并推荐各国采用。1979年5月在斯德哥尔摩通过了IEC 651《声级计》标准，我国有关声级计的国家标准是GB 3785—1983《声级计电、声性能及测试方法》。1984年IEC又通过了IEC 804《积分平均声级计》国际标准，我国于1997年颁布了GB/T 17181—1997《积分平均声级计》。它们与IEC标准的主要要求是一致的。2002年IEC发布IEC 61672—2002《声级计》新的国际标准。该标准代替原IEC 651—1979《声级计》和IEC 804—1983《积分平均声级计》。我国根据该标准制定了JJG 188—2002《声级计》检定规程。新的声级计国际标准和国家检定规程与老标准相比作了较大的修改。

声级计的种类有多种。按用途可以分为一般声级计、积分声级计、脉冲声级计、噪声暴露计（或噪声剂量计）、统计声级计、频谱声级计等；按电路组成方式可以分为模拟声级计和数字声级计两种；按体积大小可以分为台式声级计、便携式声级计和袖珍声级计；按其指示方式可分为模拟指示（电表、声级灯）和数字指示声级计。

1980年以前，声级计一般只分精密及普通两种等级，分别根据IEC 123及IEC 179及179A标准设计。1979年起IEC公布了IEC 651标准，把声级计分为4种类型：0型、1型、2型和3型声级计。0型声级计作为标准声级计，1型声级计作为实验室用精密声级计，2型声级计作为一般用途的普通声级计，3型声级计作为噪声监测的普查型声级计。4种类型的声级计的各种性能指标具有相同的中心值，仅仅是允许误差不同。各类型声级计在参考频率、参考入射方向、参考声压级和基准温湿度等相同的条件下，允许的固有误差见表3.2.1所示。

表 3.2.1 各类型声级计的固有误差 (单位：dB)

声级计类型	0	1	2	3
固有误差限值	±0.4	±0.7	±1.0	±1.5

3.2.2 基本组成

1. 基本原理

各种类型声级计的工作原理基本上是相同的，所不同的往往是附加的一些特殊性能，这些特殊性能使它们能完成不同的任务。声级计一般由传声器、放大器、衰减器、计权滤波器、检波器、指示器及电源等部分组成，其工作原理如图 3.2.1 所示。

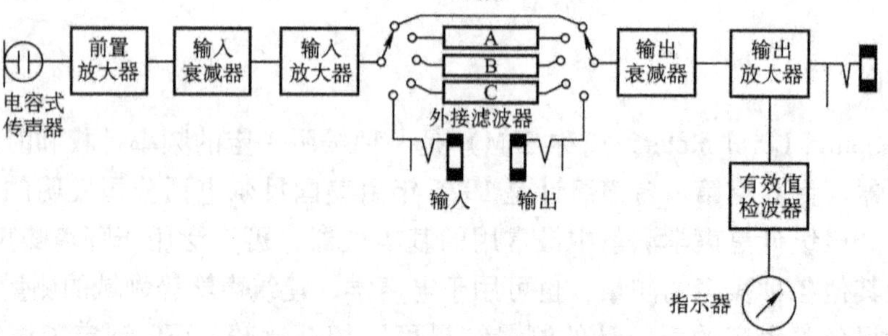

图 3.2.1 声级计工作原理图

被测量的声音由传声器接收，传声器将声波转换成电信号，微小的电信号经前置放大器送到输入衰减器和输入放大器，放大器将信号放大，衰减器对较大的输入信号加以衰减，使在指示器上获得适当的指示，也使测量量程扩大。计权滤波器对通过的信号进行频率滤波，使声级计的整机频率响应符合规定的频率计权特性的要求，以便能测量计权声级。信号再经输出衰减器和输出放大器后被送到检波器进行检波，交流信号变成直流，并由显示器以“dB”指示出来。检波器还使声级计具有“快”、“慢”、“脉冲”或“保持”等时间计权特性。电源部分将交流市电或电池电压进行变换，供给声级计各部分所需要的电源电压。有的声级计还具有“外接滤波器”插孔，用来与其他滤波器连接进行频谱分析。“放大器输出”插孔输出交流信号，以观察信号波形或进行测量记录与分析。

下面分别详细介绍声级计的几个主要功能模块。

2. 频率计权

声级计中的计权滤波器是一组根据一定要求进行频率滤波的电路网络。声级计的计权特性已由 IEC 标准化，IEC 651《声级计》标准中规定了 A、B 和 C 三种频率计权特性的要求。由于 A 声级应用最广泛，因此一般声级计中都具有 A 计权特性，有的还具有 C 计权，B 计权已用得很少。有的声级计还具有“线性”频率响应，这时声级计对传声器输出电信号的频率特性不加改变。为了测量航空噪声，有的声级计还具有“D”计权特性，在 IEC 537《用于航空噪声测量的频率计权（D 计权）》标准中规定了 D 计权特性的要求。几种频率计权特性的频率响应见表 3.2.2，它们的响应曲线如图 3.2.2 所示。

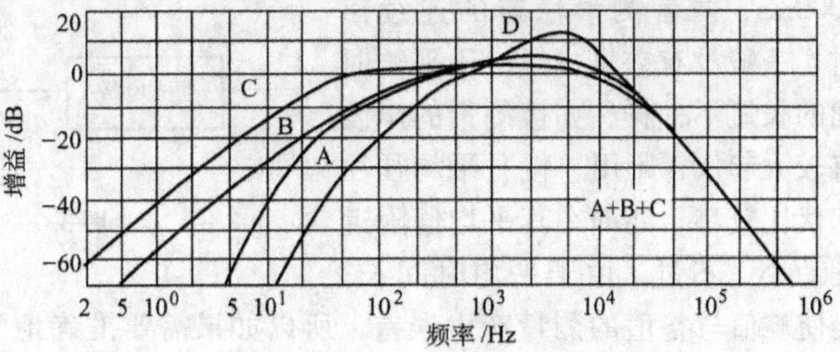

图 3.2.2 计权频率响应曲线

对于不同类型的声级计，其允许公差是不同的。应当指出，频率计权特性是声级计在自由声场中在参考入射方向上的相对响应，它不仅与计权滤波器的频率特性有关，也与传声器的频率响应、放大器和检波指示器的频率响应都有关。但是由于测试传声器的频率响应基本上是平直的，因此，可以用电信号测量声级计的电响应来代替测量自由场响应。必要时，可根据传声器的频率响应对测量进行修正。这种修正只是在高频时才有必要。

表 3.2.2 声级计频率计权

频率/Hz	A 计权	B 计权	C 计权	D 计权	频率/Hz	A 计权	B 计权	C 计权	D 计权
10	-70.4	-38.2	-13.4	-26.6	500	-3.2	-0.3	-0.0	-0.3
12.5	-63.4	-33.2	-11.2	-24.6	630	-1.9	-0.1	-0.0	-0.5
16	-56.7	-28.5	-8.5	-22.6	800	-0.8	-0.0	-0.0	-0.6
20	-50.5	-23.3	-6.2	-20.6	1000	0.0	0.0	0.0	0.0
25	-44.7	-20.4	-4.5	-18.7	1250	0.6	-0.0	-0.0	2.0
31.5	-39.4	-17.1	-3.0	-16.7	1600	1.0	-0.0	-0.1	4.9
40	-34.6	-13.3	-2.0	-14.7	2000	1.2	-0.1	-0.2	7.9
50	-30.2	-11.6	-1.3	-12.8	2500	1.3	-0.2	-0.3	10.4
63	-26.2	-9.3	-0.8	-10.9	3150	1.2	-0.4	-0.5	11.6
80	-22.5	-7.4	-0.5	-9.0	4000	1.0	-0.7	-0.8	11.1
100	-19.1	-5.6	-0.3	-7.2	5000	0.5	-1.2	-1.3	9.6
125	-16.1	-3.3	-0.2	-5.5	6300	-0.1	-1.9	-2.0	7.6
160	-13.4	-3.0	-0.1	-4.0	8000	-1.1	-2.9	-3.0	5.5
200	-10.9	-2.0	-0.0	-2.6	10000	-2.5	-3.4	-4.5	3.4
250	-8.6	-1.3	-0.0	-1.6	12500	-3.4	-6.1	-6.2	1.4
315	-6.6	-0.8	-0.0	-0.8	16000	-6.6	-8.4	-8.5	-0.7
400	-4.8	-0.5	-0.0	-0.4	20000	-9.3	-11.1	-11.2	-2.7

3. 时间计权

声级计还必须有相应的时间计权特性与前边的频率计权配合使用，才能使测试结果在一定程度上反映人的主观感觉特性。所谓的时间计权特性，实际上就是时间平均特性。对声级计而言，其时间平均特性包括三种检波指示特性，即“快”（F）、“慢”（S）及“脉冲”（I）检波特性。

快、慢检波特性主要用于对连续波的测试，具有快、慢检波特性的仪器如图 3.2.3 所示各部分。“快”特性的检波电路的时间常数为 125ms，“慢”特性的检波电路的时间常数为

1000ms，两者测量稳定的连续声时，一般没有差别，但由于平均时间的长短不一样，如被测量的声波有较大起伏，则用“慢”平均往往起伏比较小，亦即在其平均值附近摆动小。不过，由于平均时间长，会使峰值与谷值的测量产生误差，所以如果需要准确地了解声波涨落的峰、谷值时，用“快”平均比较好。

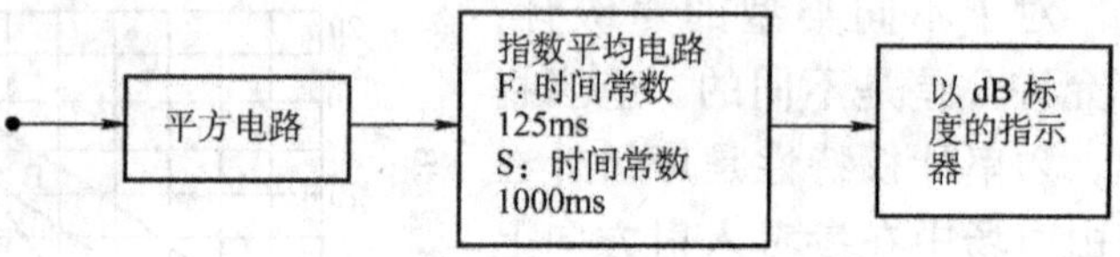

图 3.2.3　声级计的检波特性

至于脉冲计权特性，其来源是这样的：因为人耳对短促脉冲声的响度感觉与对稳态声的响度感觉不一样，有人曾用不同宽度的脉冲声和稳态声进行响度比较，其结果如图 3.2.4 所示。图中 L_i 为脉冲声级，L_D 为稳态声级，不同曲线及符号是由不同人所做的实验结果，实验结果的差异是因为不同人选择不同脉冲宽度及仪器等因素所致。从图 3.2.4 可以看到，脉冲宽度越大，其响度感觉与稳态声响度越接近；相反，如脉冲宽度变窄时，必须增加脉冲声级才能和稳态声级的响度相比较，而且对单个正弦波响应与连续正弦波的响应也各不相同。因此，要使声级计反映人耳的这一特性，除了必须有频率计权外，对时间计权特性也必须特殊设计。IEC 规定，适合测试脉冲声的时间计权特性称为脉冲（I）检波指示特性，具有 I 检波指示器特性的仪器应包括图 3.2.5 所示各部分。

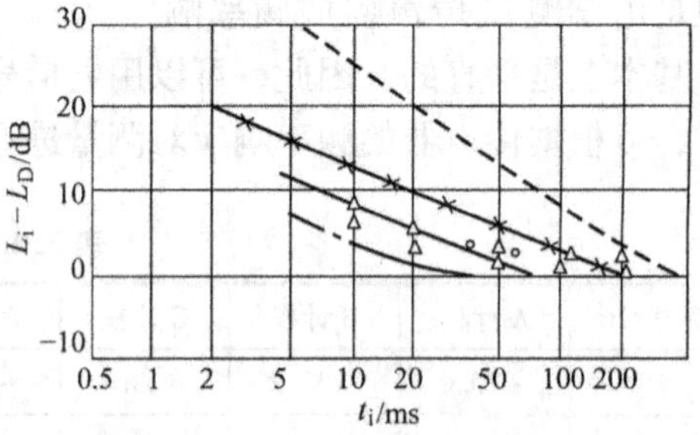

图 3.2.4　脉冲响度测试结果

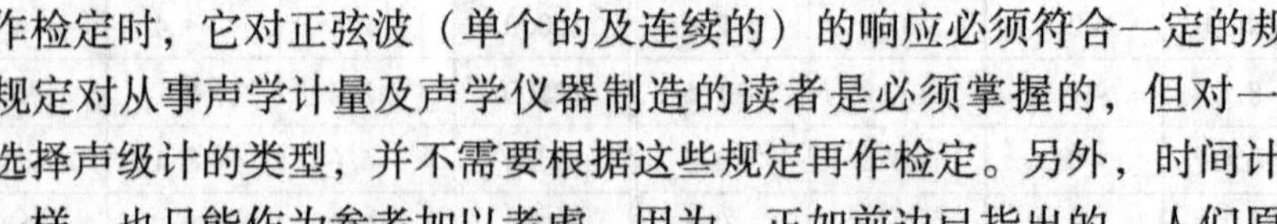

图 3.2.5　声级计检波指示器框图

应当指出，图 3.2.3、图 3.2.5 只是对声级计作出的原则规定。事实上，若对声级计时间计权特性作检定时，它对正弦波（单个的及连续的）的响应必须符合一定的规定（见 IEC 651）。这类规定对从事声学计量及声学仪器制造的读者是必须掌握的，但对一般读者，只要注意合理选择声级计的类型，并不需要根据这些规定再作检定。另外，时间计权特性与频率计权特性一样，也只能作为参考加以考虑。因为，正如前边已指出的，人们原来希望通过频率计权和时间计权，使测试数据能反应人耳的听觉特性，而事实上近年来的工作并没有能证明这种联想。

在实际应用的许多场合，尤其对于非稳定噪声，需要测量噪声的等效连续声级 L_{eq}。但是，一般声级计是不能直接测量等效连续声级的。只能通过测量不同声级下的暴露时间，然后计算等效连续声级。当然，这种方法是非常花费时间和人力的，而且测量结果的准确性也有一定限制。使用积分声级计就能够直接测量并显示出某一测量时间内被测噪声的等效连续声级，使测量变得非常简单、快捷和准确。

积分声级计又称为积分平均声级计或平均声级计，它除应符合 IEC 651《声级计》标准中有关指向特性、频率计权特性和各种环境下的灵敏度要求外，还应符合 IEC 804《积分平均声级计》中规定的积分和平均特性、指示器特性和过载检测及指示特性的要求，这些特性要求对于测量稳态声、断续声、起伏声和脉冲声的等效连续声级 L_{eq} 是必需的。

积分声级计通常由传声器、具有规定频率计权的放大器、积分器、时间平均器及指示器组成。随着计算机技术的发展，在积分声级计中已普遍使用单片计算机技术和数字信号处理技术。积分声级计也分为 0、1、2、3 型，它们的固有误差及适用场合与一般声级计的相同。

积分声级计比一般声级计具有更宽的线性度范围，对于 0 型积分声级计至少为 70dB，1 型为 60dB，2 和 3 型为 50dB，它们相应的脉冲范围分别至少为 73dB、63dB 和 53dB。不管是模拟式的还是数字式的积分声级计，指示器范围应至少为 30dB。积分声级计具有检测峰值过载的监视器。在积分期间的任何时刻，若发生过载，监视器应能给予锁定指示。只有当重新开始计算等效连续声级时，过载指示才被复位。

积分声级计和一般声级计都对频率计权声压进行平均，然而平均过程在两个方面有所不同。首先，一般声级计仅有有限个固定的，且持续时间相对较短的指数平均特性，最通用的就是前面讲述的 F（快）和 S（慢）两种。相比之下，积分声级计的线性平均时间就要长得多，可达几分钟甚至几个小时。其次，积分声级计对发生在选定的平均时间内的所有声音给予同等重视，而一般声级计则对最新发生的声音比先前发生的声音要重视得多。一般声级计的时间计权按指数衰减，这样，如使用 1s 特性，起主要作用的是最近 1s 内的声音，而对之前 10s 的声音很少起作用。

4. 方向特性

理想的声级计应该对任何入射方向传来的声波有相同的响应，才能使测试数据符合实际的声场情况。然而，由于传声器及机体本身具有一定的方向特性，使得声级计测量不同方向的入射声波时呈现出方向特性。为此，IEC 对各种类型声级计（包括传声器）的方向特性规定见表 3.2.3 和表 3.2.4，要求予以满足。

表 3.2.3 偏离基准方向 ±30°角范围内灵敏度的最大变化 （单位：dB）

频率/Hz	0 型	1 型	2 型	3 型
31.5 ~ 1000	0.5	1.0	2.0	4.0
1000 ~ 2000	0.5	1.0	2.0	4.0
2000 ~ 4000	1.0	1.5	4.0	8.0
4000 ~ 8000	2.0	2.5	9.0	12.0
8000 ~ 12500	2.5	4.0	—	—

表 3.2.4 偏离基准方向 ±90°角范围内灵敏度的最大变化 （单位：dB）

频率/Hz	0 型	1 型	2 型	3 型
31.5 ~ 1000	1.0	1.5	3.0	8.0
1000 ~ 2000	1.5	2.0	5.0	10.0
2000 ~ 4000	2.0	4.0	8.0	16.0
4000 ~ 8000	5.0	8.0	14.0	30.0
8000 ~ 12500	7.0	16.0	—	—

3.3 声强测量系统

广义地说，声强是指通过垂直于声波传播方向上单位面积的声功率。从时间上划分，声强分为瞬态声强和平均声强；从功率传输的角度分，声强可以分为无功声强和有功声强。在声辐射研究中，人们通常所说的声强是指有功声强。瞬态声强的数学表达式为

$$\boldsymbol{I}_i = p\boldsymbol{u} = \boldsymbol{I}_{ia} + \mathrm{j}\boldsymbol{I}_{ir} \tag{3.3.1}$$

式中，$\boldsymbol{I}_{ia}$ 为瞬态有功声强，$\boldsymbol{I}_{ir}$ 为瞬态无功声强。

瞬态声强的时间平均即为平均声强矢量，有

$$\boldsymbol{I} = \frac{1}{T}\int_T \boldsymbol{I}_i \mathrm{d}t = \frac{1}{T}\int_T p\boldsymbol{u}\mathrm{d}t = \langle p\boldsymbol{u} \rangle_t \tag{3.3.2}$$

瞬态声强的矢量方向正比于声压相位梯度，与声传播方向相同，其时间平均代表声能量的传输能力；瞬态声强矢量的无功分量正比于声压幅值梯度，它的矢量方向是垂直于等声压面的，它不传输声功率，只是在原地作声能振荡。

在声学测量中，由于声压测量的原理简单，方法简便，测量仪器也比较成熟，因此一般情况人们习惯测量声压（或声压级）。测量得到声压或声压级后，可以计算得到声强、声强级和声功率、声功率级等声学参量。但是，声压测量受环境的影响（背景噪声、反射声）较大，往往需要进行修正，有时还需要在特定的声学设施（如消声室、混响室）中进行。随着传感器技术和电子技术的飞速发展，各种直接测量声强的仪器相继问世。由于声强测量及其频谱分析对噪声源的研究有着独特的优越性，能够有效地解决许多现场声学测量问题，因此成为声学研究的一种有力工具。声强特性及其测量方法的研究与应用被誉为20世纪最后20年声学领域的革命性成就之一。

声强测量技术的研究至今已有半个多世纪的历史了。虽然经过国内外声学工作者的不懈努力和对测量装置的不断完善，但由于实验手段短缺，早期声强测量技术的可靠性和应用性是有限的。在数字信号处理技术和FFT谱分析仪问世后，旧的测量技术基本上被抛弃，一个基于由两个相同传声器组成的声强测量技术（双传声器法）得到了发展和完善，被广泛地应用于实际测量中。

3.3.1 P-U和P-P技术

由前述可知，通常情况下，声强值的确定需要测量声场中的声压与质点振速。因而，声强测量归结于如何测量声场中声压和质点振速信号。声压能用传声器直接测量，而质点振速只能间接测量近似估算。因此，即使不存在任何测量误差，声强测量值只能是其真值的近似。根据质点振速的测量方式，声强测量技术可以分为两大类：直接测量技术和间接测量技术，目前常用的P-U技术和P-P技术和是它们的典型代表。P-U技术属于直接测量技术，P-P技术属于间接声强测量技术，它基于有限差分原理，通过测量两邻点的声压信号，近似估算流体声场中的质点振速。下面分别介绍P-U和P-P技术。

1. P-U技术

基于P-U技术的声强测量仪是根据声强定义式设计制作的，它由1只压力传感器和1只速度传感器组成，测量时声强仪直接输出压强和质点振速信号，将它们相乘则获得声强仪

轴向上瞬态声强值。图 3.3.1 所示是目前广泛采用的P-U声强仪原理构造示意图，图中 S 和 R 分别表示超声波束发射器和接收器，d 是发射器到接收器间距离，M 表示压力传感器。

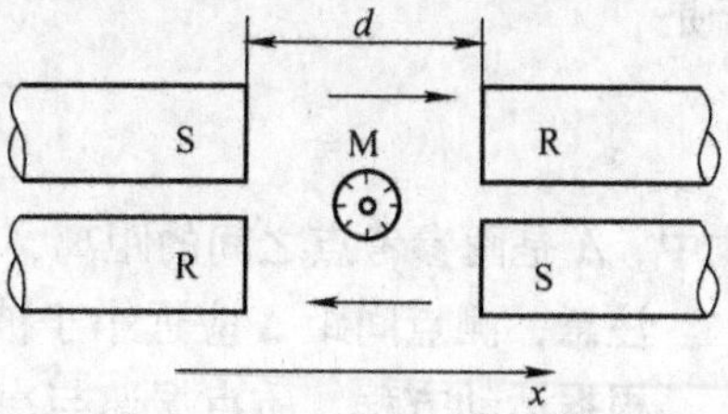

图 3.3.1 P-U 声强仪原理构造示意图

测量时压力传感器放置在被测点处，声强仪轴线方向（设为 x 轴）与指定方向保持一致。两平行超声波束由两发射器同时发射，相向传播，经过距离 d 后分别到达接收器。当声强仪所在空间没有声波传播时，两超声波束由发射器到达接收器所经历的时间应相等，即 $t_0 = d/c_0$。若声强仪所在空间有声波传播时，在超声波束经历路径上任意点处超声波束的传播速度为

$$v(x,t) = c \pm u_x(t) \tag{3.3.3}$$

式中，c 是声速；u_x 是质点振速在声强仪轴线上的投影分量。

由于 $d \ll \lambda$，对于稳态声场，$u_x(x, t)$ 可以用中心点（压力传感器所在位置）处质点振速的 x 轴向分量 u_x 近似代替，因而两超声波束经历间距 d 所需时间分别为

$$t_+ = \frac{d}{c + u_x}, \qquad t_- = \frac{d}{c - u_x} \tag{3.3.4}$$

两超声波束到达接收器时的相位差为

$$\Delta\varphi = \omega_n t = \left[\frac{1}{c - u_x} - \frac{1}{c + u_x}\right]\omega_n d = \frac{2u_x\omega_n d}{c^2 - u_x^2} \tag{3.3.5}$$

式中，ω_n 是超声波束圆频率。

当 $u_x \ll c$ 时，式（3.3.5）可简化为

$$\Delta\varphi \approx \frac{2u_x\omega_n d}{c^2} \tag{3.3.6}$$

由此可计算出质点振速在声强仪轴向上的投影分量为

$$u_x \approx \frac{c^2\Delta\varphi}{2\omega_n d} \tag{3.3.7}$$

按式（3.3.7）设计模拟电路，将相位差 $\Delta\varphi$ 转换成为一个质点振速信号。需要注意的是，当超声波束传播速度 c 为空间坐标位置的函数时，方程（3.3.4）不能成立，时间间隔 t_+ 和 t_- 必须采用数值积分方法计算，u_x 的计算表达式很复杂，有关内容需进一步参考相关文献。

当P-U 声强中有三只正交轴向质点振速传感器时，则可以用于测量流体声场中的瞬态声强矢量。当P-U 声强仪中只有一个质点振速传感器时，则只能用于测量稳态流体声场中的声强矢量（由分别在三个正交轴向上测量的声强分量计算出）。

相比声压测量仪器，P-U 声强仪具有体积大、传感器相位匹配程度影响测量结果等缺点，因此不适用于测量近场、抗性声场和非稳态声场中声强矢量。

2. P-P 技术

声压是易于测量的声学量，但声压梯度是无法直接测量的，它只能间接测量。根据有限差分原理，声场中某点0 处沿 l 方向的声压梯度可以由在 l 方向上两相邻点（参考点1 和2）处的声压值近似估算，如图3.3.2 所示。

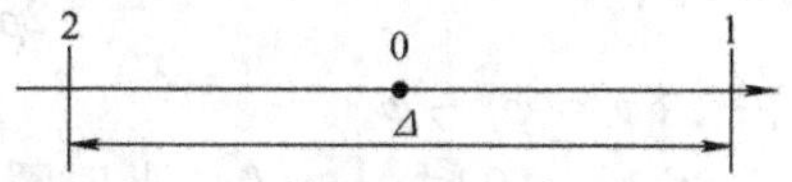

图 3.3.2 场点和参考点相对位置示意图

于是

$$\frac{\partial p}{\partial l} = \frac{p_1 - p_2}{\Delta} \tag{3.3.8}$$

式中，Δ 是两参考点之间的距离，称为测点间距，参考点 1 和 2 到 0 点的间距相等。

注意，测点间距 Δ 应远小于被测声波波长，否则式（3.3.8）将不成立。

根据运动方程，质点振速与声压之间的关系是

$$\boldsymbol{u} = -\frac{1}{\rho_0}\int_{-\infty}^{t} \nabla p \mathrm{d}\tau \tag{3.3.9}$$

由式（3.3.8）和式（3.3.9）可得出 0 点处的质点振速在 l 方向上投影分量为

$$u_l = -\frac{1}{\rho_0}\int_{-\infty}^{t} \frac{\partial p}{\partial l}\mathrm{d}\tau \approx \frac{1}{\rho_0 \Delta}\int_{-\infty}^{t}(p_2 - p_1)\mathrm{d}\tau \tag{3.3.10}$$

图 3.3.2 中 0 点处的声压可以近似表为两参考点处声压的平均值，即 $p \approx (p_1 + p_2)/2$，因而该处瞬态声强矢量在 l 方向上的投影分量可近似表示为

$$I_{i,l} \approx \frac{1}{2\rho_\Delta \Delta}(p_1 + p_2)\int_{-\infty}^{t}(p_2 - p_1)\mathrm{d}\tau \tag{3.3.11}$$

一般情况下，瞬态声强的测量需要借助积分器来完成。对于简谐稳态声场，参考点 1 和 2 处的声压值可分别表示为

$$p_1 = P_{A1}\cos(\omega t + \varphi_1) \tag{3.3.12}$$

$$p_2 = P_{A2}\cos(\omega t + \varphi_2) \tag{3.3.13}$$

式中，P_{A1} 和 P_{A2} 分别是参考点 1 和 2 处的声压幅值；φ_1 和 φ_2 为两点声压的初始相位，都是常数。

将以上两式取算术平均，并注意到在 $t = -\infty$ 时 $p_1 = p_2 = 0$，则可获得瞬态声强矢量在 l 方向上的投影分量为

$$I_{i,l} \approx \frac{1}{4\rho_0 \omega \Delta}[P_{A2}^2 \sin 2(\omega t + \varphi_2) - P_{A1}^2 \sin 2(\omega t + \varphi_1) + 2P_{A1}P_{A2}\sin(\varphi_2 - \varphi_1)] \tag{3.3.14}$$

此式表明瞬态声强的 l 方向分量值围绕一常数值作简谐波动，波动圆频率为 2。

通常情况下，人们感兴趣的不是瞬态声强矢量而是其时间平均值。声强矢量在 l 方向的投影分量为

$$I_l = \lim_{T \to \infty}\frac{1}{T}\int_T I_{i,l}\mathrm{d}t = -\frac{1}{\rho_0 \Delta}\left[p_2(t)\int_{-\infty}^{t} p_1(\tau)\mathrm{d}\tau\right]_t \tag{3.3.15}$$

若声场中声压可表示两点声压的算术平均，则声强矢量在 l 方向上的投影分量为

$$I_l = \frac{P_{A1}P_{A2}}{2\rho_0 \omega \Delta}\sin(\varphi_2 - \varphi_1) \tag{3.3.16}$$

由于测点间距远小于声波波长，故有 $\varphi_2 - \varphi_1 \ll 1$，则式（3.3.16）可简化为

$$I_l \approx \frac{P_{A1}P_{A2}}{2\rho_0 \omega \Delta}(\varphi_2 - \varphi_1) = -\frac{P_{A1}P_{A2}}{2\rho_0 \omega}\frac{\delta\varphi}{\Delta} \tag{3.3.17}$$

式中，$\delta\varphi = \varphi_1 - \varphi_2$。

当 $\delta\varphi = 0$ 时，$I_l = 0$，此时瞬态声强等于其无功分量。由式（3.3.14）可得出在 l 方向上瞬态声强无功分量的幅值为

$$J_l = \frac{1}{4\rho_0\omega\Delta}\left[P_{A2}^2 - P_{A1}^2\right] = -\frac{P_{A1}+P_{A2}}{4\rho_0\omega}\frac{\delta P_A}{\Delta} \tag{3.3.18}$$

式中，$\delta P_A = P_{A1} - P_{A2}$。

由式（3.3.15）、式（3.3.16）和式（3.3.17）可以看出：瞬态声强和其时间平均值可以由两只压力传感器测量的两相邻点处声压信号来估算。声强值与两测点处的声压相位差成正比，而瞬态声强无功分量幅值与测量的两压强幅值差成正比。因而声强仪可以用两只压力传感器组成，称之为P－P声强仪。但这两只压力传感器应具有“完全相同”的特性，即具有相同的频率响应特性，相位和幅值应“完全”匹配。相位和幅值的差异（失配）直接影响声强测量值。失配越大，声强测量误差就越大。在稳态声场中可只用一只压力传感器和高分辨率的相位计分别依次测量各参考点（相对于某参考信号）的相位，然后由其相位测量值计算相位差 $\delta\varphi$，这样可以消除由于传感器特性差异而引起的测量误差。

测量前，声强矢量的方向是无法预估的。在稳态声场中可用P－P声强仪依次测量三个正交轴向上的声强值，然后再求出声强矢量。但在非稳态声场中必须要六只压力传感器（分布在三个正交方向上）才能测量声强矢量。

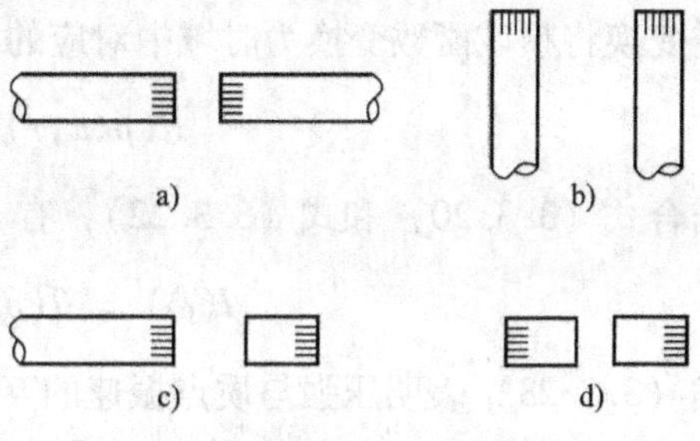

图3.3.3 P－P声强仪中传感器排列方式

在空气声场中，P－P声强仪中的压力传感器（传声器）有不同的排列形式，如图3.3.3所示，它们各有优缺点。P－P声强仪中，选择何种压力传感器主要取决于实际测量环境。对于空气流体，声强仪中的传感器通常是电容式传声器；而对于水介质，声强仪中的传感器是压电式水听器。实际传感器的频率特性是不可能完全匹配的，总存在一定的相位和幅值失配。因此，测量前必须对声强仪中的传感器进行相位和幅值校准，必要时应采取措施进行适当的补偿，以保证声强测量误差限制在一定的范围之内。

3.3.2 声强的频谱表达式

实际工程中感兴趣的往往是声强的频率分布特性。获得声强频率分布函数的方法有两种：直接法和间接法。

直接法的测量过程是，首先用两个相同特性的滤波器将声强仪输出的两测量信号中不需要的频率成分抑制衰减掉，然后将两相同频率（或频率带宽中）的测量信号相乘获得某频率（或频率带宽中）的声强测量值。通过改变滤波器中滤波频率上、下限的设置，重复测量即可获得声强的频率分布函数。对于P－U技术，声强仪输出的声压和质点振速测量信号经滤波器衰减不必要的频率成分后直接相乘，即获得所需频域中的声强测量值。对于P－P技术，按 $p = (p_1 + p_2)/2$（非稳态声场）或式（3.3.16）（稳态声场）对声强仪测量的声压信号进行必要的加、减、积分运算。这些运算可以选在测量信号通过滤波器之前，也可以在此之后进行，其选择取决于实验条件、操作者的习惯和便利，它不应对声强测量结果产生任何影响，引起任何测量误差。

间接法是对声强仪输出的测量信号进行傅里叶变换，将时域信号转换为频域信号分析。我们知道：声强也可以看做是声压信号和质点振速信号相关程度的一种数学反映。在时域中

两列信号的相关程度用相关函数来表征。对于P－U技术，声强仪测量的声压和质点振速信号的互相关函数为

$$R(p,u,\tau) = \frac{1}{T}\int_0^T p(t)u(t+\tau)\mathrm{d}t \tag{3.3.19}$$

对于简谐声场，T为简谐周期的整倍数；对于非简谐声场，T应趋于无穷大。在时域中，声强等于相同时刻声压与质点振速的相关函数，即

$$I = \frac{1}{T}\int_0^T p(t)u(t)\mathrm{d}t = R(p,u,0) \tag{3.3.20}$$

在频域中，与互相关函数相对应的量称为互谱密度函数，它可以表示为

$$S(p,u,\omega) = \frac{1}{2\pi}\int_{-\infty}^{\infty} R(p,u,\tau)\mathrm{e}^{-\mathrm{j}\omega\tau}\mathrm{d}\tau \tag{3.3.21}$$

式（3.3.21）将时域中的自相关函数变换为频域中的互谱密度函数。相反地，傅里叶逆变换将频域函数变换为时域中对应的函数，即

$$R(p,u,\tau) = \int_{-\infty}^{\infty} S(p,u,\omega)\mathrm{e}^{\mathrm{j}\omega\tau}\mathrm{d}\omega \tag{3.3.22}$$

结合式（3.3.20）和式（3.3.22），有

$$I(\omega) = R(p,u,0) = \int_{-\infty}^{\infty} S(p,u,\omega)\mathrm{d}\omega \tag{3.3.23}$$

式（3.3.23）表明压强与质点振速的互谱密度函数$S(p,u,\omega)$是声强在频域中的分布函数。由式（3.3.21）定义的互谱密度函数是双边互谱密度函数，它对于正负频率都有意义，并且

$$\begin{aligned}\mathrm{Re}\{S(p,u,\omega)\} &= \mathrm{Re}\{S(p,u,-\omega)\}\\ \mathrm{Im}\{S(p,u,\omega)\} &= -\mathrm{Im}\{S(p,u,-\omega)\}\end{aligned} \tag{3.3.24}$$

式中，$\mathrm{Re}\{\cdot\}$和$\mathrm{Im}\{\cdot\}$分别表示互谱密度函数的实部和虚部。

实际工程中往往采用单边互谱密度函数。单边互谱密度函数$G(p,u,\omega)$与双边互谱密度函数的关系为

$$G(p,u,\omega) = \begin{cases} 2S(p,u,\omega) & \omega > 0 \\ S(p,u,\omega) & \omega = 0 \\ 0 & \omega < 0 \end{cases} \tag{3.3.25}$$

因此，声强在频域中的分布函数可表示为

$$\begin{aligned}I(\omega) &= S(p,u,\omega) + S(p,u,-\omega)\\ &= 2\mathrm{Re}\{S(p,u,\omega)\} = \mathrm{Re}\{G(p,u,\omega)\}\end{aligned} \tag{3.3.26}$$

测量中，如果P－U声强仪输出的测量信号经前置放大器后直接输入到双通道快速傅里叶变换（FFT）谱分析仪，则FFT谱分析仪将按式（3.2.26）将测量信号直接转换为声强的频率分布函数。

互谱密度函数$G(p,u,\omega)$虚部的负值表征着瞬态声强无功分量的幅值，因而互谱密度函数$G(p,u,\omega)$的共轭实际上是复数声强在频域中的表示，即

$$I_c(\omega) = G^*(p,u,\omega) = G(p,u,\omega) \tag{3.3.27}$$

对于P－P技术，声强仪输出的是两个测量声压信号。在稳态声场中，声强在声强仪轴线上的投影分量可由式（3.3.15）估算。为书写简便，省略下标l。假设声强仪轴线正向与

声强矢量方向一致。若记

$$z(t) = \int_{-\infty}^{t} p_1(\tau)\,\mathrm{d}\tau \tag{3.3.28}$$

则式（3.3.15）可表示为

$$I = -\frac{1}{\rho_0\Delta}\frac{1}{T}\int_T p_2(t)z(t)\,\mathrm{d}t = R(p,z,0) \tag{3.3.29}$$

式中，$R(p,z,0)$ 是在相同时刻信号 $p_2(t)$ 和 $z(t)$ 之间的相关函数，按下式计算

$$R(p,z,\tau) = \frac{1}{T}\int_T p_2(t)z(t+\tau)\,\mathrm{d}t \tag{3.3.30}$$

相应的双边互谱密度函数为

$$S(p,z,\omega) = \frac{1}{2\pi}\int_{-\infty}^{\infty} R(p,z,\tau)\,\mathrm{e}^{-\mathrm{j}\omega\tau}\,\mathrm{d}\tau \tag{3.3.31}$$

因此，声强在频域中表达式为

$$\begin{aligned} I(\omega) &= -\frac{1}{\rho_0\Delta}[S(p,z,\omega) + S(p,z,-\omega)] \\ &= -\frac{1}{\rho_0\Delta}\mathrm{Re}\{S(p,z,\omega)\} \end{aligned} \tag{3.3.32}$$

在测量中若将P－P声强仪输出的两测量信号直接输入到FFT双通道谱分析仪中，并将其中一通道信号乘以积分因子，则FFT谱分析仪按上式关系给出声强的频率分布函数

$$I(\omega) = \frac{1}{\rho_0\omega\Delta}\mathrm{Im}\{G(p_1,p_2,\omega)\} \tag{3.3.33}$$

式（3.3.33）表明：声强可直接由P－P声强仪输出的两声压测量信号的互谱密度函数虚部计算得出。式（3.3.33）也可以采用另外一种方法获得。若假设参考点2到1的连线与振速矢量方向一致，则根据差分法原理有

$$\frac{\partial u}{\partial t} \approx -\frac{1}{\rho_0}\frac{p_1 - p_2}{\Delta} \tag{3.3.34}$$

对等式两边取傅里叶变换，则有

$$\frac{1}{2\pi}\int_{-\infty}^{\infty}\frac{\partial u}{\partial t}\mathrm{e}^{-\mathrm{j}\omega t}\,\mathrm{d}t \approx -\frac{1}{\rho_0\Delta}[P_1(\omega) - P_2(\omega)] \tag{3.3.35}$$

式中，$P_1(\omega)$ 和 $P_2(\omega)$ 分别是声压 p_1 和 p_2 的频域表示。

式（3.3.35）左边为

$$\frac{1}{2\pi}u\mathrm{e}^{-\mathrm{j}\omega t}\Big|_{-\infty}^{\infty} + \frac{\mathrm{j}\omega}{2\pi}\int_{-\infty}^{\infty} u\mathrm{e}^{-\mathrm{j}\omega t}\,\mathrm{d}t = \mathrm{j}\omega u(\omega) \tag{3.3.36}$$

由于在 $t = \pm\infty$ 时，$u = 0$，所以式（3.3.36）的第一项为零。结合式（3.4.35）和式（3.4.36），有

$$u(\omega) \approx \frac{\mathrm{j}}{\rho_0\omega\Delta}[P_1(\omega) - P_2(\omega)] \tag{3.3.37}$$

在频域，测点处的声压为

$$P(\omega) \approx \frac{1}{2}[P_1(\omega) + P_2(\omega)] \tag{3.3.38}$$

复数声强的频域表示为

$$I_c(\omega) = \frac{1}{2}P(\omega)U^*(\omega)$$
$$= -\frac{j}{4\rho_0\omega\Delta}\left[\,|P_1(\omega)|^2 - |P_2(\omega)|^2 - 2j\mathrm{Im}\{P_1(\omega)P_2^*(\omega)\}\,\right] \tag{3.3.39}$$

因而声强值可表示为

$$I(\omega) = \frac{1}{2}\mathrm{Re}\{P(\omega)U^*(\omega)\}$$
$$= \frac{\mathrm{Im}\{P_2(\omega)P_1^*(\omega)\}}{2\rho_0\omega\Delta} = \frac{1}{\rho_0\omega\Delta}\mathrm{Im}\{G(p_1,p_2,\omega)\} \tag{3.3.40}$$

式中

$$G(p_1,p_2,\omega) = \frac{1}{2}P_2(\omega)P_1^*(\omega) \tag{3.3.41}$$

式（3.3.40）和式（3.3.33）完全一样。由式（3.3.39）可获得瞬态声强无功分量幅值的频率分布函数为

$$J(\omega) = \mathrm{Im}\{I_c(\omega)\} = \frac{j}{4\rho_0\omega\Delta}\left[\,|P_2(\omega)|^2 - |P_1(\omega)|^2\,\right]$$
$$= \frac{j}{2\rho_0\omega\Delta}\left[\,G(p_2,\omega) - G(p_1,\omega)\,\right] \tag{3.3.42}$$

式中

$$G(p_i,\omega) = \frac{1}{2}|P_i(\omega)|^2 \tag{3.3.43}$$

它是压强 $p_i(i = 1,2)$ 的自谱密度函数。式（3.3.43）是瞬态声强无功分量幅值的有限差分形式的频域表示。在稳态声场中用一只普通的声级计和一只传声器就可以确定宽频带中瞬态声强无功分量幅值。由此可判断声场中声压的极值点。

3.3.3 声强探头的校准

相位失配是声强测量的主要误差源之一，测量前应对声强仪进行相位和幅值校准。了解声强仪的相位特性，以便确定声强仪的使用频率范围和声强测量误差极限。由于 P－U 声强仪和 P－P 声强仪的校准方法不一样，下面分别给予讨论。

1. P－P 声强仪的校准

目前已有专用的 P－P 声强仪校准器（如 B&K3541 声强仪校准器）可供选用。这种校准方法方便、简单、准确、速度快，但较昂贵。如果没有声强仪校准器可利用，则可采用其他方法。其中最简单的校准方法是用 P－P 声强仪测量均匀平面波声场中同一波阵面（质点振速和声强值均为零）上的声压传递函数。声压传递函数的相位和幅值分别反映了 P－P 声强仪中传感器间相位差和幅值比的频率特性。

图 3.3.4 给出了几种 P－P 声强仪校准装置简图。其中图 3.3.4a 所示校准装置优于图 3.3.4b 所示的校准装置，因为吸声材料放在声源端能减少由于声谐振而引起的不规则性。由于任何驻波管的末端声压总是最大值，这样就可以减少由于信噪比低而引起的传递函数估算误差。在声强仪校准过程中要加倍小心，校准装置的微小振动或几何变化都会影响声强仪的校准精度。

此外，还有其他 P－P 声强仪校准方法，如自由声场法。但一般情况下在自由声场中校准声强仪是不可取、不准确的。虽然原则上 P－P 声强仪的转置（旋转 180°）能消除声场的不均匀性，但实际上很难准确地完成声强仪转置过程的操作，这样势必引入误差。

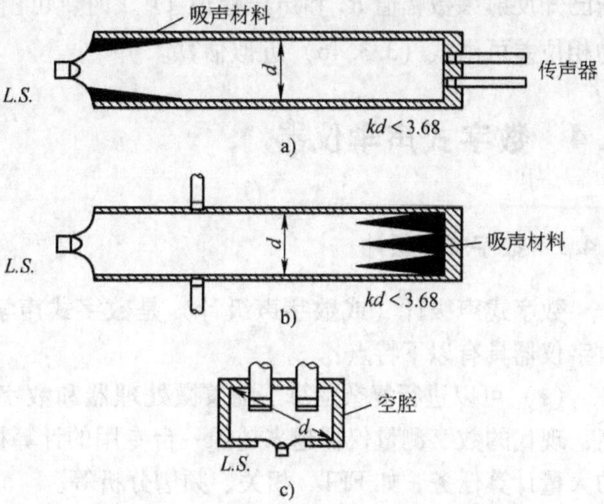

图 3.3.4 几种 P－P 声强仪校准装置简图

2. P－U 声强仪的校准

P－U 声强仪中传声器和速度传感器是基于不同原理制作的两种不同类型的传感器，它们之间的相位差很大。传声器的声压相位响应是随频率增大而增加的，如图 3.3.5 所示（以 B&K4133、4134、4149 为例）。而速度传感器的相位响应在所有频率范围内近似为零，因此，必须采取措施（如采用数字滤波器等）补偿 P－U 声强仪中传感器间的相位差。

由于各传感器相位响应曲线都是不规则的，P－U 声强仪的相位补偿不是一件容易的事，如果补偿不足就会造成相位不匹配。

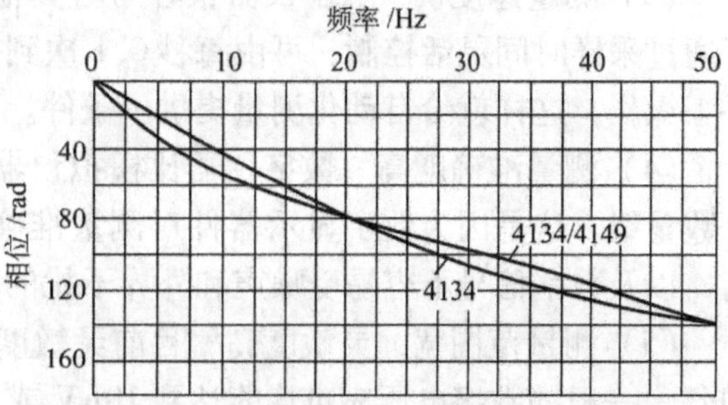

图 3.3.5 1/2″电容式传声器声压相位响应曲线

传声器的幅值响应可以用比较法或幅值校准器校准。速度传感器的幅值响应可以在自由球面波声场中应用关系式 $u = p/\rho_0 c$，由测量的声压和质点振速的自谱密度函数来校准。在高频域中，P－U 声强仪的相位校准是很困难的。当两传感器灵敏度已知时，在自由场中，测量球面波的质点振速与声压的传递函数可给出 P－U 声强仪中两传感器间相位差的频率特性，但这种校准方法是有误差的。在低频，最为常用的 P－U 声强仪相位校准方法是驻波管法。用 P－U 声强仪测量一维已知声场中的声强值，则声场中的声压可表示为

$$p = P_A\left[\mathrm{e}^{-\mathrm{j}kx} + R_A \mathrm{e}^{\mathrm{j}\theta}\mathrm{e}^{\mathrm{j}kx}\right]\mathrm{e}^{\mathrm{j}\omega t} \tag{3.3.44}$$

式中，R_A 和 θ 分别表示反射系数的幅值和相位，它们都是实常数，若记 P－U 声强仪中两传感器相位差为 φ_e，则测量的声强值为

$$I_{mea} = \frac{|P_A|^2}{2\rho_0 c}\left[(1 - R_A^2)\cos\varphi_e + 2R_A\sin(2kx + \theta)\sin\varphi_e\right] \tag{3.3.45}$$

声强测量值与反射系数 $R_A\mathrm{e}^{\mathrm{j}\theta}$、测点位置和相位差 φ_e 有关。当声压幅值 P_A 和反射系数 $R_A\mathrm{e}^{\mathrm{j}\theta}$ 为已知时，由式（3.3.45）则可以计算 P－U 声强仪中的传感器相位差 φ_e。在声压最大值和最小值的中间点处，由于声强仪相位不匹配而引起的正则声强测量误差为

$$\varepsilon_{\varphi I} \approx \frac{2R_A\varphi_e}{1 - R_A^2} \tag{3.3.46}$$

当已知反射系数幅值 R_A 和声压幅值 $|P_A|$ 时，可由声强测量值估算出 $\varepsilon_{\varphi I}$，P-U 声强仪中的相位差可由式（3.3.46）近似估算。

3.4 数字式声学仪器

3.4.1 数字式声级计

数字式声级计（或数字声级计）是数字式声学测量仪器的一种。与模拟式仪器相比，数字仪器具有以下特点：

（1）可以进行复杂运算　随着微处理器和数字信号处理器（DSP）运算速度的不断提高，现代的数字测量仪器越来越像一台专用的计算机。它可以完成传统模拟式仪器无法完成的大量计算任务，如 FFT、相关、频谱分析等。

（2）读数清晰直观　数字仪器不仅能用数字的形式直接显示被测量的数值，而且相应的符号、单位、极性、小数点等也能显示出来，它能消除指针式仪器存在的视差，可以几个人同时进行现场观测。随着发光二极管和液晶显示器的应用，功耗进一步下降，读数视角也更宽阔，色彩更为柔和，减少了测量者因长时间观察而引起的疲劳。

（3）测量速度快　数字仪器很容易与其他仪器组成一个完整的测试网络，其测量速度可通过采样时间灵活控制，可由每秒 0.1 次到每秒几万次，还可进行人工控制、单次采样和手工操作，这样就给自动化测量提供了条件。

（4）测量准确度高　数字仪器比模拟仪器的测量准确度提高很多倍，有的甚至提高几个数量级。这是因为数字显示器件对测量准确度没有限制，频率或时间的数字测量准确度高，以及数字信号不容易受噪声和外界干扰的影响。

（5）测量范围宽，灵敏度高　目前灵敏度高的数字电压表的测量下限可达到 0.1μV 或 10nV，一般的数字电压表也均能达到 10μV 或 1μV，而测量上限可高达 1500V，几乎覆盖了直流电位计、分压箱和电表的所有量限范围。

（6）使用方便，自动化程度高　使用数字仪器只需将仪器开机预热、预调之后就可使用。操作十分简便。由于数字仪器具有编码信息输出，所以其测量结果可以送入存储器长期保存，可以配接打印机、记录仪等进行自动计数，也可带自动化设备进行自动控制和遥控测量。配上相应的转换器后还可以进行各种电参量和非电量的数字化测量。更重要的是数字仪器很容易与计算机结合组成测试系统，进行程控、数据采集、数据处理、逻辑运算等。

由于数字仪器的种种优点，在声学测量领域，声学仪器的数字化已成为主流。目前，声级计基本上已完全数字化，而声强测量系统只能依靠数字式分析仪器。

数字式声级计与模拟式声级计的关键区别在于：数字式声级计将测量传声器输出的模拟电信号转换为数字信号，其核心功能（如平方、时间计权、频率计权、对数运算等）通过数值运算得到。数字式声级计的核心器件是单片机或数字信号处理器（DSP），有些商业宣传中将测量结果是数字显示的声级计宣称为数字式声级计，本质上这类声级计仍然是模拟式的。

数字式声级计具有一般数字测量仪器的基本功能，在传声器之后，是测量放大器、抗混叠滤波器、采样/保持器、A/D 转换器，A/D 转换之后的数字信号按设定功能完成运算后，其结果可直接显示，同时亦可将某些变量经过 D/A 转换和重建滤波器作为模拟量输出，扩展声级计的功能。需要指出的是，为了降低成本，数字式声级计中的某些功能（如时间计权、频率计权等）可采用模拟器件完成，这取决于厂家的策略。

与模拟式声级计相比，数字式声级计的准确度大大提高、测量范围更宽、灵敏度更高，读数清晰直观。更重要的是，由于数字式声级计具有强大的运算功能，同时与计算机接口，高端数字式声级计集声学测量、分析与声信号处理为一体，已经演变为多功能声学信号处理系统。

各声学仪器制造商纷纷推出各种功能的数字式声级计。以 B&K 公司为例，它的数字式声级计按功能区分已成系列。从功能的上分：B&K 系列数字式声级计有 B&K2240、B&K 2238、B&K 2239A、B&K 2250、B&K 2260。B&K2240 为基本型数字式声级计，其他型号数字式声级计功能增多，侧重点有所不同。B&K 2260 又有基本型的 2260 Observer 和增强型的 2260 Investigator, 2260 Investigator 是一种手持式的、基于标准 PC 结构和文件系统的双通道可编程声学分析仪，通过简单更换应用软件卡，就可改变功能。B&K 2260 Investigator 还可以连接数字记录仪，通过调制解调器实现远程操作。B&K 2260 Investigator 的应用软件卡目前有 9 种，其功能简介见表 3.4.1。

表 3.4.1 B&K 2260 Investigator 应用软件卡功能

编号	产品序号	名称	主要功能
1	BZ7201	频程分析	倍频程分析
2	BZ7202	倍频程分析	倍频程及 1/3 倍频程分析
3	BZ7206	扩展的倍频程分析	倍频程及 1/3 倍频程分析，频率范围扩展至 12.5Hz ~ 20kHz
4	BZ7210	基本声学分析	含 BZ7206 的功能，可进行宽带统计分析
5	BZ7203	声学档案管理	多通道数据管理及测试报告生成
6	BZ7204	建筑声学	混响时间衰减曲线、隔声量列表
7	BZ7205	声强分析	声强测量
8	BZ7207	室内声学	混响时间测量
9	BZ7208	FFT 分析	声信号的频谱分析

3.4.2 多通道声学测量系统

数字式声级计是声学测量中最常用最基本的仪器，基于数字技术构建的声强计（声强测量系统）的应用也越来越广泛，尤其是在环境噪声测量及其现场声学测量中，便携式声级计及声强计具有很大的优越性，但是在声学研究及其他声学测量场合，往往要求同时测量多个声学参量，并对各通道参量作不同的处理及运算，这是一般声级计及声强计所不能满足的。多通道声学测量系统一般由传声器组、多路数据采集器和通用计算机组成，有时还含有激励声源及相应功率放大器，如图 3.4.1 所示。测量系统中，数据采集前端是最关键的组件之一，由一个独立的配有标准输入/输出及通信接口的仪器单元组成，实现多路声信号的调理、采样及 A/D 转换，转换后的数字信号被送入计算机进行处理，同时还要接收计算机的命令及数据，控制数据采集并实现信号发生器的功能，通过 D/A 转换可得到所需要的各种信号波形。通过不同的测量分析软件，对获得的测量数据进行各种分析，以获得所需要的结果。下面简要介绍北京声望公司的 VS302USB 及 B&K 的 Pulse3560C 声学测量系统。

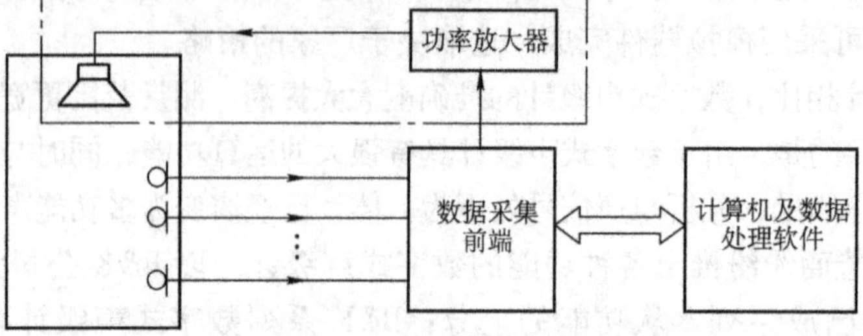

图 3.4.1　多通道声学测量系统示意图

3.4.2.1　VS302USB 双通道声学分析仪

VS302USB 双通道声学分析仪（BSWA VS302USB）是北京声望声电技术有限公司研发的新一代声学仪器，由两通道数据采集前端与计算机通过 USB 接口连接，是即插即用的虚拟仪器系统。配合测量软件VA－LAB，可进行通用噪声测试、建筑声学测试、电声测量、故障诊断、声品质分析等领域。

图 3.4.2　VS302USB 采集前端

VS302USB 双通道声学分析仪采集前端如图 3.4.2 所示，双通道可以实现同步采样，最高采样率为 48 kHz。系统可根据测量分析需要合成产生各种所需的激励信号。它既是一个信号分析系统，同时也是一个信号发生系统。输入和输出通道均采用 BNC 连接，可以方便地与 ICP 供电传声器相连。计算机是 VS302USB 硬件的核心组成部分，几乎所有的分析计算工作都由它来完成。分析的结果由计算机来显示，保存并打印。

下面对 VS302USB 分析仪的传声器、功能及操作过程给予介绍。

1. ICP 供电传声器

传统的传声器供电需要 7 芯电缆，其中有 200V 极化电压、28V 供电电压、信号线、地线。这种供电方式要求有特殊的接头，电缆的长度受到限制。20 世纪 90 年代出现的 ICP 供电传声器克服了传统传声器的许多缺点，可进行多路和长距离测量（距离可达 500m），直接与任何 ICP 输入端相连，进行有关声和振动测试。

1）供电原理　ICP 供电是由仪器的信号输入端提供一个 4mA 的电流，电流通过同轴电缆到 ICP 前置放大器，放大器内的电路将 4mA 的电流转换为前置放大器的供电电压，同时高通滤波器将信号与直流电分离，即两条线既是前置的供电电源线，又是前置的信号输出线。

ICP 供电传声器是由预极化（驻极体电容式）传声器和 ICP 前置放大器组成（见图 3.4.3），它本身不具备提供 200V 极化电压的功能，它不能与传统的（需要 200V 极化电压）传声器相连。

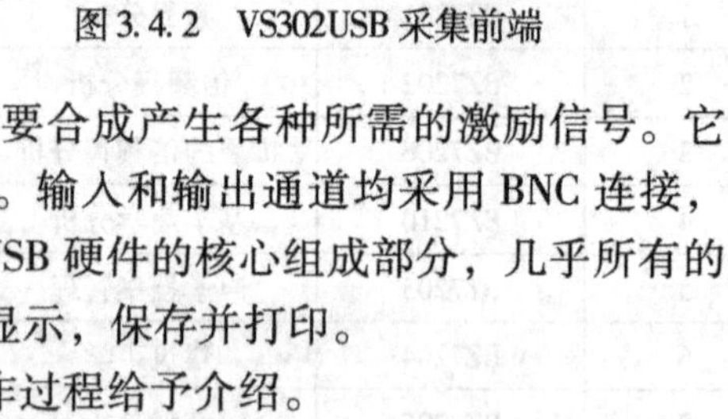

图 3.4.3　ICP 供电传声器

2）与传统传声器的频响的比较　图 3.4.4 所示为 ICP 供电传声器与传统传声器的频响的比较结果。测量时采用同一个传声器头（MP201），配置声望的 MA201ICP 前置放大器，和 B&K2669 前置放大器。在相同的传声器，不同的两种前置放大器下，用静电激励器测量频响。

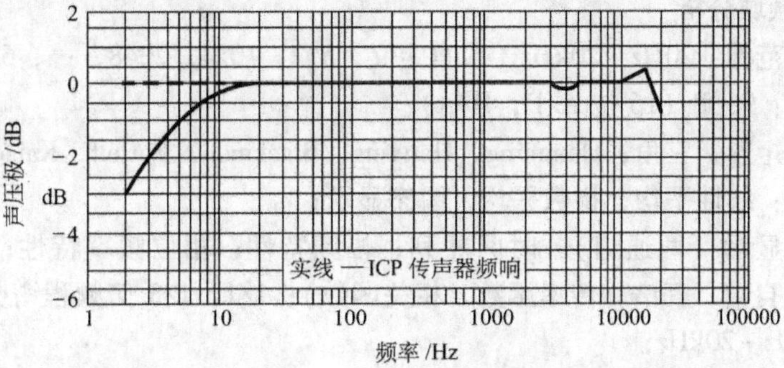

图 3.4.4　ICP 供电传声器与传统传声器的频响的比较

从图中可以看出，ICP 供电传声器与传统传声器的频响，在 20Hz 以下开始衰减，在 2Hz 时的衰减为 3dB，低频的差异是由于 ICP 前置放大器在设计时，需要对直流信号进行隔离造成的。在 20Hz ~ 20kHz，频响的差别在 0.05dB 以内。

3）信号线对测量的影响　ICP 传声器的信号线采用 BNC 电缆，这样使电缆的长度可以很长。试验表明：用 2m 和 500m 电缆进行测试试验，电缆的长度对传感器频响的影响很小。在传感器整个频率范围内，灵敏度仅降低了 0.3dB。

4）动态范围　ICP 传声器的最大输出电压为 ±7V。这使得采样灵敏度为 50mV/Pa 传声器时的最大测量声压级在 130dB。当声压级超过 130dB 时，将产生饱和。图 3.4.5 所示为 ICP 传声器的测量动态范围。可见，采用 ICP 传声器时测量的范围可达到 15dBA 到 130dBA。如果需要测量高于 130dBA 的噪声，需要选用低灵敏度的传声器。

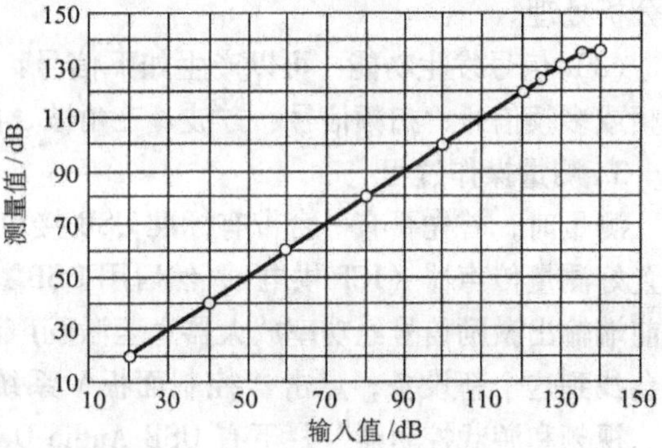

图 3.4.5　ICP 传声器的测量动态范围

总的说来，ICP 传声器有如下特点：①ICP 传声器能够达到 IEC 651 和 IEC 82828 一型的测量标准；②ICP 传声器的测量范围在 15dBA 到 130dBA，这比传统的传声器要低；③在 20Hz ~ 20kHz 的频率范围内，ICP 传声器的测量精度与传声器相差在 0.05dB 以内。

ICP 传声器由于在价格和使用方面上都优于传统的传声器。在常规噪声测量时，采用 ICP 传声器完全满足一型测量精度的要求。

2. VS302USB 双通道声学分析仪的主要功能

VS302USB 双通道声学分析仪的测试功能完全取决于所配套的声学测量软件 SpectraLAB。该软件是一个功能强大的双通道频谱分析仪，与采集前端（或兼容声卡）相配合，就可以进行实时频谱分析、数据记录、回放及后处理。该分析仪可用来测量频率响应、失真及传递函数，支持多达 65535 点的 FFT、加窗、数字滤波、重叠处理、平均、峰值保持、触发、抽取窄带和倍频程分析（1/1，1/3，1/6，1/9，1/12），能够显示、导出和打印时间序列、频谱、相位、3-D 轮廓图（3-D surface plot）及谱图（spectrogram），其中信号发生器工具可激励所用的信号，主要功能如下：

（1）双通道频域分析

1）测量频率范围：20Hz~20kHz，或自定义，512，1024，2048，…，65536 点 FFT；

2）动态范围：96dB（16 位 A/D，D/A）；

3）窗函数：矩形，三角，Hamming，Hanning，Blackman，Barlett，Kaiser，Parzen；

4）平均方式：线性平均，指数平均，瞬态显示；

5）分析结果显示（两通道）：时间序列；幅频特性；相位频率特性；声谱；3D Surface；频谱分析（自谱，互谱，传递函数，相关函数）；1/1，1/3 倍频程谱分析，频率范围（中心频率）：20Hz~20kHz；

6）计权方式：线性及 A、B、C 计权；

7）平均方式：线性平均，指数平均，瞬态显示。

（2）瞬态信号采集　双通道同时采集。采集长度可自定义，数据直接存入硬盘；触发电平可调；触发前采用循环缓冲区记录数据；可在屏幕上显示数据的波形，相当于记忆示波器的功能；形成数据文件，可供用户对数据作进一步处理；有后处理模块，可对记录数据进行分析处理。

（3）信号发生功能　可以产生如下信号：白噪声、粉红噪声、1kHz 单频信号、自定义单频或多频信号、扫频信号、方波、三角波、脉冲信号或自定义函数发生器。

3. 测量操作过程

测量时，首先要有一台带有标准 USB 接口的计算机，同时安装好测量软件 SpectraLAB，配置好测量传声器（ICP 供电），然后用 USB 线连接计算机和采集前端。如果需要激励，可从前端输出激励信号经功率放大器送至激励声源。开机后，Windows98/2000/XP 即插即用功能会找到这个新设备，点击“控制面板\系统”，选取“设备管理器”页面，确定在“声音、视频和游戏控制器”栏下有 USB Audio Device。运行 SpectraLAB，在 Options 菜单中 Device 项，将 Input Device 改为 USB Audio Device。然后就可根据测量要求完成各种测量任务。

为了实现不同的声学测量，还可以配套（编制）不同的声学测量应用软件，如声望公司配套有吸声系数测量软件、混响时间测量软件等，都是利用系统采集的数据计算出所需要的声学参量。

3.4.2.2　B&K Pulse3560C 声学测量系统及前端

Pulse 系统是 B&K 公司于 1996 年推出的世界上首个噪声和振动多分析仪系统，与 VS302USB 双通道声学测试系统类似，也是由传感器、采集前端和计算机这三大部分组成，所不同的是其采集前端具有更多的通道，更优越的性能，计算机数据通信是采用网线实现的，并且其测量软件（平台）功能更加强大，内容更加丰富和完善，能够进行多通道、实时的、FFT、CPB、总级值等分析，测量软件版本不断更新。

Pulse 系统的平台包括软硬件两个部分。硬件部分为 3560 B/C/D/E 型智能数据采集前端，其中 3560C 如图 3.4.6 所示，前端中的模块可以按照用户的测量和分析需求选择。例如，选择 3109 模块，则为 4 通道输入 2 通道输出模块，16 位 ADC 及 24 位 DAC，采样率可达 65kHz；选择 3308，则为 12 通道输入模块，24 位 ADC。其中 B/C/D/E 为前端的机壳型号，如3560E可同时选用8个测量模块，而3560C只能选用一个测量模块。

图3.4.6 B&K3560C前端

Pulse系统的主要技术规格如下：

1）输入频率范围：0Hz～12.8kHz，采样率为32.768kHz，0Hz～25.6kHz，采样率为65.536kHz。

2）传感器供电电压：±15V，最大10mA/通道。

3）传声器极化电压：0或200V。

4）CCLD用恒流源供电：+4mA及28V。

5）输入电压：4.071mV～7.071V（峰值），10dB步长。

6）输入阻抗：直接，传声器：>1M；CCLD：>100kΩ，200pF。

Pulse系统的软件部分为7700型平台软件（还可以细分为7770型FFT分析和7771型CPB分析）。

与Pulse系统的其他应用软件相结合，可以满足用户在数据记录与管理、结构动力学分析（如模态分析）、机械故障诊断（如包络分析、阶次分析）、声品质、声学材料测试、电声测试等方面的多种要求。

1. Pulse多分析仪系的特点

1）Pulse多分析仪系统在Windows 2000或Windows 2000XP系统下工作。

2）不同模块通道性能不完全相同，对于3109模块，每个输入通道具有BNC及lemo两种输入方式。

3）对同一输入信号同时进行多种分析，减少了测试所需时间。

4）同时使用多种分析仪和采用多个同类型分析仪作不同参数分析。

5）支持外部控件和数据导出（OLE自动化和Axtive 控件），很容易通过VB、VC、Delphi等常用的编程语言进行二次开发；内置VBA（Visiual Basic for Application），不安装任何额外的编程语言也可方便的对Pulse进行编程控制。

6）利用MS Word快速及自动生成测量报告。

7）自动检测前端硬件，自动检测带传感器电子数据表的传感器（IEEE 1445.4标准，即插即用）。

8）标准输入配置包括电压、恒流源驱动CCLD、传声器和电荷型选件。

9）采集前端的数据通过LAN传至PC时，通信距离可达150m（用无线LAN时更远），由此可减少传感器长度。

2. Pulse系统操作基础

一个Pulse项目涵盖整个测量过程，并可包含许多不同的任务和分析。Pulse的设置主要在Organizer菜单的三个部分完成：Configuration Organizer（配置管理器），Measurement Organizer（测量管理器）和Function Organizer（函数管理器）。

下面分别介绍这三个管理器的设置。

（1）Configuration Organizer 用于对通道选择传感器，对信号命名。本步骤对使用智能型传感器，如4190L和4508B时可以省略。

打开 Organizer - > Configuration，展开机箱和模块图标（见图3.4.7）。单击 input 通道，从右键菜单中点击 Select Transducer...，在传感器数据库中选择传感器之后，通道图标会变成一个传感器的形状。如果通道下没有信号名，可以单击通道，右键选择 Add Signal。在完成以上工作后，为了便于记忆关于测量的信息，可以编辑信号名。

图3.4.7 配置管理器图表

（2）Measurement Organizer 该功能用于添加分析仪并设置分析仪、信号的属性，具体步骤包括：

1）打开 Organizer - > Measurement，弹出测量管理器菜单，点击测量模板（默认为 Working），右键选择 Get Configuration，将 Configuration Organizer 中的设置读取到 Measurement Organizer 中来。

2）单击“Groups”，右键选择“New Group”，向信号组“Insert Signal”。信号编组的目的在于：①可一次设置组中所有信号的属性，而不需要对每个信号单独设置；②分析仪以信号组为单位来分析信号；③计算信号之间的互谱时需要用到一个组或不同组中的不同信号。

3）点击 Set - Up，Insert 所需要的分析仪，并向分析仪添加信号组。FFT 分析仪适合于对谐波成分丰富信号，找出纯音的频率；CPB 分析仪适合于对声音信号进行等百分比带宽分析；Recorder 分析仪用于记录原始时域数据（需要7701软件的授权）。

4）向分析仪加入信号组。

5）单击分析仪，右键选择属性，在其 Setup 页面，设置分析仪的属性。

6）激活，然后选择合适量程。

激活测量模板（或按F2键）之后，可以打开 Level Meter 级值计（或从 View 菜单下选择 Show Level Meter）来监测输入信号当前的大小，从而判断量程是否合适，合适的量程能够提高测量的信噪比。

测量微弱信号，如消声室本底噪声、仪器本底噪声，一定要用最小量程7mV测量。级值表的优点就是可方便地为非稳态信号定量程，在实测之前进行一次试测，然后点击级值表的第二个菜单项系统自动调整到合适的量程，即可进行正式的测量。

如图3.4.8所示，当取得合适的量程时，信号显示为绿色，如 Sound 信号的大小约占该量程满刻度的1/2至2/3。Acc 信号过载显示红色，需要提高量程。级值计显示的其他颜色中，黄色代表信号大小接近该量程满刻度，蓝色代表信号量级远低于量程。

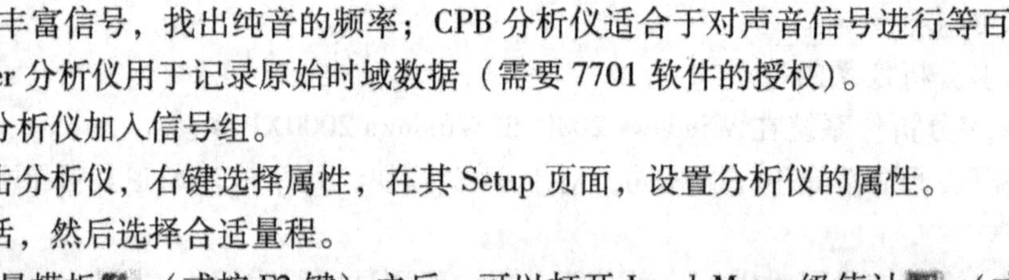

图3.4.8 级值表

（3）Function Organizer　该功能用于对测量数据进行后处理，步骤是：

1）打开 Organizer－＞Function，在 Function Group 中添加函数，单击函数的图标，可以选择该函数的类型，双击该函数，可以得到该函数的图形（未点击 Start 之前，函数图形为空白）。

2）点击 Start （或按 F5 键）开始测量，即可观察函数图形。

按以上步骤建立测量项目，并可以保存该项目中的全部设置，包括该次测量的所有结果，保存之后的文件扩展名为“. pls”。下一次可以直接打开此文件，激活，待 Level Meter 级值表中显示值稳定即可直开始测量。

3. 传感器的使用安装方法

（1）传感器数据库　如果所选择的传感器不在 Transducer Database 中，那么在打开 Configuration Organizer 的前提下，打开 Pulse 程序界面菜单栏的 Configuration 菜单项，选择 Transducer Database 项（倒数第5个菜单选项），进入传感器编辑界面，添加所设置传感器的信息。

可以在传感器数据库的左半个界面中先选择相应的传感器类型，然后在序列号栏输入该传感器的序列号（不能有重复序列号）、在 Accredit Calibration 下的灵敏度栏输入该传感器的灵敏度（Accredit Calibration 下的灵敏度比 Nom. Sensitivity 下的灵敏度优先权高）。如果传感器灵敏度单位的加速度单位（m/s^2）无法输入，请使用重力加速度 g，或者将 Windows 的区域设置改为 USA。

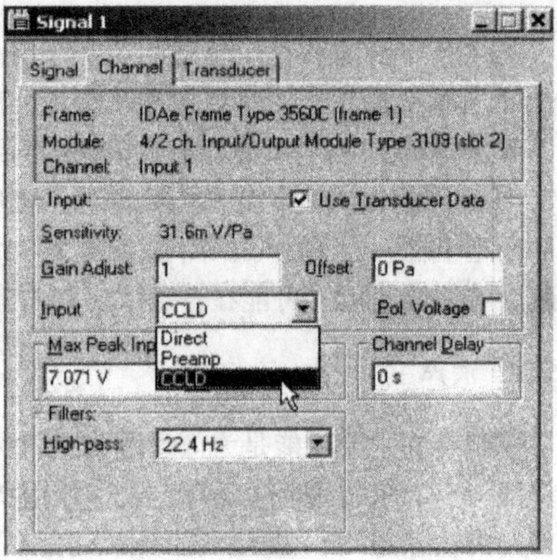

图 3.4.9　前端通道属性选项卡

（2）前端中通道的工作方式（也是传感器工作方式）　在 Configuration Organizer 中对通道选择了正确的传感器后，最好不要改动信号属性 Channel 页的 Input 项，该项表示传感器的输入方式，如果改错了，将显示过载或者测量结果不对，如图 3.4.9 所示。Input 共有三种输入方式：Direct/CCLD/Preamp，其通道配置如下：

1）Direct 可接入直接电压信号或者经过理调后的信号，注意电压单峰值在通道的量程以下，如 3109、3032A 模块通道量程均为 7V 峰值，注意这时需要编辑通道的灵敏度，否则测得结果将只显示电压值。

2）CCLD（Constant Current Line Drive，恒流源线驱动）方式需要为传感器内部或外部的放大电路提供电源，电流为 4mA，电压 24V，使用内置放大电路的 B&K 传感器有 4506、4507、4508 等，可由前端供电的外部放大器有 2646、2647 等。传感器内置放大电路的缺点是不耐高温，因此，在高温环境下常使用电荷型加速度计，外接适调放大器，如 2647、2692 系列，再接入前端的输入通道。CCLD 方式的传感器在激活测量模板之后需要经过 5s 左右的建立时间（供电——会显示短时的过载）才开始工作。

3）Preamp 使用 7 芯 LEMO 接头对 Microphone 的前置放大器供电。

前置放大器是传声器与 3560C 输入通道的连接部分，起阻抗变换作用，同时，还经由它为传声器提供极化电压。

预极化类型的（Prepolarized 也称为驻极体）Microphone 不须加极化电压，外部极化类型（Ext. Polarized）的 Microphone 需要由前端的通道或外部理调放大器（如 2690）提供极化电压，极化方式错误会导致通道的输入值远远低于真实值。

需要注意的是，在直接使用 Pulse 知识库中的范例时，需要对通道进行传感器工作的正确设置。如 4508 传感器需要恒流源供电，又如某个通道接 4191 传声器，需要 200V 的后极化电压。

3.5 声学设施

某些声学测量必须有特殊的声学环境，如自由声场和扩散声场。消声室和混响室是声学测量的基本实验室。对于要求严格避免反射干扰的测量，必须在消声室内进行。在混响室内可以测量材料的吸声系数、金属板材的声致疲劳等。有些测量在消声室或混响室内都可以进行，如声源输出功率及其平均频谱等。可以使用半消声室或卦限消声室来测量一些安装在地面的大型机器。目前由于采用数字技术，用脉冲法或声强法测量可以消除墙面反射的影响。因此，有些测量就有可能在普通大房间内进行而不再需要消声室。

3.5.1 消声室

消声室的主要功能是为声学测试提供一个自由场空间或半自由场空间。自由场是指声波在无限大空间里传播时，不存在任何反射体和反射面。声波在自由场或半自由场空间里传播有特定的物理定义，包括：①对点声源声压随距离衰减，这就是声能的反平方律；②声压级在常温常压下等于声强级，这是在消声室里测量声功率的理论基础。

自由声场要求声场中只有直达声而没有反射声。实际上，只能做到反射声尽可能小，和直达声相比可以忽略不计就可以了。获得自由声场的方法很多，例如，室外的空旷场所就是近似自由声场。使用这种近似自由声场的缺点是测量工作要受气候的影响。因此，一般都需要在房间内创造出具有自由声场特点的实验室，即消声室。

消声室分全消声室和半消声室两种类型。房间的六个面全铺设吸声层的称为全消声室，一般简称消声室。凡要求测量误差比较小，如要求在 ±1dB 以内，或者有测量声源的方向特性等要求的，一般都设计全消声室。房间的六个面中只在五个面或四个面铺吸声层的，称为半消声室。当被测噪声的机器很笨重，难以在全消声室中安放，而测量误差允许较大时，就设计半消声室来完成其测试工作。

消声室性能由两项重要指标来描述：本底噪声和截止频率。根据 GB 6882－1986《声学 噪声源声功率级的测定消声室和半消声室精密法》，在测试频率范围内，背景噪声的声压级至少比被测声源的声压级低 6dB，最好低 12dB。消声室是要在室内模拟自由场或半自由场空间，所以要求墙面吸声系数为 99% 以上。半自由场地面的反射系数为 95% 以上。设计一种能做到全频带（20Hz～2kHz）的 100% 吸声体，是不可能的。因为通用的材料对高频声波很容易被吸收，而低频吸收则和材料的厚度有关。截止频率是指在此频率以上，墙面的吸声系统能保证 99% 的吸声系数。

为了消除室内的反射声，消声室内除了没有障碍物外，室内各面（墙壁、天花板、地面）上都铺设高效能的吸声材料或吸声结构，使入射于界面上的声波，在一定频率范围内几乎完全被吸收。为了消除外界的干扰，消声室必须有良好的隔声和隔振性能。这些是消声室的基本要求。

消声室最早出现在20世纪30年代，最初的吸声结构为多层吸声材料。有的与壁面平行地悬挂，并与壁面相隔一定距离，有的与壁面垂直地悬挂。1940年，梅耶等人首先提出并采用了逐渐过渡形式的棱锥形吸声体。这是吸声结构设计上的重大革新。此后，凡是高质量消声室的吸声体设计，从棱锥体到圆锥体直到尖劈体，都是基于逐渐过渡的原理。以后的改进，主要在于吸声体底部与壁面间留有一定空间，使产生适宜的共振，以改进低频吸声特性。目前采用尖劈体作为吸声体的居多数。实际工程中的（半）自由场空间是指对截止频率以上的声波，消声室内为（半）自由场空间，截止频率越低，尖劈的长度要求就越大。一般而言，尖劈的长度适用于1/4波长。

吸声体的材料很多，如棉、麻、毛等纤维以及石棉、矿渣棉、玻璃纤维、超细玻璃纤维以及泡沫塑料和人造纤维等。另外，在吸声材料中掺入石墨粉或钢棉以吸收厘米波或分米波，消声室即可作为电磁波的无反射室。

近年来，随着大量声学测量工作的增加，出现了造价低、施工简单，而测试误差允许稍大的简易消声室，有的是一个面或两个相邻面是反射面的半消声室。这些消声室的吸声体有的采用胶合玻璃棉或泡沫塑料的边角料，做成不十分整齐的阶梯形或宝塔形，也有重新采用多层布幕的结构，这就满足了一般机器噪声功率测试的需要。

鉴定消声室内的声场是否是自由声场，主要是通过观察它与理想自由声场接近的程度来决定。一般用声压与点声源距离成反比的定律来检验，允许偏差约为±0.5dB。

3.5.2 混响室

混响声场有两种含义：一种是指扩散声场；另一种是指声源在室内稳定地辐射声波时，室内声场中离声源某个距离外混响声比较均匀的区域。扩散声场是指空间各点的声能密度均匀，从各方向到达某一点声能流的概率相同，并且各方向到达的声波相位是无规的。能够产生扩散声场的实验室就是混响室，它的吸声很小，混响时间很长，室内声波经过多次反射形成声能分布均匀的房间。在混响室中，不同位置的声压级几乎是恒定的。

在声学测量中，需要扩散声场条件的情况有：①有些电声换能器需要知道它的扩散场灵敏度特性；②声源输出功率的混响室测量中，需有扩散声场的假定，使声源功率级与室内声压平方平均值和房间体积、室内吸收发生关系；③在混响室测材料吸声系数实验中，在声级衰减前和衰减过程中需要扩散声场的假定；④在隔层的透射损失的混响室法测量中，隔层两边都要满足扩散声场的假定；⑤某些高噪声环境下的实验研究。因此，建造混响室来获得扩散声场条件也是声学实验测试中的一个重要手段。

与消声室的劈面材料相反，混响室的各个壁面都是吸声系数很小的建筑材料。经常使用的材料有瓷砖、磨石子水泥、大理石、光面油漆、金属板等材料砌成，并且具有良好的隔声、隔振性能。按ISO－R354（1963年）的建议，混响室的体积应大于180m^3，最好接近200m^3。房间形状应满足$l_{max} < 1.9V^{1/3}$，此处l_{max}是房间边界内最长直线的长度（如在矩形房间里就是最长的对角线）。ISO－R354还推荐空混响室的混响时间应超过下列各频率相应的数值（见表3.5.1）。

表 3.5.1 推荐的混响时间

混响时间/s	5.0	5.0	5.0	4.5	3.5	2.0
倍频程中心频率/Hz	125	250	500	1000	2000	4000

为了使混响室的衰减声场有充分的扩散，并且在低频区域中的简正振动方式的特征频率分布较均匀，通常采取如下几种措施：

1）为使低频范围内简正振动方式的频率分布比较均匀，混响室的形状一般采用边长具有台适当比例的长方体，例如取 $l_x:l_y:l_z = 1:2^{1/3}:4^{1/3}$ 或取表 3.5.2 所列之值。

表 3.5.2 推荐的混响室尺寸

l_y/l_x	l_z/l_x
0.83	0.47
0.83	0.65
0.79	0.63
0.68	0.42
0.70	0.59

2）在壁面上设置固定的扩散元件。用凸半圆柱或半球体以及其他形状的扩散体，砌在墙面和天花板上（面对面可只砌一面）。当声波波长与扩散体尺寸相近或比它小时，扩散体就能起扩散用。壁面扩散体必须足够刚硬坚实，否则由于低频振动会引起不希望有的附加吸收。

3）在室内悬吊扩散板。在室内空间无规地悬吊一系列面积不同，本身吸收不大的弧形板。国际标准曾建议弧形板可由数毫米厚的胶合板或其他质地坚硬、表面光滑的板材制成，每块板的面积为 0.8 ~ 2.0m^2（双面为 1.6 ~ 4.0m^2）。板的总面积约等于房间的地面面积，并使各个面的投影面积大致成比例。当声波的波长与扩散板尺寸相等或比之小时，能起较好的扩散作用。但也要防止扩散体本身的共振吸收。

4）室内安装旋转扩散体。改进声场扩散比较有效的方法是在室内采用锥体的一部分做成旋转扩散体。扩散体的最小线度至少要等于最低工作频率的波长，并且要足够重，才能对最低频率起扩散作用。扩散体不要对称，其旋转速度率要快到足以使接收信号有良好的平均。一般也不超过 30 转/min，要防止因旋转带来的噪声。

旋转扩散体对声场改进的效果有以下三个方面：扩散体的转动产生房间中各点声压的涨落，从而减少声压依赖于传声器位置；扩散体的运动能产生多普勒效应，原始的频声成为调频声，于是单线谱变成多线谱，从而减少声压的空间变化，并且增加房间中模式的激发；声源的辐射依赖于扩散体的瞬时位置，由于旋转提供了声功率的平均。

鉴定混响室的方法是测量声场的衰变曲线。混响声场各点的混响时间应该相同，衰变曲线虽有起伏但接近指数衰减律，各点的声压也应均匀。一般说来，混响室的混响时间越长越好。

第4章 测量规范与标准

声学测量的目的可能是科学研究、环境监测或工程应用，不管是哪一种，要获得令人信服的准确结果，必须遵守一定的测量规范和相应的标准。本章首先讨论声学测量需要完成的事前准备项目及影响测量精度的环境因素，同时介绍了各种测量误差的定义及分析统计，最后列出了与噪声测量相关的三类标准（主要是国家标准）的目录，供实际测量时参考。

4.1 测量的事前准备

4.1.1 测量流程设计

科学严密、周到细致的测量前准备工作（称为事前准备）是确保测量质量的关键。长期从事测量工作的人都有体会，一项测量或实验任务，事前准备的工作量占总工作量一半以上，事前准备工作是否周到是决定实际测量工作是否顺利和成功的关键。

1. 测量流程设计

（1）明确测量目的　总体上讲，声学测量的目的表现在三个方面：科学实验、声学工程效果评估、声环境普查与监测。上述测量对精度的要求，基本上分为精密测量、工程测量和普查测量三个层次。由于测量目的不同，测量的事前准备工作的重点也有所不同。例如，对于科学实验研究，对测量的精确性要求很高，测量值之间的细微差别很有可能揭示新的物理现象，成为科学发现的源泉；对于声学工程效果评估的现场测量，不同的声学环境将导致不同的结果，因此，对不同的现场环境必须区别对待，辅以适当的修正措施；对于声环境普查或监测，其测量结果是治理环境、解决环境争端依据的第一手资料，因此，如何确保测量过程符合相关法律法规及标准的要求是至关重要的。

（2）熟悉测量环境　测量环境包括测量现场的自然环境和声学环境。自然环境主要指气象环境，如温度、湿度、气压、风速等，而声学环境指测量现场是自由空间，还是封闭空间，空间中散射体的分布情况，声学边界的性质等。测量现场的气象环境影响声学仪器，尤其是测量传声器和附件的选择；而声学环境不仅影响声学仪器的选择，而且决定着测量方法和数据处理方法。

（3）声源特性的初步分析　所谓声源特性，指的是声源发出的声波的时间特性、频率特性及声学参量（如声压、声强等）的动态范围。就声源随时间变化的特性来说，可以分为稳态声源与非稳态声源。非稳态声源又可以分为周期性、无规变化、脉冲声和冲击声源等多种形式。就声源频率特性而言，可以区分为宽带声、窄带声以及含有突出纯音成分的声波。声学参量的动态范围主要关注最大声压级，以免所选择的传声器无法适应现场要求，甚至造成传声器的损坏。

声源特性不同，要求声学仪器具有的功能特性不同，下面以声级计为例加以分析。声级计一般具有“快”和“慢”时间计权（电表阻尼）特性，在脉冲声级计中还有“脉冲”和“保持”时间计权特性。测量时要根据测量规范的要求来选择。例如，测量车辆噪声规定用“快”特性，测量地下铁道电动机组驾驶员室、客车室内部噪声规定用“慢”特性。在没有规定时，如测量比较稳定的噪声，“快”和“慢”特性会得到相同的测量结果；如果噪声不稳定，用“快”特性时，电表指针摆动较大（如大于4dB)，就应当用“慢”特性。又如若要测量某一时间内的最大值，则应当用“快”特性。

对于短暂的脉冲和冲击声，应当使用“脉冲”特性。另外可以使用“保持”特性，将测量结果在电表上保持一段时间，以便于读数，这对于测量幅值变化大的噪声尤其方便。

假如需要进行声音的频率分析，则应根据应用场合及所希望的分辨率，选择标准的倍频程带宽或1/3 倍频程带宽进行测量。对于通风系统引起的室内噪声评价采用倍频程分析；为评价航空噪声测量感觉级，则要进行1/3 倍频程分析；对于含有明显纯音成分或者不规则频谱的噪声，则采用窄带分析，以便将主要的频率成分分离出来。如果需要对噪声进行详细分析，则要采用 FFT 技术进行实时分析。

（4）测量流程设计　在明确测量目的、了解测量环境、初步掌握声源特性的情况下，对测量流程要进行精心设计。一般地，测量流程设计主要包括以下内容：①明确测量内容和测量精度；②确定测量方法和数据处理方法；③规划测量步骤；④罗列测量所需仪器。

2. 测量仪器的准备

（1）按测量流程及要求配备所需仪器　在进行任何声学测量前，首先应明确测量的对象和目的以及为达此目的所必需的测量数据，同时编制测量计划。从一开始就应仔细考虑选择合适的声学测量仪器，以保证达到预定的测量要求。选择仪器时要考虑声音本身的特性，例如频谱，地面交通噪声具有宽带频谱，螺旋桨飞机噪声具有窄带频谱，电动机具有较高的频率成分。又如连续工业生产作业时的噪声级可认为是恒定的；在建筑施工工地则是间歇的；在铁路边则是火车不来时长时间保持安静，当火车来时噪声非常强；有的时候还会遇到脉冲噪声测量问题，如射击、打桩、气锤及工业脉冲噪声等。在进行声环境评价时，所有这些不同噪声源都应考虑，并相应地选择测量仪器和测量方法。

测量数据进行分析的工作量及要求的形式也影响到测量仪器和测量方法的选择。一项基础科学研究通常需要大量的精确的数据和图表，此后要用许多不同的方法对以上资料进行分析处理；噪声控制工程一般要求的图表信息要少一些，而作为监测目的测量通常只要求检测并记录噪声随时间的变化情况。

如果要将测量仪器放在现场使用，如测量环境和社会生活噪声，那么这些仪器应当是便携式的，以便于在现场操作和校准。

（2）测量仪器状态检查及校验　为了保证测量的准确性，仪器使用前及使用后都要进行校准。可以使用声级校准器、活塞发声器或其他声压校准仪器来进行声学校准。声学校准时，能够对从传声器、前置放大器、放大器、计权网络直到检波指示器的整个噪声测量仪器进行校准，故校准的准确性较高。

声级校准器产生声音的频率是1kHz，因此，使用声级校准器校准时，测试仪器可以置于任何计权开关位置，校准时都能得到相同的读数。因为在1kHz处，对于任何计权以及线性响应，灵敏度都相同。校准时，把声级校准器套入电容式传声器头部，调节仪器的“灵敏度调节”电位器，使读数正好是声级校准器产生的声压级。对于1″的自由场响应电容式传声器，校准值为93.6dB；对于1/2″的自由场响应电容式传声器、校准值为93.8dB。

使用活塞发声器进行声学校准时，仪器的计权开关应放在“线性”或“C”计权位置。因为活塞发声器所发出声音的频率在250Hz，只有“线性”及“C”计权在250Hz处频率响应是平直的，而“B”及“A”计权在250Hz频率处分别有1.3dB和8.6dB的衰减。因此，不能进行校准。校准时，把活塞发声器紧密套入电容式传声器头部，推开活塞发声器的电源开关至“通”位置，活塞发声器产生124dB声压级。调节仪器的“灵敏度调节”电位器，使仪器读数正好是124dB。关闭并取下活塞发声器，声学测试仪器已校准完毕。

电容式传声器灵敏度变化一般不大，因此，在没有声压校准仪器的情况下，可根据电容式传声器的灵敏度修正值，利用测试仪器内部电校准信号来校准。但它仅仅校准了放大器及检波指示器的灵敏度，电容式传声器没有被校准，校准的准确性不如声学校准器，因此，有条件的应尽可能使用声学校准器。声学校准后，就不必进行电校准了。在测量过程中，不能再调节“灵敏度调节”电位器。

声学仪器经过一段时间使用后，应送有关计量部门对其主要性能进行全面检定，检定周期规定为1年。

（3）测量系统的预连接及试运行　完成以上两项准备工作后，为了确保现场测量的顺利进行，需要预演实际测量过程。首先按测量流程设计将所需仪器连接，接通电源，同时利用人工声源模仿实际声源，然后模拟一些主要测量步骤，检查仪器是否工作正常、测量值是否在正常范围等。

（4）附件的准备　声学仪器通常有各种附件，正确选用这些附件，可以避免环境的影响，提高测量的准确度，并满足其他测量需要。

风罩是一种用多孔的泡沫塑料或尼龙细网做成的球，用来降低风噪声的影响。当风吹到传声器上时，传声器膜片上的压力会发生变化，从而引起风噪声。将风罩套在电容式传声器头上，就可以大大衰减风噪声，对被测声无衰减，从而提高了风环境下测量的准确性，这种风罩一般用于野外测量，但当风速大于5m/s时，一般不应进行测量。

当传声器受高速风影响时，在传声器上将会因湍流而产生噪声，这时可以用鼻锥代替正常保护栅来降低风噪声。鼻锥尤其适宜在固定风向和固定风速情况下使用。为了尽可能减小空气阻力，鼻锥一般做成流线形，四周的金属网允许声波透入到传声器膜片上，金属丝网里面截断的锥体减小了膜片前腔的空气容积。另外，鼻锥可改善传声器的全方向特性。

如果被测声音不是来自一个方向，而是来自几个方向时，为了改善传声器的全方向特性，可将传声器的正常保护栅旋下，然后旋上无规入射校正器。

如果测量要求传声器与声级计保持一定距离，以减少声级计外壳及人体对测量的影响，此时就需要使用延伸杆。为了减小延伸杆接线的分布电容对传声器灵敏度的影响，延伸杆做成双层屏蔽结构，将里面屏蔽层接到前置放大器的输出，通过这一自举作用，减小了分布电容的影响，保证了测量的准确性。

为了把电容式传声器延伸到更远的地方，可用延伸电缆。延伸电缆有两种结构，对于前置放大器不能移出来的声级计，使用与延伸杆相同原理的双层屏蔽延伸电缆，延伸电缆连接在电容式传声器与前置放大器之间。另一种多芯延伸电缆适用于前置放大器可以移出来的声级计，这种延伸电缆连接在前置放大器与声级计之间，由于前置放大器的输出阻抗较低，因此可以使用较长的延伸电缆（如10m和30m）。

4.1.2 环境因素对测量的影响

1. 气象因素的影响

(1) 湿度的影响 任何传声器都应避免长期暴露在非常高湿的环境中。陶瓷式传声器能较好地适应潮湿的环境。但是，如果是用罗谢尔盐制作的传声器，尽管有外套保护着，也不能长期地暴露在十分潮湿或十分干燥的环境中，这样就可能造成传声器干裂损坏。电容式传声器暴露在高湿环境中，如果没有适当的预防措施时，它的工作就会受到严重干扰。要保证它能正常工作，必须保证在传声器上只有非常小的电泄漏发生。假如电容式传声器的绝缘表面已经做过特别处理，即使在高湿的条件下，也能保证低的电泄漏。如果没有预防措施的话，在一定条件下，泄漏会变得过于严重，妨碍正常工作。

(2) 温度的影响 虽然大多数的噪声测量是在平均室温范围内进行的，但是一些测量也会暴露在太高或太低温度之中，遇到这种情况时，必须要知道各种传声器的温度限制。

在无损坏的情况下，陶瓷传声器的标准使用温度是 -40 ~ 65℃。即使在95℃的温度下，其变化只0.5dB左右。而罗谢尔盐的压电式传声器在55.6℃就会发生较大变化。电容式传声器的一般操作温度是从 -30 ~ 65℃，在无损坏的条件下，它可以忍受高温。但是，由于前置放大器不宜于超过86℃的高温，所以温度不宜过高。驻极体电容式传声器应限制在 -25 ~ +55℃，这个温度范围可以满足一般声级计的正常使用。它的极限温度是受电池限制的，在55℃时它会使电池的寿命减短。如果没有低温电池的话，一般都不能在 -10℃的条件下工作。

传声器的校正一般都是在正常的室温下进行的。因为传声器的灵敏度是随温度而改变的，所以在其他的一些环境温度工作时要做一些修正，不过电容式传声器的温度修正是可以忽略的。

2. 自然环境的影响

(1) 被测声音的频率范围 陶瓷式传声器和电容式传声器都能很好地适应低频声的测量。一般精密声级计的频率范围可以低到20Hz，这种低频的限制符合最一般的声学测量。而一些要求高的脉冲精密声级计低频范围可低到10Hz。测量低频声的限制主要来自声级计电器的低频限制。

在传声器上对高频声做精确的测量，需要用与所测量高频有相同频率响应的小外径尺寸的传声器。对于整个的噪声测量而言，大部分机械噪声不包含有强烈的高频成分。即使在高频端包含有重要成分，由于计权的作用，它的能量也有很大的衰减。这就意味着声音的重要能量将很好地落在常用传声器的频率范围之内。如果进行噪声分析时，高频通带内声压级的精确测量是重要的。这时1/2″的陶瓷、驻极体或电容式传声器都可以使用。如果要求传声器的频响超过音频，1/4″的压电或电容式传声器，或1/8″的电容式传声器可以使用，并且要求所测量的声压级要高出系统的本底噪声。

(2) 背景噪声与振动 在各种文献中经常出现环境噪声、本底噪声和背景噪声等称谓，它们是有区别的。环境噪声是指测试环境（包括实验室或测试现场）所有远场与近场噪声的总和。本底噪声一般指具体的测试设备本身不希望有的声信号。背景噪声主要指电声系统中有用信号以外的总噪声，但在工业噪声测量中也指作为待测对象以外的噪声。背景噪声常与本底噪声通用，不加区分。

由于环境中本底噪声的存在，测量结果中就必然包含了本底噪声的贡献，其影响表现为使测量值比真实值增大。因此，应根据本底噪声的大小对测量结果进行修正，即从测量结果中扣除本底噪声的影响。扣除的办法，概括地说，若本底噪声低于被测机器噪声 10dB 以上，测量结果不必修正；若低于 3～10dB，则按分贝相减原理扣除相应的值；若本底噪声仅比被测机器噪声低不到 3dB，则测量结果无效，即在这样的环境中，将无法测出真实噪声的声级或声压级。

顺便指出，在声学测量中，背景振动会引起声学测量装置的振动从而引发传声器输出噪声信号。在振动测量中，背景振动必须作为所能测量的最低振动的低限来考虑，背景振动接近或等于背景振动的振动是不能正确测量的。在有背景振动存在时，应尽量消除其影响。例如，把所测装置安装在薄毡子或发泡垫子上，使其与背景振动隔绝起来。不过这时的安装已不属于弹性安装了。与背景振动隔绝的另一种办法，是将重而大的钢筋土块用弹性安装悬浮起来进行测量。如果背景振动不便消除的话，可按消除背景噪声的方法消除背景振动。

（3）声级计外形及人体的影响　便携式声级计往往把传声器直接安装在声级计上，这时由于声级计外形的影响，可能给测量带来误差。声级计的体积越大，影响越大；频率越高，影响也越大，一般在 500Hz 频率以下，影响可以忽略。

当手持声级计位于测量人的身体和声源之间时，可能对高于 100Hz 的被测噪声造成 1dB 或更大的误差。实际使用时，应尽量使声级计及人体远离传声器，这可以借助延伸杆与延伸电缆来实现，或者使被测声波的入射方向与传声器膜片平行，也就是与传声器轴线垂直以减小声级计及人体的影响。

（4）电磁场　用声级计测量大功率电力设备的噪声时，强的电磁场可能会在声级计中引起嗡嗡的干扰，从而影响测量的准确性。此时可以改变声级计的方向（不改变传声器位置），并注意这时指示的声级是否有明显的变化。如果发现磁场干扰较大，应当变换声级计的方位或在离磁场更远处进行测量。

3. 声场特性的影响

有些噪声测量现场，入射到传声器的声波方向是不定的，或者是多变的，也还可能同时接收多个方向来的声源。如在测量车间噪声、飞机噪声、汽车噪声等现场，都会遇到这类情况，这时传声器只有具备全指向特性才有意义。无规入射校正器就是使入射到传声器的声波加以均衡，使它们变成来自空间的所有方向，即无规入射。由于无规入射与单向垂直入射间存在可以换算的既定关系，因而测得无规入射的数据，就可获得声源简化成单一方向入射时的特性。当然，设计与设想之间总是有差距的，因此，具体装置都有各自的特性曲线。

在一般车间现场或一般室内测量，很难达到自由场测量环境的要求，因此，必须考虑房间的声学特性给测量结果带来的影响，具体指房间的吸声量 A 与测量表面面积 S 之比对测量结果的影响，该影响应从测量结果中予以扣除。

对于声场的近场区必须特别注意。近场区域大致可以这样确定，当测量距离小于机器所发射噪声的最低频率的波长时，或者小于机器最大尺度的两倍时（两者之间以大的为准），可以认为是近场区。近场区的声场是不大稳定的，如太靠近机器测量，那么测点位置稍有变化就会引起声级的变化，测量应尽量避免这一区域。现场测量中近场区以外通常是自由场区，在这个区域中随声源距离增加一倍，声压降低 6dB，实际测量应选择在这个区域进行。当测点离声源太远且距墙壁或其他物体太近时，反射很强，这个区域称为混响区，应避免在这一区域进行测量。

由于反射波的存在，它可能与直达声波相互干涉，形成驻波。当发现有驻波时，应采取修正方法来估算声级。若驻波的最大值与最小值之差小于 6dB，则取这两个值的平均值；若差大于 6dB，则取比最大声级小 3dB 的数值。

4.2 测量误差

4.2.1 测量误差及其分类

一般说来，任何一次测量都不可避免地会有误差，即使使用准确的仪表仔细测量，所得结果也不一定就是被测物理量的真值，而只能是近似值。使用相同的仪表，在同一条件下多次重复测量，所得的结果也不完全一样。因此，实际测量值是一些随机量，它与真值之间有误差。为此，声学测量中获得的测量结果一般都要通过统计方法进行处理，以使测得的结果更接近于真值。

测量分为直接测量和间接测量，必须测量和多余测量，等精度测量和非等精度测量等。具体的区分是：

1）当测量结果直接显示出待测量的数值时称为直接测量。例如，用声级计测量声压级。当不直接测量待测的物理量，而是测量其他一些量，得到结果以后，通过计算而求出待测的量，称为间接测量。例如，用 P－P 法或 P－U 法测量声强；又如欲测量电阻上的电压降，不直接用电压表测量，而是测量流过电阻的电流以及电阻的大小，然后计算出电压。

2）为了求得某个必不可少的量而进行的测量称为必须测量。例如，测量声压，用一台声级计至少要进行一次测量，这一次测量就是必须的。又如用间接方法去测量电阻上的电压降时，必须进行两次测量，一次测量电流，另一次测量电阻。超过必须的测量则是多余测量。例如，测量声压级，用声级计测 N 次，那么其中一次是必须的，其余 $N-1$ 次都是多余的。

3）对同一量进行多次测量，使用相同的方法、相同的仪表，并且每次都在相同的条件下进行，这一系列测量是等精度的。

在测量过程中，由于各种原因会产生误差，要消除所有的测量误差通常是不可能的，但是用多次等精度测量可以减少误差，并且还能根据测量误差的大小来判断测量的准确度。测量的误差越小，测量就越准确；反之，测量结果就不准确。直接测量的误差取决于测量方法以及所用的测量仪器、测量时的环境以及从事测量的人。间接测量的误差取决于直接测量的准确度以及所应用的计算公式的准确程度。仅仅进行了必须的测量，无法判断测量结果的误差，只有进一步进行多余测量，测量的结果才被认为是可靠的。依靠多余的测量可以提高测量精密度，判断测量的准确度，发现并消除可能产生的计算误差及测量误差，并进一步判断测量结果是否和理论一致。

需要注意精密度、准确度和精确度这三个术语的含义。这些术语的使用在国内外都比较混乱。近年来比较趋向于用精密度表示对同一个量进行重复测量时所得结果之间相互接近的程度，即精密度是测量误差的反映，因此，通常用标准误差来表述。准确度表示测量结果与真值接近的程度，在这样的定义中，准确度隐含着精密度。准确度高，精密度必然是高。但反过来，精密却不要求准确；精密度高的，准确度不见得就高。对于精确度的定量表达可以用不确定度。本章叙述测量误差处理必须运用的基本概念，给出一些常用的近似公式，讨论误差的来源，着重分析随机误差，并列举一些实例。

1. 测量误差及其分类

严格地说，误差是指观察值与真值之差。假设待测物理量的真值为μ，而实际测量数值为x，两者之差就称为测量误差。根据测量误差的表示方法可以分为绝对误差和相对误差，它们分别定义如下

$$\Delta = \mu - x \tag{4.2.1}$$

$$\varepsilon = \frac{\Delta}{\mu} \approx \frac{\Delta}{x} \tag{4.2.2}$$

式中，μ为待测物理量的真值；x为实际测量值；Δ为绝对误差，ε为相对误差。

实际测量中，如果Δ的数值小到可以忽略不计，则可以认为x就等于μ。Δ值小到什么程度才可以忽略不计取决于测量的目的。

根据产生误差的来源，可以将测量误差分为仪器误差、人员误差和外界误差。根据误差产生规律的特点，可以把测量误差分为系统误差、随机误差和差错。在分析测量误差时，系统误差和随机误差使用完全不同的方法来处理，系统误差是可以识别并加以校准的。单个随机误差则辨认不出来，但可以通过多次重复测量使随机误差的大小降低，当然不能完全消除。

2. 系统误差

系统误差是测量过程中未发觉或未确认的因素所引起的误差。例如，由于仪器指示不够准确，测量方法有错误等因素的影响而系统地发生的误差，也称为固定误差。系统误差的数值可以是恒定的，也可以是遵循一定规律变化，它是由于所用公式、常数有误，量具不准或外部干扰而产生的。发现和消除系统误差只能找出公式、常数、量具或其他因素引起的误差加以改正。

在一组测量数据中，系统误差表现为测量结果的平均值和真值之间有固定的偏差。例如，在声压测量系统中，传声器灵敏度校准的误差将使测量结果平均偏离一个因子，它就是测量数据中的系统误差。系统误差按其来源可以分为仪器误差、人员误差和外界误差。由于仪器本身的准确度有限而产生的误差称为仪器误差。一般仪表的准确度是以最大相对额定误差来表示，并据此分为七级：0.1、0.2、0.5、1.0、1.5、2.5和4.0级。例如，一个满刻度为150V和1.5级电压表在测量时所能产生的绝对误差将不会超过150V×1.5=2.25V。仪器可能产生的绝对误差与被测电压的大小无关，如果用这样的电压表来测量电压，若测得的结果为100V，则被测电压的真值将在97.75V到102.25V之间。如果测得的数值为10V，则被测电压的真值将在7.75V到12.25V之间。有些仪器是以最大相对误差来说明其准确度的，则测量值的绝对误差不超过测得数值乘以百分数准确度。人员误差是由于人类感觉器官不完善及操作失当而产生的测量误差。外界误差是由于外界环境（温度、湿度、气压、外界电磁场干扰等）的变化而引起的测量误差。

为了消除系统误差，必须了解实验过程，并能熟练地使用测量仪器。在声学测量中一个经常遇到的系统误差例子是错误地考虑测量系统的频率响应，因此，对测得的频谱数据要进行校正。在测量功率谱时很容易忘掉它与信号波形和测量系统相位的关系而引起系统误差。例如，当测量系统有高频相位畸变时，瞬态波就能产生过冲，测得的瞬时值会大于实际数值。某些相位失真可能改变一些波形（如复杂周期波）的外貌，使相位失真对测得的幅度分布函数产生误差。在不用平方律检波器测量功率谱时，相位失真对某些波形可能改变其频谱形状。测量系统的电噪声或换能器的固有噪声能形成系统误差，在测量幅值时会干扰测量结果。此外，测量环境中其他因素也会引起系统误差，如传声器振动灵敏度、换能器有限尺寸、电缆噪声等。消除这种偏差的最好方法是了解测量环境中传声器的性能。由于非线性效应引起的谐波畸变能产生原来信号中没有的谱分量。避免这种误差的最好方法是了解测量系统的非线性特性及测量系统能测定的最大瞬时值。

3. 随机误差

由于大量随机因素干扰而产生的误差称为随机误差。在同样条件下，对同一物理量作多次重复测量后发现，随机误差遵循随机过程的统计规律。大多数随机误差是正态分布，由重复测得的数值可以导出概率密度分布函数，以检查测得的数据是否符合正态分布。假设测量系统已经没有系统误差，则真值就在这种分布内。对于正态分布，随机误差与测量的次数有关，随着测量次数的增加，随机误差的算术平均值趋向于零。因此，真值靠近分布的峰，用统计方法还可计算置信度以及定量地描述真值落在给定区间的概率。

估计随机误差有两种方法，一种方法是利用数据来源，由每一步骤的误差累积成总的误差。例如，用应变仪测量微小位移时，某部件的位移引起电阻变化，电阻变化可能转变为电压变化，电压变化经放大后加到电压表成为指针偏转，由每一步骤的误差可以求出总误差。另一种方法是用测量数据本身的分布特性，在假定随机误差满足正态分布的条件下根据多次等精度测量数值求出平均值、标准误差来表示真值和数据分散的程度，并给出平均值与真值相差的估计。

4. 差错

差错是一种与事实不符合的误差。它主要是由于粗心大意，操作不正确等引起的，如读错刻度数值、记错数据、计算错误等。此类误差没有规律性，只能通过细心操作来避免。误差的表示方法通常有四种：

1）误差范围，即指出一组测量中的最高值和最小值之差作为测量误差的变化范围。

2）算术平均误差，在一组测量数值中用算术平均误差表示，若观察值为 x_i，平均值为 $\bar{x}$，则算术平均误差为

$$\delta = \frac{\sum_{i=1}^{N} |x_i - \bar{x}|}{N} \tag{4.2.3}$$

3）标准偏差，其定义为

$$\delta = \lim_{N\to\infty} \sqrt{\frac{\sum_{i=1}^{N} (x_i - \bar{x})^2}{N}} \tag{4.2.4}$$

在有限次观察值中，标准偏差的估值（或标准误差）表示为

$$\delta = \sqrt{\frac{\sum_{i=1}^{N}(x_i - \bar{x})^2}{N-1}} \tag{4.2.5}$$

4）或然误差，通常用γ表示。那么在一组测量中若不计正负号，误差大于γ与小于γ的观察值将各占观测次数的50%，从概率论可求出

$$\gamma = 0.6745\sigma \tag{4.2.6}$$

4.2.2 测量误差理论

在实验中测量某个物理量的数值，由于测量的随机误差以及物理现象本身的随机性，测得的数据是某个随机变量的一个样本。随机误差的出现通常是遵循正态分布的，因此，可以对测量数据作出统计意义上的判断。

在一定条件下，对某个物理量（假定其真值为μ）进行多次重复测量，得到一组数据为x_1，x_2，…，x_N，则各个测量值出现的概率密度分布可由下述正态分布函数来表述

$$p(x) = \frac{1}{\sigma\sqrt{2\pi}}\exp\left[\frac{-(x-\mu)^2}{2\sigma^2}\right] \tag{4.2.7}$$

参数σ称为标准偏差，即x的方差的平方根。正态分布的概率密度曲线是单峰的，曲线峰在$x=\mu$处。数学期望μ决定分布的位置，方差σ^2决定曲线轮廓的宽窄。因此，标准偏差σ的大小表示测量数据的弥散程度。从不同σ值的正态分布曲线可知，当σ越小，曲线越尖锐，意味着小误差出现的概率越大，而大误差出现的概率越小，故σ越小，表示测量精度越高。

在一组等精度测量中，真误差的绝对值的算术平均值称为平均误差。

$$\delta = \frac{\sum_{i=1}^{N} x_i - \mu}{N} \tag{4.2.8}$$

在概率论中可以证明，当$N\to\infty$时，

$$\lim_{N\to\infty}\delta = \sqrt{\frac{2}{\pi}}\sigma \approx \frac{4}{5}\sigma \tag{4.2.9}$$

因此，当N非常大时，δ与σ值对判断测量精密度来说有相同的意义，而δ值的计算比较容易。

在一系列等精度测量中，正态分布总结了随机误差的下述四个特性：①绝对值相等的正误差和负误差出现的概率相等；②绝对值小的误差在测量中出现的机会比较多，而绝对值大的误差出现的机会比较少，绝对值很大的误差出现的概率接近于零；③在某一测量环境中，随机误差的绝对值不会超过某一定限度；④随着对同一物理量所进行的等精度测量次数的增加，随机误差的代数和有趋近于零的趋势。由此可知，要减少随机误差对测量结果的影响，唯一的办法是对同一个物理量反复进行多次测量，然后取测量结果的平均值以求出真值的最佳近似值。

随机误差出现在某一区间的概率可以对概率密度分布曲线积分，通常把区间取为σ的若干倍，即区间为$\pm k\sigma$。不同区间的概率见表4.2.1。

表 4.2.1 出现各种误差的概率

区　间	区间内概率	区间外概率
±0.68	0.5	
±1	0.6827	0.3173
±1.65	0.9010	
±2	0.9545	0.0455
±2.6	0.9906	
±3	0.9973	0.0027
±4	0.9999	

由表4.2.1可知，大约每三次测量可能有一次真误差（即测得值 x 离开真值的偏差）的绝对值大于 σ，大约每22次测量中有一次真误差的绝对值大于 2σ，大约每1000次测量中可能有3次真误差的绝对值大于 3σ。在测量误差大于 3σ 的测量值所出现的机会几乎不存在。因此，3σ 被认为是极限误差。

由于真值 μ 无法测量出来，因此测量误差的具体数值也是不可能准确地测量出来的。但是常常可以由各种判据估计误差绝对值的一个上限 U，使

$$|\Delta| < U \tag{4.2.10}$$

式中，Δ 为随机误差。

这个上限 U 称为不确定度，是估计出来的一个总误差限，所谓估计表示涉及概率问题，涉及置信度问题。

对于同一测量结果，如果估计一个较小的 U 值，则 $|\Delta|$ 不小于 U 的可能性就较大，将冒着估计不足的风险。反之，若估计一个较大的 U 值，则 $|\Delta|$ 不大于 U 就较为可信。如果 $|\Delta| < \infty$，则它是完全可以相信的。由此可见，置信限越宽，则置信概率（即可置信程度）也越大。然而不确定度给得太大，则测量结果就没有意义。能够允许的不确定度取决于测量的目的和测量结果的用途。习惯上，置信概率可取68%，90%，95%，99%，99.5%，99.7%等数值，数值的具体要求视测量的重要性而定。

本节讨论具有随机误差测量数据的处理，并且假设随机误差遵循正态分布。上面定义的真值的期望值，标准偏差等都是重复测量无限多次导出的。但是在实际测量中，观察次数是有限的。因此，必须对测量数据作误差处理，以求得最佳值。

令 μ 为某待测物理量的真值，x_1，x_2，…，x_N 分别为待测物理量的 N 次等精度测量的结果。测量的目的是求得待测物理量的真值 μ，由于测量有误差，每次测得的 x 值都不是真值，但是可以根据 N 次等精度测量的结果作出估计。

4.2.3 测量数据的统计分析与检验

1. 真值估计

真值 μ 的最佳估值就是各个 x 的平均值

$$\bar{x} = \frac{1}{N}\sum_{i=1}^{N} x_i \tag{4.2.11}$$

应该注意，当测量次数 N 为无穷大时，$\bar{x}$ 才收敛于期望值。当 N 为有限时，测得值 x 在 μ 值左右摆动，$\bar{x}$ 也在 μ 值左右摆动，但平均说来，它比一次测得的 x 值更靠近真值 μ。由于 $\bar{x}$ 也是随机量，故每做 N 次测量所得的算术平均值 $\bar{x}$ 都略有不同，可以用 $\bar{x}$ 的标准偏差来表述 $\bar{x}$ 的精密度，即

$$\sigma_{\bar{x}} = \frac{\sigma}{\sqrt{N}} \tag{4.2.12}$$

通常，把 $\sigma_{\bar{x}}$ 称为待测物理量的平均值的标准误差，以区别于标准偏差。平均值 $\bar{x}$ 分布的方差比一次测得值 x 的方差小 N 倍，$\bar{x}$ 的标准误差减少 $\sqrt{N}$ 倍。因此，多次测量的平均值比一次测得的数值更为准确。随着 N 增加，$\sigma_{\bar{x}}$ 值下降，即 $\bar{x}$ 作为 μ 的估值越准确。由于 $\sigma_{\bar{x}}$ 值和 $\sqrt{N}$ 成反比，故 $\sigma_{\bar{x}}$ 的下降速度比 N 的增加速度慢得多。故在实际测量中 N 很少超过 50，一般在 4～20 左右。

2. 标准偏差的估值

一个随机样本的标准偏差是在测量次数 $N \to \infty$ 条件下以真误差来定义的。实际测量时，N 不可能为无穷大，也不知道真值和真误差。知道的仅仅为有限 N 次的等精度测量结果和由此求出的平均值 $\bar{x}$。

若 x_1，x_2，…，x_N 是 N 次等精度的测量值，根据方差定义，常常采用各个观察数值对平均值的均方偏差，即

$$\frac{\sum_{i=1}^{N}(x_i - \bar{x})^2}{N}$$

作为方差 σ^2 的无偏估值。但是均方偏差的期望值并不是 x 的方差 σ^2 而是 $\frac{N-1}{N}\sigma^2$，均方偏差的值并不围绕着 σ^2 而是围绕着 $\frac{N-1}{N}\sigma^2$ 摆动，所以一般采用下述数值

$$S^2 = \frac{\sum_{i=1}^{N}(x_i - \bar{x})^2}{N-1} \tag{4.2.13}$$

作为方差的最佳估值。测得数据样本方差估值 S^2 的平方根称为样本的标准误差，并以此作为标准偏差的估值，当 $N \to \infty$ 时，$\bar{x} \to \mu$，$N-1 \to N$，上述定义与标准偏差相同。

由于 N 次测量数据所求出的平均值 $\bar{x}$ 的标准误差为 $\sigma_{\bar{x}} = \sigma/\sqrt{N}$，所以样本平均值的标准误差为

$$\sigma_{\bar{x}} = \frac{S}{\sqrt{N}} = \sqrt{\frac{1}{N(N-1)}\sum_{i=1}^{N}(x_i - \bar{x})^2} \tag{4.2.14}$$

3. 测量结果的置信度

测量不可避免地会有误差，测得的数值 x 通常不是被测物理量的真值 μ。通过一系列等精度测量求得 σ 的估值后，利用误差函数可以求出误差值出现在某一指定区间 $[-a, a]$ 内的概率 $P\{|\xi| \leqslant a\}$。指定区间 $[-a, a]$ 称为置信区间，$\pm a$ 称为置信限，而概率 $P\{|\xi| \leqslant a\}$ 称为误差在该置信区间的置信概率。置信限与置信概率结合起来可以说明测量结果的置信度，即可信赖的程度。显然，对于同一测量结果来说，置信区间越宽，置信概

率就越大，反之，置信区间越窄，置信概率就越小。

但是，μ 和 σ 值实际上是不可知的，为了估计测得结果的置信度，需进行 N 次等精度测量，然后进行统计分析。已经知道置信限如下：68.27%，测量数值落在 $\bar{x}$ 的 $\pm 1\sigma$ 区间；95.45%，测量数值落在 $\bar{x}$ 的 $\pm 2\sigma$ 区间；99.73%，测量数值落在 $\bar{x}$ 的 $\pm 3\sigma$ 区间。

这里是相对于大量测量结果的统计值，当测量次数比较少时，应该用标准误差 S 替代标准偏差。这时可用表 4.2.2 和表 4.2.3 进行换算。

表 4.2.2　标准误差与标准偏差的换算（一）

N	2	5	10	20	50	100	∞
t_1	1.8	1.15	1.06	1.03	1.01	1.00	1.00
t_2	12.7	2.80	2.30	2.10	2.00	2.00	1.96
t_3	235	6.60	4.10	3.40	3.20	3.10	3.00

表 4.2.3　标准误差与标准偏差的换算（二）

N	2	5	10	20	50	100	∞
$t_1/\sqrt{N}$	1.3	0.51	0.34	1.23	0.14	0.10	0
$t_2/\sqrt{N}$	9.0	1.24	0.72	0.47	0.28	0.20	0
$t_3/\sqrt{N}$	166	3.00	1.29	0.77	0.47	0.31	0

置信度不同测量值 x 亦不同：68.27% 置信度，$x \pm \sigma = \bar{x} \pm t_1 S$；95.00% 置信度，$x \pm 2\sigma = \bar{x} \pm t_2 S$；99.73% 置信度，$x \pm 3\sigma = \bar{x} \pm t_3 S$。

置信度不同，平均值 $\bar{x}$ 亦不同：68.27% 置信度，$\bar{x} \pm \dfrac{1.00\sigma}{\sqrt{N}} = \bar{x} \pm \dfrac{t_1}{\sqrt{N}} S$；95.00% 置信度，$\bar{x} \pm \dfrac{2.00\sigma}{\sqrt{N}} = \bar{x} \pm \dfrac{t_2}{\sqrt{N}} S$；99.73% 置信度，$\bar{x} \pm \dfrac{3.00\sigma}{\sqrt{N}} = \bar{x} \pm \dfrac{t_3}{\sqrt{N}} S$

由上述讨论可知，当 $N = 10 \sim 20$ 时，不论 μ 或 σ，在 ±1 置信区间内，其置信概率都在 0.99 以上。因此，在一般情况，一系列等精度重复测量次数不必太多。过分增多测量次数，对测量结果的可靠性并无太大好处。

对于观察值 x 服从正态分布的情况，表示测量结果的完整的叙述应为 $x \pm \sigma$（置信水平 68.3%）。通常采用 68.3% 作为置信度，但也可以用其他置信度。

如果物理量的真值 μ 末知，则观察值的期望值就是被测的真值。如果已知测量仪器的标准偏差 σ，作一次测量，测得值为 x，那么通常将结果表述为

$$\mu = x \pm \sigma$$

上式的意义为对于物理量 μ 的估计值为 x，估计值 x 分布的标准偏差为 σ。如果用同一仪表重复测量 N 次，得到测量数据样本为 σ。

如果用同一仪表重复测量 N 次，得到测量数据样本为 x_1，x_2，…，x_N，若采用平均值 $\bar{x}$ 估计真值 μ，则 $\bar{x}$ 的标准误差 $\sigma_{\bar{x}} = \sigma / \sqrt{N}$，测量结果表述为

$$\mu = \bar{x} \pm \sigma_{\bar{x}} = \bar{x} \pm \frac{1}{\sqrt{N}}\sigma \tag{4.2.15}$$

式（4.2.16）表示对于物理量 μ 的期望值为 $\bar{x}$，平均值的标准误差为 $\sigma/\sqrt{N}$。

4. 可疑数据的去除

在一系列等精度测量中，大误差出现的概率是极小的。误差超过 3σ 的概率每1000次仅为3次。因此，遇到剩余误差绝对值超过 3σ，那么这个数据就值得怀疑。当出现大误差时，弥散特大的个别测量结果的出现会影响数据处理的可靠性。因此，应该检查这种测量是否有差错，或在相同条件下增加测量次数，以减弱个别数据对统计估值的影响，并根据某种认为令人信服的统计判据来去除这种可疑数据。

可疑数据的去除不能凭主观臆断来进行，必须有较客观而可靠的判据为根据。不少人采用 3σ 作为判据，即把剩余误差绝对值超过 3σ 的个别数据判断为可疑，从而去除。但应注意，这个 3σ，判据实质上是建立在 $N\to\infty$ 的前提下，当 N 为有限时，特别当 N 很小时，这个 3σ 判据是不很可靠的。还应强调说明一下，凡遇到有去除的数据时，应该在测量报告上详细说明测量条件、测量点数、被去除的具体数据和去除的依据等。

5. 测量结果的统计检验

测量数据的获得是一种统计推断过程。不知道被测量的真值 μ，只有通过一系列等精度测量进行统计后估计出一个 $\bar{x}$ 值，并且通过推论来判断这个 $\bar{x}$ 值极可能就是 μ。此外，可借助统计方法来判断 $\bar{x}$ 与 μ 值接近到某种程度的可能性有多大，即推断出某一置信极限内的置信概率。

测得值与真值 μ 的函数表达式是否为正态分布，可以根据测得数据样本作出的概率密度分布曲线来比较，也可以用 χ^2 检验方法。

如果对同一被测物理量 x 进行两组等精度测量，则可以得到两个平均值 $\bar{x}_1$ 和 $\bar{x}_2$，如何检验这两次结果是否一致呢？一般地说，$\bar{x}_1$ 和 $\bar{x}_2$ 是不相等的，最简单的方法是若满足 $|\bar{x}_1-\bar{x}_2|\leqslant\sigma_{\bar{x}_1}+\sigma_{\bar{x}_2}$，则认为 $\bar{x}_1$ 和 $\bar{x}_2$ 是一致的。另一种方法是若满足关系式 $|\bar{x}_1-\bar{x}_2|\leqslant\sqrt{\sigma_{\bar{x}_1}^2+\sigma_{\bar{x}_2}^2}$，则认为 $\bar{x}_1$ 与 $\bar{x}_2$ 是一致的，更好的判据是用 t 检验法，若

$$t=\frac{\bar{x}_1-\bar{x}_2}{S}\sqrt{\frac{N_1N_2}{N_1+N_2}} \tag{4.2.16}$$

当 $\bar{x}_1$ 与 $\bar{x}_2$ 一致时，概率为

$$P_t=\frac{1}{2}(1-P) \tag{4.2.17}$$

式中，P 为 t 分布数表中的概率。

若算出 t 值相应于 t 分布表中 $P=0.9$（相应于 $P_t=0.05$）一栏中所对应的 k 值，则可认为 $\bar{x}_1$ 与 $\bar{x}_2$ 一致。若 t 值介于 $P=0.9$（相应于 $P_t=0.05$）与 $P=0.98$（相应于 $P_t=0.01$）所对应的 k 值之间，则数据处理应该慎重。若 t 大于 $P=0.98$ 对应的 k 值，则可认为 $\bar{x}_1$ 与 $\bar{x}_2$ 不一致。

测量时在选择测量仪器之前必须估计允许的误差数值。如果有可能选择极限误差小于实验允许误差的测量仪器，则可以进行单次测量并将测量结果写为 $\alpha\pm\Delta_{\max}$，它表示被测量的真值以接近1的概率处在 $\alpha\pm\Delta_{\max}$ 的范围内。

通常，利用替代法测量可以减小系统误差。为了减少随机误差要进行多次测量，使测量结果的平均值代表被测量的最大概率值。对多次测量结果的处理归结为计算测量结果的算术

平均值及均方偏差的估值，然后确定置信区间或测量的可靠性。在处理一系列测量结果时可能会出现一个与其他结果相差很大的情况，这时应该剔除这个结果。

4.3 噪声标准

噪声标准是环境标准的一种。环境标准是我国环境与资源保护法体系中一个独立的、特殊的、重要的组成部分。一般来说，环境标准是具有法律性质的技术规范，具有法律约束力。环境标准在国家环境管理中起着重要作用，是制定国家环境计划和规划的主要依据、是国家环境管理的技术基础。

按环境学的分类，环境标准分为三类：基础标准和方法标准、环境质量标准和污染排放标准。具体到噪声污染问题，噪声及其测量标准也可分为三类：声学测量基础标准、噪声限值标准和噪声测量标准。此外，还有一些法律法规也与噪声测量有关，如“关于我国统一实行法定计量单位的命令”、“中华人民共和国环境噪声污染防治法”（见附录 A）等。

国内外各种机构已经公布了许多有关声学测量的标准。在这些标准中叙述了测量方法、测量设备和明确的测量程序，借以规范声学测量技术。本节有选择的介绍与声学测量有关的常用基础标准、限值标准和测量国家标准（GB），其中声学测量基础标准还给出了国际电工委员会标准 IEC 和国际标准组织 ISO 的一些标准号和标准名称。一些标准的具体内容在本书后面的相关章节中叙述。

4.3.1 声学测量基础标准

1. 中华人民共和国国家标准

(1) GB 3100—1993　国际单位制及其应用
(2) GB 3101—1993　有关量、单位和符号的一般原则
(3) GB 3102.7—1993　声学的量和单位
(4) GB/T 3238—1982　声学量的级及其基准值
(5) GB/T 3239—1982　空气中声和噪声强弱的主观和客观表示法
(6) GB/T 3240—1982　声学测量中的常用频率
(7) GB/T 3241—1998　倍频程和分数倍频程滤波器
(8) GB/T 3451—1982　标准调音频率
(9) GB/T 3769—1983　绘制频率特性图和极坐标图的标准和尺寸
(10) GB/T 3770—1983　木工机床噪声声功率级的测量
(11) GB/T 3785—1983　声级计的电、声性能及测试方法
(12) GB/T 3947—1996　声学名词术语
(13) GB/T 15173—1994　声校准器
(14) GB/T 17181—1997　积分平均声级计
(15) GB/T 3222.1—2006　声学　环境噪声的描述、测量与评价　第 1 部分：基本参量与评价方法

2. 国际电工委员会（IEC）

(1) IEC—60034—9—2003　旋转电动机．第九部分：噪声限制

（2）IEC—60263—1982　绘制频率特性和极坐标图用的标度和尺寸
（3）IEC—61183—1994　电声学　声级计的无规定射声场及扩散声场的校正
（4）IEC—61260 AMD 1—2001　电声学　分倍频程和频程频带滤波器　修改 1
（5）IEC—61672. 1—2002　电声学　声级计　第 1 部分：规范
（6）IEC—61672. 2—2003　电声学　声级计　第 2 部分：型式评定试验
（7）IEC—61672. 3—2006　电声学　声级计　第 3 部分：周期性试验

3. 国际标准组织（ISO）

（1）ISO/TR 389. 5—1998　声学　校正听力设备的基准零级 8 ~ 16kHz 频率范围内的纯音的等效阈声压级
（2）ISO 532—1975　声学　响度级的计算法
（3）ISO 717. 1—1996　声学　建筑和建筑构件的隔声标定　第 1 部分：空气声隔声
（4）ISO 1000—1998　SI 单位及其倍数单位和其他单位应用的建议　修改 1
（5）ISO 1683—1983　声学　基准声学量
（6）ISO 3740—2000　声学　噪声源声功率级的测定　基本标准使用导则
（7）ISO 3741—1999　声学　声压法测定噪声源声功率级　混响室精密法
（8）ISO 3741. 1—2001　声学　声压法测定噪声源声功率级　混响室精密法　技术勘误 1
（9）ISO 3745—2003　声学　用声压法测定噪声源声功率级　消声室和半消声室精密法
（10）ISO 3747—2000　声学　声压法测定噪声源声功率级　现场比较法
（11）ISO 14163—1998　声学　消声器噪声控制指南
（12）ISO 15667—2000　声学　采用隔声罩和隔声小室的噪声控制指南
（13）ISO 16832—2006　声学　利用类别法定义噪声等级

4.3.2　噪声限值标准

1. 环境噪声限值标准

（1）GB 3096—2008　声环境质量标准
（2）GB 12348—2008　工业企业场界环境噪声排放标准
（3）GB 12523—1990　建筑施工场界噪声限值
（4）GB 22337—2008　社会生活环境噪声排放标准

2. 交通运输噪声限值标准

（1）GB 1495—2002　汽车加速行驶车外噪声限值及测量方法
（2）GB/T 3450—2006　铁道机车和动车组司机室噪声限值及测量方法
（3）GB 4569—2005　摩托车和轻便摩托车　定置噪声限值及测量方法
（4）GB 5979—1986　海洋船舶噪声级规定
（5）GB 5980—2009　内河船舶噪声级规定
（6）GB 6376—2008　拖拉机　噪声限值
（7）GB 9660—1988　机场周围飞机噪声环境标准
（8）GB/T 9911—1988　船用柴油机辐射的空气噪声测量方法

(9) GB 11871—2009 船用柴油机辐射的空气噪声限值
(10) GB 12525—1990 铁路边界噪声限值及其测量方法
(11) GB/T 12816—2006 铁道客车内部噪声限值及测量方法
(12) GB 13669—1992 铁道机车辐射噪声限值
(13) GB 14227—2006 城市轨道交通车站站台声学要求和测量方法
(14) GB 14892—2006 城市轨道交通列车噪声限值和测量方法
(15) GB 16169—2005 摩托车和轻便摩托车加速行驶噪声限值及测量方法
(16) GB 16170—1996 汽车定置噪声限值
(17) GB 19757—2005 三轮汽车和低速货车加速行驶车外噪声限值及测量方法（中国Ⅰ、Ⅱ阶段）
(18) GJBz 20355—1996 直升机噪声限值

3. 通用机械设备噪声限值标准

(1) GB/T 10069.1—2006 旋转电动机噪声测定方法及限值 第1部分：旋转电动机噪声测定方法
(2) GB 10069.3—2008 旋转电动机噪声测定方法及限值 第3部分：噪声限值
(3) GB 13326—1991 组合式空气处理机组噪声限值
(4) GB 14097—1999 中小功率柴油机噪声限值
(5) GB 15739—1995 小型汽油机噪声限值
(6) GB 16710.1—1996 工程机械噪声限值
(7) GB/T 16710.2—1996 工程机械 定置试验条件下机外辐射噪声的测定
(8) GB/T 16710.3—1996 工程机械 定置试验条件下司机位置处噪声的测定
(9) GB/T 16710.4—1996 工程机械 动态试验条件下机外辐射噪声的测定
(10) GB/T 16710.5—1996 工程机械 动态试验条件下司机位置处噪声的测定

4. 家用电器噪声限值标准

GB 19606—2004 家用和类似用途电器噪声限值

5. 噪声控制限值标准

(1) GB J 87—1985 工业企业噪声控制设计规范
(2) GB J 118—1988 民用建筑隔声设计规范
(3) HJ/T 379—2007 环境保护产品技术要求 隔声门
(4) JG/T 803—2007 吸声用穿孔石膏板
(5) GB/T 17249.1—1998 声学 低噪声工作场所设计指南 噪声控制规划
(6) GB/T 18698—2002 声学信息技术设备和通信设备噪声发射值的标示
(7) GB/T 19886—2005 声学 隔声罩和隔声间噪声控制指南
(8) GB/T 50121—2005 建筑隔声评价标准

4.3.3 噪声测量标准

1. 区域环境噪声测量

(1) GJB 692—1989 海洋环境噪声测量规程

（2）GB/T 3222.1—2006　声学　环境噪声的描述、测量与评价　基本参量与评价方法

（3）GB/T 9661—1988　机场周围飞机噪声测量方法

（4）GB/T 10071—1988　城市区域环境振动测量方法

（5）GB/T 12349—2008　工业企业厂界噪声排放标准

（6）GB/T 12524—1990　建筑施工场界噪声测量方法

（7）GB/T 15190—1994　城市区域环境噪声适用区划分技术规范

2. 交通运输工具噪声测量

（1）GB 4569—1996　摩托车和轻便摩托车定置噪声限值及测量方法

（2）GB/T 4583—2007　电动工具噪声测量方法　工程法

（3）GB/T 4595—2000　船上噪声测量

（4）GB/T 4964—1985　内河航道及港口内船舶辐射噪声的测量

（5）GB/T 5111—1995　声学　铁路机车车辆辐射噪声测量

（6）GB/T 14365—1993　声学　机动车辆定置噪声测量方法

（7）GB/T 17250—1998　声学　市区行驶条件下轿车噪声的测量

（8）GB/T 18697—2002　声学　汽车车内噪声测量方法

（9）GB/T 19118—2003　农用运输车　噪声测量方法

3. 通用机械设备噪声测量

（1）GB/T 4214.1—2000　声学　家用电器及类似用途器具噪声测试方法　第1部分：通用要求

（2）GB/T 4215—1984　金属切削机床噪声声功率级的测定

（3）GB/T 4759—1995　内燃机排气消声器测量方法

（4）GB/T 13802—1992　工程机械辐射噪声测量的通用方法

（5）GB/T 14573.1—1993　确定和检验机器设备规定的噪声辐射值的统计学方法　第1部分：概述与定义

（6）GB/T 14573.2—1993　确定和检验机器设备规定的噪声辐射值的统计学方法　第2部分：单台机器标牌值的确定和检验方法

（7）GB/T 14573.3—1993　确定和检验机器设备规定的噪声辐射值的统计学方法　第3部分：成批机器标牌值的确定和检验简易（过渡）法

（8）GB/T 14573.4—1993　确定和检验机器设备规定的噪声辐射值的统计学方法　第4部分：成批机器标牌值的确定和检验方法

（9）GB/T 14574—2000　声学　机器和设备噪声发射值的标示和验证

（10）GB/T 16955—1997　农林拖拉机和机械操作者位置处噪声的测量　简易法

（11）GB/T 17248.1—2000　声学　机器和设备发射的噪声　测定工作位置和其他指定位置发射声压级的基础标准使用导则

（12）GB/T 17248.2—1999　声学　机器和设备发射的噪声　工作位置和其他指定位置发射声压级的测量　一个反射面上方近似自由场的工程法

(13) GB/T 17248.3—1999　　声学　机器和设备发射的噪声　工作位置和其他指定位置发射声压级的测量　现场简易法
(14) GB/T 17248.4—1998　　声学　机器和设备发射的噪声　由声功率级确定工作位置和其他指定位置的发射声压级
(15) GB/T 17248.5—1999　　声学　机器和设备发射的噪声　工作位置和其他指定位置发射声压级的测量　环境修正法
(16) GB/T 17697—1999　　声学风机辐射入管道的声功率测定管道法
(17) GB/T 18313—2001　　信息技术与通信设备辐射空气噪声的测量
(18) GB/T 18698—2002　　信息技术设备和通信设备噪声发射值的标示

4. 噪声源功率级的测定

(1) GB/T 3767—1996　　声学　声压法测定噪声源声功率级　反射面上方近似自由场的工程法
(2) GB/T 3768—1996　　声学　声压法测定噪声源声功率级　反射面上方采用包络测量表面的简易法
(3) GB/T 3770—1983　　木工机床噪声声功率级的测定
(4) GB/T 4129—2003　　声学　噪声源声功率级的测定　标准声源的性能要求与校准
(5) GB/T 4215—1984　　金属切削机床噪声声功率级的测定
(6) GB/T 6881.1—2002　　声学　声压法测定噪声源声功率级　混响室精密法
(7) GB/T 6881.2—2002　　声学　声压法测定噪声源声功率级　混响场中小型可移动声源工程法　第1部分：硬壁测试室比较法
(8) GB/T 6881.3—2002　　声学　声压法测定噪声源声功率级　混响场中小型可移动声源工程法　第2部分：专用混响测试室法
(9) GB/T 6882—2008　　声学　噪声源声功率级的测定　消声室和半消声室精密法
(10) JB/T 7665—2007　　通用机械噪声声功率级现场测定　声强法
(11) GB/T 9068—1988　　采暖通风与空气调节设备噪声声功率级的测定　工程法
(12) GB/T 9069—2008　　往复泵噪声声功率级的测定　工程法
(13) JB/T 10504—2005　　空调风机噪声声功率级测定—混响室法
(14) GB/T 14367—2006　　声学　噪声源声功率级的测定基础标准使用指南
(15) GB/T 16404—1996　　声学　声强法测定噪声源的声功率级　第1部分：离散点上的测量
(16) GB/T 16404.2—1999　　声学　声强法测定噪声源的声功率级　第2部分：扫描测量
(17) GB/T 16404.3—2006　　声学　声强法测定噪声源的声功率级　第3部分：扫描测量精密法
(18) GB/T 16538—2008　　声学　声压法测定噪声源声功率级　现场比较法
(19) GB/T 16539—1996　　声学　振速法测定噪声源声功率级　用于封闭机器的测量
(20) GB/T 20246—2006　　声学　用于评价环境声压级的多声源工厂的声功率级测定工程法

(21) GB/T 21229—2007 声学 风道末端装置、末端单元、风道闸门和阀噪声声功率级的混响室测定

5. 声学材料与结构的测量

(1) GBJ 75—1984 建筑隔声测量规范
(2) GBJ 76—1984 厅堂混响时间测量规范
(3) GBJ 88—1985 驻波管法吸声系数与声阻抗率测量规范
(4) HJ/T 90—2004 声屏障声学设计和测量规范
(5) JT/T 646—2005 公路声屏障材料技术要求和检测方法
(6) TB/T 3122—2005 铁路声屏障声学构件技术要求和测试方法
(7) GB/T 4760—1995 消声器测量方法
(8) GB/T 5266—1985 声学 水声材料纵波声速和衰减的测量 脉冲管法
(9) GB/T 16405—1996 声学 管道消声器无气流状态下插入损失测量 实验室简易法
(10) GB/T 16406—1996 声学 声学材料阻尼性能的弯曲共振测试方法
(11) GB/T 18022—2000 声学 1 ~ 10MHz 频率范围内橡胶和塑料纵波声速与衰减系数的测量方法
(12) GB/T 18696.1—2004 声学 阻抗管中吸声系数和声阻抗的测量 第1部分：驻波比法
(13) GB/T 18696.2—2002 声学 阻抗管中吸声系数和声阻抗的测量 第2部分：传递函数法
(14) GB/T 18699.1—2002 声学 隔声罩的隔声性能测定 第1部分：实验室条件下测量（标示用）
(15) GB/T 18699.2—2002 声学 隔声罩的隔声性能测定 第2部分：现场测量（验收和验证用）
(16) GB/T 19513—2004 声学 规定实验室条件下办公室屏障声衰减的测量
(17) GB/T 19884—2005 声学 各种户外声屏障插入损失的现场测定
(18) GB/T 19885—2005 声学 隔声间的隔声性能测定 实验室和现场测量
(19) GB/T 19886—2005 声学 隔声罩和隔声间噪声控制指南
(20) GB/T 19887—2005 声学 可移动屏障声衰减的现场测量
(21) GB/T 20247—2006 声学 混响室吸声测量
(22) GB/T 21228.1—2007 声学 表面声散射特性 第1部分：混响室中无规入射声散射系数测量
(23) GB/T 21232—2007 声学 办公室和车间内声屏障控制噪声的指南

6. 其他

(1) GB/T 5265—1985 水下噪声测量
(2) GB/T 7584.1—2004 声学 护听器 第1部分：声衰减测量的主观方法
(3) GB/T 7584.2—1999 声学 护听器 第2部分：戴护听器时有效的A计权声压级估算
(4) GB/T 7965—2002 声学 水声换能器测量

（5）GB/T 7967—2002　　声学 水声发射器的大功率特性和测量
（6）GB/T 14259—1993　　声学　关于空气噪声的测量及其对人影响的评价的标准的指南
（7）GB/T 14366—1993　　声学　职业噪声测量与噪声引起的听力损伤评价
（8）GB/T 17247.1—2000　　声学　户外声传播的衰减　第1部分：大气声吸收的计算
（9）GB/T 17247.2—1998　　声学　户外声传播的衰减　第2部分：一般计算方法

第 5 章 5

噪声源测量

噪声控制是一种控制噪声污染的综合措施，它要求综合考虑经济社会成本与技术可行性等约束条件，达到“可允许”的指标。“可允许”的指标主要是根据国家有关的噪声法律法规、相关国家标准及行业标准等规定的噪声限值。控制噪声的措施主要包括行政措施、社会措施和工程措施，而工程措施主要指吸声、隔声、使用消声器、振动控制等技术性措施。技术性措施的使用，离不开对噪声特性的定量评价。

为了给噪声控制提供分析依据和评价噪声控制的效果，噪声测量是基础。噪声源测量是噪声测量的重要内容，主要包括两部分：噪声强度及其特性测量、声源参数与特性测量。噪声强度主要指噪声级和声功率，其特性主要是指它的时间分布和空间分布等；声源参数与特性主要指声源识别与定位，它是噪声控制的关键问题之一。本章仅讨论与噪声控制技术有关的噪声源测量，某些与声学材料和声学结构有关的声学参数测量方法在第 6 章中介绍。

5.1 噪声级测量

噪声级的测量只需要使用声级计。早先设想在声级计中设置 A、B、C 等计权网络，以符合人耳的响度特性，因而规定：声级小于 55dB 的噪声用 A 计权网络测量；55 ~ 85dB 的噪声用 B 计权网络测量；大于 85dB 的噪声用 C 计权网络测量。后来进行的研究并没有证实这种设想，但发现，A 声级可以在一定程度上用来评价噪声引起的烦恼程度，以及评价噪声对听力的危害程度。因此，噪声测量中越来越多地使用 A 声级。

准确使用声级计的时间响应很重要。使用快档时，表针指示大约在 0.2s 达到稳定读数，故用它测量短脉冲不合适，慢档用来对起伏很大的信号取平均；对于持续时间为 0.20 ~ 0.25s、频率为 1000Hz 的脉冲声，快档指示的准确度用 1 级声级计测量大约在 2dB 以内，用 2、3 级声级计测量大约在 4dB 范围内；对于持续时间为 0.5s、频率为 1000Hz 的脉冲信号，用慢档测量在 1 级声级计读数比最大值约低 3 ~ 5dB，用 2、3 级声级计读数比最大值低 2 ~ 6dB；对于稳态声，两种速度响应的读数是一样的。

为了准确测量噪声，应该选择合用的测量设备并进行校准，要正确选择测量点的位置和数量，并正确放置传声器的位置和方向。当传声器电缆较长时，应对电缆引起的衰减进行校正。在环境噪声较高的条件下进行测量，应修正背景噪声的影响。在室外测量时，要考虑气候，即风噪声、温度和湿度的影响；在室内测量时，要考虑驻波的影响。对稳态噪声则测量平均声压级，对起伏较大的噪声，除了测量平均声压级外，还应该给出标准误差。平均不但对时间而言，也应该对空间平均。对于噪声频谱分析通常用倍频程和1/3倍频程声压级谱。常用的8个倍频带的中心频率为63Hz、125Hz、250Hz、500Hz、1000Hz、2000Hz、4000Hz、8000Hz。有时还分别测量 L_A 与 L_C 以大致了解噪声频谱的情况。如果 $L_C > L_A$，表示低频声分量较多，如果 $L_C = L_A$，表示高频声分量较多，下面简单讨论各类噪声的测量方法。

5.1.1 稳态噪声测量

稳态噪声的声压级用声级计测量。如果用快档来读数，当频率为1000Hz的纯音输入时，在200~250ms以后就可以指出真实的声压级。如果用慢档读数，则需要在更长时间才能给出平均声压级。

对于稳态噪声，快档读数的起伏小于6dB，如果某个倍频带声压级比邻近的倍频带声压级大5dB，就说明噪声中有纯音或窄带噪声，必须进一步分析其频率成分。对于起伏小于3dB的噪声可以测量10s时间内的声压级，如果起伏大于3dB但小于10dB，则每5s读一次声压级并求出其平均值。更详细的分析可以测量声压级的统计分布。

测量时背景噪声的影响可用表5.1.1给出的数值作修正。例如，噪声在某点的声压级为100dB，背景噪声为93dB，则实际声压级应为99dB。需要说明的是，表5.1.1给出的修正值也可以应用于每个倍频带声压级。

表5.1.1 环境噪声的修正值

测量噪声级与环境噪声级之差/dB	3	4	5	6	7	8	9	10
应由测得噪声级修正的数值/dB	-3.0	-2.3	-1.7	-1.25	-0.95	-0.75	-0.6	0

测得 N 个声压值后，可以求得平均值为

$$\bar{p} = \frac{1}{N}\sum_{i=1}^{N} p_i \tag{5.1.1}$$

其标准误差为

$$\delta = \frac{1}{\sqrt{N-1}}\left[\sum_{i=1}^{N}(p_i - \bar{p})^2\right]^{1/2} \tag{5.1.2}$$

若用声压级表示，则有

$$\bar{L}_p = 20\lg\frac{1}{N}\sum_{i=1}^{N}10^{L_i/20} \tag{5.1.3}$$

式中，p_i 和 L_i 分别为第 i 次测得的声压和声压级。

对于 n 个分贝数非常接近的声压级求平均时，可根据下列的近似公式求平均值和标准方差，有

$$\bar{L}_p = \frac{1}{N}\sum_{i=1}^{N} L_i \tag{5.1.4}$$

$$\delta = \frac{1}{\sqrt{N-1}}\left[\sum_{i=1}^{N}(L_i - \bar{L}_p)\right]^{1/2} \tag{5.1.5}$$

对于上述平均计算，若 N 个 L_i 的数值相差小于2dB，则计算误差 <0.1dB；若 N 个 L_i 的数值相差10dB，则计算误差可达1.4dB。

在噪声测量中广泛使用A声级。可以用A计权网络直接测量，也可以由测得的倍频带

或1/3倍频带声压级转换为A声级，其转换公式如下

$$L_A = 10\lg\sum_{i=1}^{n}10^{0.1(R_i+\Delta_i)} \tag{5.1.6}$$

式中，R_i 为测得的倍频带声压级；Δ_i 为修正值，由表5.1.2给出。

表5.1.2 倍频带和1/3倍频带声压级换算为A声级的修正值

中心频率/Hz	修正值/dB	中心频率/Hz	修正值/dB
100	-19.1	1600	1.0
125	-15.1	2000	1.2
160	-13.4	2500	1.3
200	-10.9	3150	1.2
250	-8.6	4000	1.0
315	-6.6	5000	0.5
400	-4.8	6300	-0.1
500	-3.2	8000	-1.1
630	-1.9	10000	-2.5
800	-0.8		
1000	0		
1250	0.6		

5.1.2 非稳态噪声测量

1. 不规则噪声测量

对于不规则噪声，根据需要，可以测量声压级的时间-频率分布特性，具体测量值有：①最大值、最小值和平均值；②声压级的统计分布（如累积百分声级）；③等效连续声级；④噪声的频谱分布。

在测量声压级的时间分布特性时，可每隔5s读一次，获得约50个数值，然后按大小顺序排列，然后可获得最大值、最小值、平均值，以及累积百分声级，如 L_{10}、L_{90} 等。等效连续声级反映按能量平均的声级，如被平均的声级被加权，则可形成不同形式的等效连续声级，最常用的是等效连续A声级，其表达式为

$$L_{eq} = 10\lg\frac{1}{T}\int_0^T 10^{0.1L_A}dt \tag{5.1.7}$$

式中，L_{eq} 为连续等效声级（dB（A））；T 为测量的总时间（s）；L_A 为瞬时A声级（dB（A））。

实际测量时，可将声级划分为 n 个区间内加以处理，即

$$L_{eq} = 10\lg\left[\sum_{i=1}^{N}(p_i)(10^{0.1L_{Ai}})\right] \tag{5.1.8}$$

式中，p_i 为第 i 个声级区间内持续时间在总时间间隔中所占的比例；L_{Ai}为第 i 个区间内 A 声级。

时间间隔取得越小，测量越精确，但计算工作量较大。可以直接用积分声级计测量 L_{eq}。例如，丹麦 B&K 公司的 2218 型精密积分声级计。它由模拟式精密声级计和数字式指示 L_{eq} 部分组成，测量范围为 25～145dB，分辨率为 0.1dB，测量结果每秒更新一次，测量的准确度为 ±0.5dB。

对于起伏很大的噪声应该用统计方法测量，并且以不同噪声级出现的概率或累积概率来表示。累积声级 L_N 定义为测量时间内 N% 时间所超过的噪声级，如 L_{10}、L_{50}、L_{90}分别为在整个测量期间有 10%、50%、90% 时间超过的噪声级。通常 L_{10}相应于峰值平均噪声级，L_{50} 相应于平均噪声级，L_{90}相应于背景噪声级。测量 L_N 时从某一时刻开始，每隔 5s 测一次声级，连续测量 50 次。将测量结果从大到小排列。其中第 5 个声级就是 L_{10}，第 25 个声级是 L_{50}，第 45 个声级是 L_{90}。

当然，也可以用噪声级分析仪直接测量和显示 L_N，其中 N 可任意选择。例如，丹麦 B&K 公司的 4426 噪声级分析仪，它包含模拟输入和数字处理两部分。检波器输出送到 8 位 A/D 转换器，将 64dB 的动态范围分为 266 档，每档为 0.25dB。L_N 由 N 个通路计数器的存储量来计算，采用逐次逼近方法，也就是累积百分数被反复计算，直到它等于被选择的 N 值，找出正确的 L_N 并显示。

另外，如果需要噪声的频域特性，其频谱可用倍频程或 1/3 倍频程声压级谱来表示，也可以用 L_C 或 L_A 来近似描述。

2. 脉冲噪声测量

脉冲噪声是指大部分能量集中在持续时间短于 1s 而间隔时间长于 1s 的猝发噪声。关于 1s 的选择当然是任意的，在极限情况下，如果脉冲时间无限短而间隔时间无限长，这就是单个脉冲。

脉冲噪声对人的影响通常是能量而不是峰值、持续时间和脉冲数量。因此，对连续的猝发声序列应该测量声压级和功率，对于有限数目的猝发声则测量暴露声级。

常用记忆示波器测量脉冲峰值声压和持续时间，或用脉冲声级计测量。如果只需声压级则可以用峰值指示仪表测量。

5.1.3 噪声剂量测量

噪声对听觉器官的损伤不仅与声压级有关，还与它的持续时间有关。评价噪声对听觉器官损伤的效应，通常用噪声剂量计测量。对于稳态声，噪声剂量计测得声压与暴露时间有关。对于声压级起伏很大的噪声则要计算连续等效声级和持续时间。如果声源作不规则变化，则用噪声剂量计自动计算允许暴露噪声剂量。噪声剂量计的规格有两种：一种由国际标准组织 ISO－R1996 和 R1999 规定，噪声增加 3dB（A），允许暴露时间减半，这为欧洲国家所采用，我国的标准是参照 ISO－R1999 标准制定的；另一种由美国职业安全与卫生组织（OSHA）规定，噪声级增加 5dB（A），允许暴露时间减半。

典型噪声剂量计的框图如图 5.1.1 所示。传声器接收的声压输出给 A 计权网络，信号经检波、平均后给出等效于 A 计权和慢档的有效值信号，送入具有标准积分特性的积分器；因为在积分过程中不包括低限以下的声级，所以应该插入一个比较器。对小于下限的安全噪声不予计量。积分电路的输出转换成脉冲，用数字电路累计输出并监示。测量结果常以标准噪声剂量的百分数表示，有些噪声剂量计还附有监示超过危险声级的信号检查器。

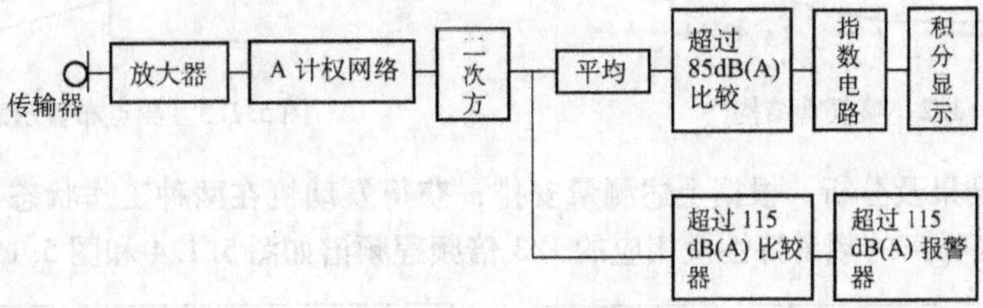

图 5.1.1 典型噪声剂量计框图

目前，满足 ISO－R1999 标准的噪声剂量计为个人佩带用，接收时的噪声剂量用液晶显示，以最高允许每日暴露量的百分率表示累积的噪声剂量，当声级超过 140dB 就发出警告声。这与按照 OSHA 标准设计的噪声剂量计的原理类似，但计算方法不同，通常超出 115dB（A）就给出警告声。近年有些产品用一段时间内的等效声级显示测量结果。如果记录时间小于 8h，等效声级就直接与噪声剂量有关。

新型可编程序噪声剂量计能够测量各种噪声的 A 声级、极大声级、峰值声级、等效声级等。仪器由模拟电路和数字变换及 CPU 两大部分组成。仪器的编码由使用者通过内部开关进行，可以按照各种声学测量标准的规定选用编程的参数、常数。例如，测量 L_{eq}时可选用 3dB、4dB、5dB 等的变换比率；测量噪声剂量时可选择 ISO 或 OSHA 标准。

5.1.4 测量实例

新舟 60 飞机（MA60）是西安飞机工业（集团）公司在运－7 短/中程运输机的基础上研制生产的 50～60 座双涡轮螺旋桨发动机支线飞机。该飞机在停机待客的过程中，安装在飞机上的一台辅助动力装置（APU，一种小型涡轮发动机）辐射的噪声较为严重。为了改善飞机在地面停机状态的声环境质量，需要对该噪声进行监测并提出相应的降噪措施。APU 的排气噪声包括燃烧噪声、涡轮噪声和喷流噪声，总噪声所含频率范围较宽，总噪声级较高，为了获取排气噪声可靠声场信息和声源的特征，确定最佳消声方案，在西安飞机集团公司实施了现场测量。

（1）实验条件及仪器设备 APU 喷气管为钛合金硬壁弯管，如图 5.1.2 所示。测量系统由传声器、延伸电缆、声级计和计算机组成。测点布置原则是：既能获取源噪声的频谱特性和指向性，又要尽可能地避免排气流的冲击。最终选定的测点布置如图 5.1.3 所示，即在排气口外侧 180°范围内每隔 30°布置一测点，所有测点在同一水平面内，传声器离地高度都是排气口最高点再加 100mm，传声器距离排气口中心点 1.0m，传声器轴线顺气流方向，感受面指向下游。测量时发动机分满载和轻载两种工作状态，每个工作状态下测量 0°～180°内 7 个测点的声级和频谱信号，每点重复记录 3 次。

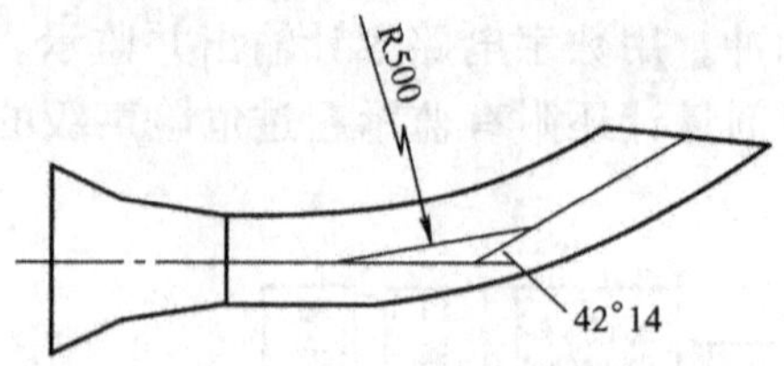

图 5.1.2 喷气管结构

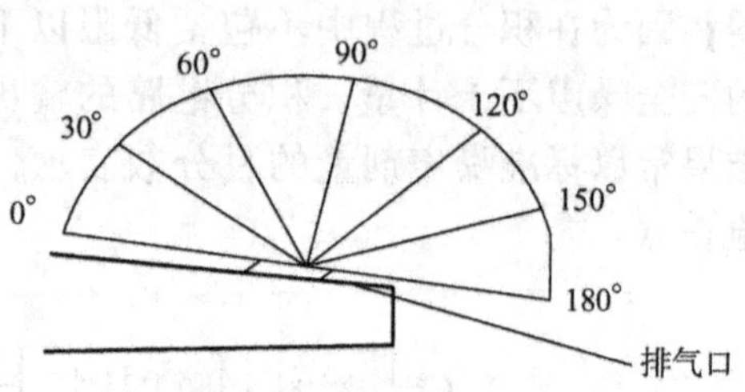

图 5.1.3 测点布置示意图

（2）测量结果及分析 根据上述测量安排，获得发动机在两种工作状态下，60°、120°两个位置上排气噪声的频谱特性及相应的 1/3 倍频程频谱如图 5.1.4 和图 5.1.5 所示。

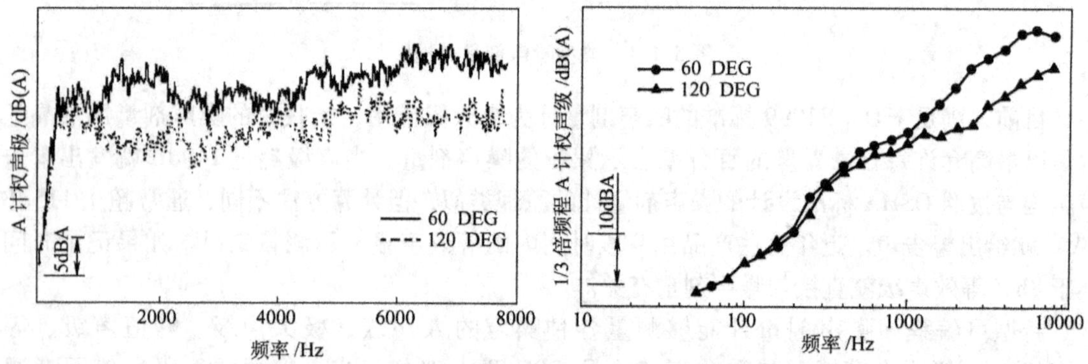

图 5.1.4 空载时 60°和 120°的频谱及 1/3 倍频程频谱图

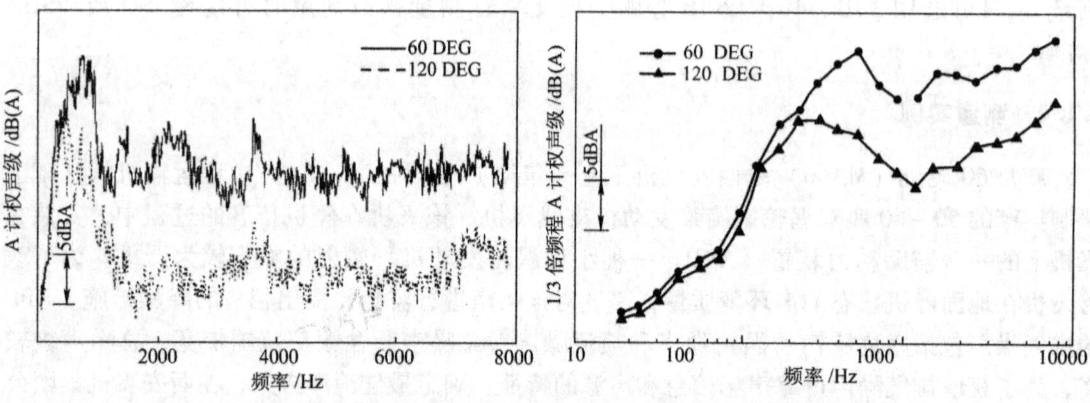

图 5.1.5 满载时 60°和 120°的频谱及 1/3 倍频程频谱图

由图可见，无论在哪一种工作状态下，排气噪声均属于宽频噪声。轻负载状态下的排气噪声主要是 1000Hz 以上的高频噪声，而满负载状态下的排气噪声除了高频含量之外，在 400 ~ 1000Hz 范围内也有较强的噪声。高频噪声主要是由于流过涡轮叶片的随机气流或湍流，包括边界层、叶片尾迹、进口气流等中的湍流，产生涡轮宽频噪声。在 400 ~ 1000Hz 范围内的噪声，主要是由燃烧室产生的燃烧噪声。燃烧噪声是由于燃烧过程中强烈的湍流流动产生的，因此燃烧噪声的频谱表现为典型的宽频带噪声谱。此外，燃气涡轮发动机排气噪声有非常强的方向性，由表 5.1.3 测量值可明显地看出，在 60°方向噪声辐射较强。

表 5.1.3 各测点测量值

传声器位置	测量值/dB（A）	
	无载荷	有载荷
0°	112.4	106.6
30°	118.1	109.1
60°	124.0	112.9
90°	122.0	109.6
120°	116.8	104.9
150°	115.9	104.3
180°	117.2	104.3
登机门处	88.0	87.0

从测量的噪声值可以看出，在排气口一侧，噪声非常大，在登机门附近（发动机和登机门在飞机的两侧），噪声也达到了88.0dB（A）。因此，必须采用一定的降噪措施来降低发动机排气口的喷流噪声。

5.2 声功率测量

上一节中介绍的用声压级描述噪声源辐射特性，测量结果与测量位置和声学环境有关，它不能全面刻画噪声源辐射声波的强度及特性。因此，声学测量中声功率的测量占有非常重要的地位。声功率指单位时间内辐射声波的平均声能量，单位为W，$1W=1J/m^2$。若用声功率级表示，则为

$$L_w = 10\lg W_A + 120 \tag{5.2.1}$$

式中，W_A 为声源辐射的声功率；L_w 是声功率级；基准声功率为 10^{-12}。

声源声功率级的频率特性和指向特性可以用声功率级、频率函数或频谱表示。

国际标准化组织已颁布了一系列关于测定机器声功率方法的国际标准，见表5.2.1。参考ISO标准，我国自20世纪80年代开始，先后制定了12条与测量噪声源声功率相关的国家标准，其中GB/T 14367—2006和GB/T 4129—2003是关于一般测量准则和测量设备的，其余10项标准分为4类方法，适用不同测试环境和测试精度，一般它们与ISO标准都是等效的或有渊源关系，具体情况列于表5.2.2。

表 5.2.1 ISO颁布的噪声源声功率测试标准

标准编号	精度分类	测试环境	声源体积	噪声特性	可得到的声功率	可供选择的信息
3741	精密	满足特殊要求的混响室	最好小于测试间体积的1%	稳态、宽带		
3742				稳态、窄带，或离散频率	1/3倍频带或倍频带	A计权声功率级
3743	工程	专用混响室	最好小于测试间体积的1%	稳态、宽带、窄带或离散频率	A计权和倍频带	其他计权的声功率级

（续）

标准编号	精度分类	测试环境	声源体积	噪声特性	可得到的声功率	可供选择的信息
3744	工程	户外或在大房间内	最大尺寸小于15m	任意	A计权 1/1和1/3倍频带	指向性和声压级随时间变化
3745	精密	消声室或半消声室	最好小于测试间体积的0.5%	任意	A计权、1/1或1/3倍频带	指向性和声压级随时间变化
3746	调查	没有专用的测试环境	只受现有测试环境限制	任意	A计权	声压级随时间变化，其他计权声功率级

表 5.2.2　我国颁布的噪声源声功率测试标准

方法分类	标准编号	精度分类	主要特点	声源体积	对应的ISO标准
声压法	6882—2008	精密	消声室和半消声室精密法	小于测试房间体积的0.5%	3745—2003
	3767—1996	工程	反射面上方近似自由场的工程法	无限制，由有效测试环境限定	3744—1994
	3768—1996	简易	反射面上方采用包络测量表面的简易法	无限制，由有效测试环境限定	3746—1995
	6881.1—2002	精密	混响室精密法	小于混响室体积的1%	3741—1999
	6881.2—2002	工程	硬壁测试室中工程法	小于混响室体积的1%	3743—1—1994
	6881.3—2002	工程	专用混响室中工程法	小于混响室体积的1%	3743—1—1994
声强法	16404—1996	精密	离散点上的测量	无限制，测量表面由声源尺寸确定	9614—1—1993
	16404.2—1999	精密	扫描测量	无限制，测量表面由声源尺寸确定	9614—2—1996
标准声源法	16538—2008	简易	使用标准声源简易法	无限制	3747—2000
振速法	16539—1996	精密	封闭机器的测量	无限制	7849—1987

从测量参量分，噪声源声功率的测量方法有声压法、声强法和振速法；从测量环境分有自由场法（消声室或半消声室）、混响场法（专用混响室或硬壁测试室）、户外声场法；从测量精度分有精密法、工程法和简易法（又称为1级、2级和3级精度，其特征由GB/T 14367—2006规定，见表5.2.3）。另外，作为一种比较方法，标准声源法也是一类重要的方法。下面按表5.2.2中列出的国家标准的方法进行分类叙述，需要进一步了解可参看各标准的具体内容。

表5.2.3 我国颁布的噪声源声功率测试方法

参量	精密法 1 级	工程法 2 级	简易法 3 级
测量环境	半消声室	室外或室内	室外或室内
评判标准/dB	$K_2 \leqslant 0.5$	$K_2 \leqslant 2$	$K_2 \leqslant 7$
声源体积	最好小于测量房间体积的0.5%	无限制，由测试环境在限定	无限制，由测试环境在限定
对背景噪声的限定/dB	$\Delta L \geqslant 10$（如有可能，大于15dB），$K_1 \leqslant 0.4$	$\Delta L \geqslant 6$（如有可能，大于15dB），$K_1 \leqslant 0.4$	$\Delta L \geqslant 3$（如有可能，大于15dB），$K_1 \leqslant 0.4$
测量数目	≥10	≥9	≥4

5.2.1 声压法

声压法是指通过测量声压值换算声功率的测量方法。从声环境来讲，总体上分为自由场法和混响场法两类。下面分类给予介绍。

1. 自由场法

产生自由场的环境可以是消声室或半消声室，以及近似满足自由场条件的室内或户外，因此，所测量的精度有所不同分为三级：精密法、工程法和简易法，即1级、2级和3级精度，其特征由GB/T 14367—2006规定，见表5.2.3。表中有几点需要说明：①三种方法都适合各类噪声，如宽带、窄带、离散频率、稳态、非稳态、脉冲等；②K_2为对A计权或频带的环境修正值，等于所测得的声功率级减去标准声源校准的声功率级；③$K_1 = 10\lg(1 - 10^{-0.1\Delta L})$为背景噪声修正值，$\Delta L$等于被测声源工作期间的测量表面平均声压级减去测量表面平均背景噪声声压级。

利用声压法可以测量无指向性和有指向性声源的声功率，以及指向性声源的指向性指数和指向性因数，下面分别叙述。

（1）无指向性声源辐射的声功率测量　若声源是放在自由空间中的无指向性声源，则在声源的远场处某个位置上，测量其声压级或频带声压级就可以计算出声功率，有

$$L_w = L_p + 20\lg r + 11 \tag{5.2.2}$$

式中，r是声源与传声器的距离（m）；L_p为距离声源r处的声压级（dB）。

对于精密测量，要求测量在消声室内进行的，消声室内各表面的吸声系数要大于0.99。传声器的位置选择2~5倍于被测声源的尺寸，通常不应小于1m。传声器位置离墙面的距离则不应小于被测信号波长的1/4。

（2）指向性声源的声功率测量　对于指向性声源，当声源放在自由声场中时必须测量出声源周围固定距离处假想球面上许多点的声压级，球的半径应该使测量点位于远场。测量点的数目不能太少，测得数值之间的最大变化不得超过6dB左右，否则必须在更多的点上进行测量。

求声源的声功率时，应将假想球面分成与测量点数目相同的面积。如果传声器测点占有的测试球（或半球）的面积相等，可用下式求出表面平均声压级

$$\overline{L}_p = 10\lg\frac{1}{N}\left[\sum_{i=1}^{N}10^{0.1L_{pi}}\right] \tag{5.2.3}$$

式中，$\overline{L}_p$ 是表面声压级，即测量表面上所有传声器位置处，经背景噪声修正后的平均声压级；L_{pi} 是第 i 个传声器位置测得的并经背景修正后的声压级；N 是传声器数。

如果传声器测点所属测量表面的占有面积不相等，则可应用下式求表面平均声压级

$$\overline{L}_p = 10\lg\frac{1}{S}\left[\sum_{i=1}^{N}S_i10^{0.1L_{pi}}\right] \tag{5.2.4}$$

式中，$\overline{L}_p$ 是表面声压级；L_{pi} 是第 i 个传声器位置测得的并经背景修正后的声压级；S_i 是第 i 个传声器位置在球面（或半球面）上占有面积；S 是测量球（或半球）的总面积。

这时，在自由场中，噪声级的声功率为

$$L_w = \overline{L}_p + 10\lg S_1 \tag{5.2.5}$$

式中，$\overline{L}_p$ 是测量球面上表面的平均声压级；$S_1 = 4\pi r^2$。

若采用半球法，则噪声级的声功率为

$$L_w = \overline{L}_p + 10\lg S_2 \tag{5.2.6}$$

式中，$S_2 = 2\pi r^2$。

表5.2.4给出了以声源声中心为原点球面上传声器的位置（x，y，z），z 轴选择垂直于水平面向上的方向。表5.2.5给出了以声源声中心为原点半球面上传声器的位置（x，y，z）。

表5.2.4 自由场中传声器位置

编号	x/r	y/r	z/r
1	-1.00	0	0.05
2	0.49	-0.88	0.15
3	0.48	0.84	0.25
4	-0.47	0.81	0.35
5	-0.45	-0.77	0.45
6	0.84	0	0.55
7	0.38	0.66	0.65
8	-0.66	0	0.75
9	0.26	-0.46	0.85
10	0.31	0	0.95
11	1.00	0	-0.05
12	-0.49	0.86	-0.15
13	-0.48	-0.84	-0.25
14	0.47	-0.81	-0.35
15	0.45	0.77	-0.45
16	-0.84	0	-0.55
17	-0.38	-0.66	-0.65
18	0.66	0	-0.75
19	-0.26	0.46	-0.85
20	0.31	0	-0.95

表 5.2.5 反射面上方自由场传声器位置

编号	x/r	y/r	z/r
1	-1.00	0	0.025
2	0.50	-0.86	0.075
3	0.50	0.86	0.125
4	-0.49	0.85	0.175
5	-0.49	-0.84	0.225
6	0.96	0	0.275
7	0.47	0.82	0.325
8	-0.93	0	0.375
9	0.45	-0.78	0.425
10	0.88	0	0.475
11	-0.43	0.74	0.525
12	-0.41	-0.71	0.575
13	0.39	-0.68	0.625
14	0.37	0.64	0.675
15	-0.69	0	0.725
16	-0.32	-0.55	0.775
17	0.57	0	0.825
18	-0.24	0.42	0.875
19	-0.38	0	0.925
20	0.11	-0.19	0.975

表面声压级的获取还可采用其他方法，如传声器沿圆形路径移动、沿子午弧线或螺旋路径移动，具体可参考 GB/T 6882—2008。

（3）指向性指数和指向性因数 噪声源通常是有方向性的。若将某方向给定距离的声强以 I 表示，与之相同距离的声的各方向平均声强以 $\bar{I}$ 表示，则指向性因数 Q 和指向性指数 DI 定义如下

$$Q = \frac{I}{\bar{I}} \tag{5.2.7}$$

$$DI = 10\lg Q = L_{p\theta} - \bar{L}_p \tag{5.2.8}$$

式中，$L_{p\theta}$ 是半径为 r 球面上角度 θ 处的声压级；$\bar{L}_p$ 为半径为 r 的球面上测得的平均声压级。

指向性指数通常可直接测量。沿特定方向（由 θ 与 φ 角决定）的指向性指数 $DI(\theta,\varphi)$ 与在距离 r 处测得的声压级 $L_p(r,\theta,\varphi)$ 有下述关系

$$DI(\theta,\varphi) = L_p(r,\theta,\varphi) - \bar{L}_p \tag{5.2.9}$$

将指向性指数 $DI(\theta,\varphi)$ 的数值由分贝转换为功率比值，即得指向因数

$$Q(\theta,\varphi) = \lg^{-1}\frac{DI(\theta,\varphi)}{10} \tag{5.2.10}$$

在自由场中，声源在反射面上的指向性图案通常比较复杂。但当声源直接装置在坚硬反射面上时，则可考虑反射面是声源的一部分，以求出声源的指向性指数和指向性因数。

声源指向性指数 DI 可以从反射面上自由场中的测量算出，有

$$DI = L_{pi} - \overline{L}_p + 3 \tag{5.2.11}$$

式中，L_{pi}是在需要计算 DI 方向上测得的离声源距离为 r 的声压级；$\overline{L}_p$ 是半径 r 的测试半球上的平均声压级。

2. 混响室法

把噪声源放在混响室内，测得室内平均声压级后可以求出噪声源功率级。在混响室内，除了非常靠近声源处，离开壁面半波长的其他任何地方的声压级都差不多相同。这时声压和声源总功率的关系可表示为

$$W_{\mathrm{A}} = \frac{\alpha S}{4} \frac{p^2}{\rho_0 c_0} \tag{5.2.12}$$

其声功率级为

$$L_w = \overline{L}_p + 10\lg(\alpha S) - 6.1 \tag{5.2.13}$$

式中，αS 为室内总吸声量；$\overline{L}_p$ 为室内平均声压级。

上述公式没有考虑空气吸收对高频声的影响。如作高频空气吸收修正，式（5.2.13）可改写为

$$L_w = \overline{L}_p + 10\lg(\alpha S + 4mV) - 6.1 \tag{5.2.14}$$

测量时应该使用无规响应传声器。传声器的位置离墙角和墙边至少为 $3\lambda/4$，离墙面至少 $\lambda/4$（λ 是最低频率声波的波长）；传声器不能太靠近声源，至少相距 1m，平均声压级至少要在一个波长的空间内进行。测量位置约 3 ~ 8 点，与噪声源频谱有关，如噪声源有离散频率，则需要更多的测点。

混响室的总吸声量是通过测量混响时间来计算的，这时噪声源声功率用下式计算

$$L_w = \overline{L}_p + 10\lg\frac{V}{T} + 10\lg\left(1 + \frac{S\lambda}{8V}\right) - 14 \tag{5.2.15}$$

式中，V 为混响室体积（m^3）；T 为混响时间（s）；λ 为相应于测试频带中心频率的声波波长（m）；S 为混响室内表面的总面积（m^2）；$\overline{L}_p$ 为平均声压级。

混响室法要求的条件比自由场法要简单，近年来使用较多。需要注意的是，测量混响时间（特别是在低频率）须根据衰变曲线开始 10dB 的斜度，否则算出的 L_w 值可低很多。

5.2.2 声强法

与声压法相比，应用声强技术有两个优点：①不需要使用消声室或混响室等声学设施；②在多个声源辐射叠加声场中能区分不同声源的辐射功率。这意味着声强技术能用于测量现场条件下各种噪声源的辐射功率。

从理论上讲，任何情况下、任意形状声源（或功率吸收源）辐射（或耗散）的声功率都能用声强技术测定。只要封闭曲面唯一包围被测声源（或功率吸收源），测量结果就与曲面的形状和大小选择无关，同时与曲面外是否有其他噪声源存在也无关。但实际上并非如此，声强测量伴随有许多测量误差。例如，有限差分近似估算误差、声强仪中传感器间相位不匹配而引起的声强测量误差等。声功率测量精度不仅与流体声强技术有关，而且还与测量

曲面的形状和大小（即测点与声源距离）、声源和声场性质、环境噪声的强弱、采样时间的长短等多种因素有关，其中测量曲面形状较为重要。测量曲面应根据实际声源形状和其辐射声场特性选择。一般情况下测量曲面应相对于声源对称，其形状应与声源形状相似。

应用声强技术测量声源辐射声功率的方法有两种：定点式测量方法和扫描式测量方法。与此相关的国家标准是：①GB/T 16404—1996（声学　声强法测定噪声源的声功率级　第1部分：离散点上的测量）；②GB/T 16404.2—1999（声学　声强法测定噪声源的声功率级　第2部分：扫描测量）；③GB/T 16404.3—2006（声学　声强法测定噪声源的声功率级　第3部分：扫描测量精密法）。下面分别予以讨论。

1. *定点式测量方法*

声源辐射声功率可以由在包围该声源的封闭曲面上多点处测量的声强法向分量值估算。很明显，声源辐射功率的测量精度取决于测点数目的多少和声强测量误差的大小。在声强测量误差一定的情况下，测点数目越大，声源辐射功率的测量精度应该越高。但事实上并非如此简单。图5.2.1给出了在实验室条件下正方形平面（5个等面积正方形平面和刚性地面组成的封闭测量曲面，声源放置在刚性地面中心）上几种不同测点数目和位置分布与声功率测量误差的关系。图中的正方形平面为1m×1m，测量误差级为ΔL_w；○表示测点位置。该图表明：声功率测量精度不但与测量曲面上测点数目成正比，而且与测点位置选择有关。如果测点位置选择恰当，即使测点数目少，也能获得较高的声功率测量精度；如果测点位置选择不当，增加测点数目不一定能提高功率测量精度。一般情况下曲面上测点面密度每平方米不应小于1个。

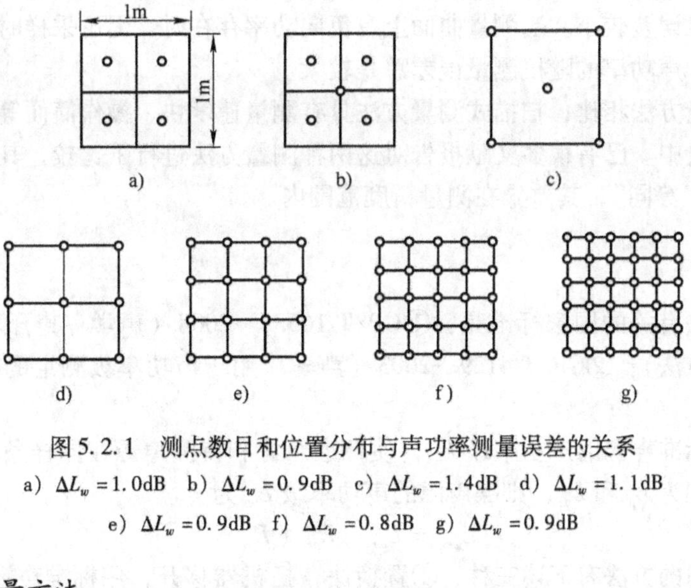

图5.2.1　测点数目和位置分布与声功率测量误差的关系

a）$\Delta L_w=1.0\text{dB}$　b）$\Delta L_w=0.9\text{dB}$　c）$\Delta L_w=1.4\text{dB}$　d）$\Delta L_w=1.1\text{dB}$　e）$\Delta L_w=0.9\text{dB}$　f）$\Delta L_w=0.8\text{dB}$　g）$\Delta L_w=0.9\text{dB}$

2. *扫描式测量方法*

测量面上各小曲面积分别可表示为小曲面表面积 S_k 与其声强法向分量的空间平均值 $\bar{I}_{nk}$ 之积，因而通过测量曲面的声功率可表示为

$$\Pi_s = \sum_{k=1}^{N} \bar{I}_{nk} S_k \tag{5.2.16}$$

由声强探头在第 k 个小曲面上移动时采集的数据可以估算 $\bar{I}_{nk}$，它是时间和空间的平均

结果。运动的声强探头采集的是非稳态信号，势必影响声功率测量精度。为抑制声强探头移动对声场产生的影响，声强探头移动速度应当很慢并且保持为常数。若声强探头移动速度为 u，每采集一次信号移动距离为 d，则应满足不等式

$$\frac{d}{u} \gg B_e \tag{5.2.17}$$

式中，B_e 是谱线带宽。

对于宽频带声功率测量，应根据分析仪中谱线带宽选择声强仪移动速度；ANSI 标准草案建议：声强仪移动速度应在 0.1 ~ 0.5m/s 范围内，最大极限速度为 3m/s；各小曲面上声强探头移动路径为正交平行线，即在数学上声功率测量值等价于两次曲面积分平均值。很显然声强探头运动速度的快慢和运动路径的形状对声功率测量精度是有影响的，有关定量的研究结果可参看相关文献。

扫描式测量方法中，声强法向分量的曲面积分是由其曲线积分近似代替的，这势必产生声功率的估算误差。但数值模拟结果表明：在理想条件下扫描式测量方法（即使在声强探头移动速度不是常值的情形下）比定点式测量方法的测量精度高；扫描式测量方法的近似估算误差和由于声强探头移动速度变化（但满足不等式（5.2.17））而引起的测量误差都很小。当用 P - P 技术测量声功率时，无论声强探头移动速度多慢，采样的信号不是处于同一空间位置的声压信号，测量的声压信号相关函数通常较低。因为声压互谱密度函数是空间位置的函数，但这并不意味着扫描式声功率测量值的随机误差大。研究表明：只要声强探头移动缓慢，如 0.1m/s，扫描式测量方法和定点式测量方法具有相似的随机测量误差，它主要取决于声源和声场特性、采样时间等因素，与测量方式无关。在较为理想的声场条件下，声功率测量值的随机误差较小。当测量曲面上有负向功率存在时，无论采样时间多长或者声强仪移动速度多慢，声功率的随机测量误差总是较大。

与定点式测量方法相比，扫描式测量方法具有测量速度快、操作简便等优点，已被广泛地应用在工程测量中。已有很多文献报告对这两种测量方法进行了比较，其结论是两种测量方法获得的结果“等同”，其差异在测量精度范围内。

5.2.3 标准声源法

与标准声源法有关的国家标准是：①GB/T 16538—2008（声学　声压法测定噪声源声功率级　现场比较法）；②GB/T 4129—2003（声学　用于声功率级测定的标准声源的性能与校准要求）。

测量时已知标准声源的声功率级 L_{wr}，使标准声源和待测声源在同样条件、同样测量点产生的声压级分别为 L_{pr} 和 L_{px}，则噪声源的声功率级 L_{wx} 为

$$L_{wx} = L_{wr} - L_{pr} + L_{px} \tag{5.2.18}$$

使用标准声源的方法有下述三种：①置换法，把机器移开，用标准声源代替它作测量；②并摆法，若机器不便移动，可以把标准声源放在对称的位置；③比较法，把标准声源放在厂房另一点，周围反射面位置和机器旁相似。

标准声源有空气动力式、电声式和机械式三种。空气动力式标准声源是一种特殊设计的风扇。由风扇的旋转速度和风扇叶片大小形状决定声功率输出和频谱特性。电声式标准声源是由数只扬声器组成，并由无规噪声信号激发。机械式标准声源是将标准冲击机放入金属罩

内打击薄板辐射噪声。从声功率来看，基本上有两类，一类为（90±5）dB，另一类则为大于100dB。标准声源的另一个特性是它的功率谱特性，通常在200~6000Hz之间功率谱是比较平直的，此外标准声源应该基本上没有方向性。

5.2.4 振速法

在实际工作中，经常会遇到下列情况：①背景噪声比被测机器直接辐射的噪声还要高；②需要将结构噪声与空气动力噪声分类开；③需要确定整个声源的噪声是来自机器的结构噪声还是来自机组的另一部分；④需要确定机器负载的噪声又要排除被拖动负载及其他噪声的影响。

遇到上述情形就需要采用所谓的振速法测量声源声功率。国家标准中只有一项与振速法有关，即GB/T 16539—1996（声学 振速法测定噪声源声功率级 用于封闭机器的测量）。

标准中的封闭机器是指机械结构振动噪声主要通过封闭于机器外表面辐射的那类机器设备。测量时将振动传感器安装在机器表面上，作为宽频率范围的振动测量，优先采用压电加速度计。在规定的运行条件下，各测点在规定的频率范围内按频带测定振动速度级，对于第 i 个测点，有

$$L_{vi} = L'_{vi} - K_{Ii} + K_{mi} \tag{5.2.19}$$

式中，L'_{vi} 是未修正的实测振动速度级；K_{Ii} 是附加结构修正因数；K_{mi} 是传感器质量修正因数。一般情况下，上述修正因数可以忽略。

测点分为均匀分布和不均匀分布两种情况。当从初始结果中已知振动测试面的某些部分比其他部分的振动更强烈时，则应该在较强的那部分更密集地配置测点，这就是不均匀分布测点。对于均匀分布测点，以分贝值表示的平均速度级为

$$L_v = 10\lg\left[\frac{1}{N}\sum_{i=1}^{N}10^{0.1L_{vi}}\right] \tag{5.2.20}$$

对于不均匀分布测点，以分贝值表示的平均速度级为

$$L_v = 10\lg\left[\frac{1}{S_S}\sum_{i=1}^{N}S_{Si}10^{0.1L_{vi}}\right] \tag{5.2.21}$$

式中，S_S 为振动测量面面积。注意，L_v 的基准速度为50mm/s。

于是，声功率级为

$$L_{wS} = L_v + \left[10\lg\frac{S_S}{S_0} + 10\lg\sigma + 10\lg\frac{\rho_0 c_0}{(\rho c)_0}\right] \tag{5.2.22}$$

式中，$\rho_0 c_0$ 为空气特性阻抗；$(\rho c)_0 = 400\mathrm{N\cdot s/m}$；$S_0 = 1\mathrm{m}^2$，$\sigma$ 为辐射指数。

各种类型机器的辐射指数通常是经过大量试验取得的，具体方法可参看GB/T16539—1996中附录D的规定。如果被测机器可作为一种零阶振动球形声辐射模式考虑，则辐射指数的理论计算公式为

$$10\lg\sigma = -10\lg\left[1 + 0.1\frac{c_0^2}{(fd)^2}\right] \tag{5.2.23}$$

式中，f、c_0 分别为频率和空气中的声速；d 为声源特征尺寸，$d \approx \sqrt{S/\pi}$ 或 $d \approx \sqrt[3]{2V}$，S 为声源近似的辐射面积，V 为声源体积。

5.2.5 测量实例

1. *声强法测定声功率*

下面以电动机/液压泵组件为例，说明利用声强法测量声源声功率的过程。

（1）被测声源和实验条件　被测声源为 LoherGmbh 异步电动机，额定功率为 20kW，转速为 1470r/min；所带液压泵为 DanfossVpA20，工作压力为 180×10^5Pa，活塞数为 7，活塞排量为 $20cm^3$；供油频率为 7×1470/60L/s = 171.5 L/s，储油箱容积为 $100\times67\times75cm^3$。电动机安装在储油箱的顶部，整套组件安装在 $200m^3$ 的混响室中，以便按照 ISO 3741，用常规的声压测量法确定声源的声功能率，并与声强法测量结果相比较。

（2）仪器设备　由于液压泵产生的噪声不能从电动机产生的噪声中分离出来，因此，不能用声压法来确定电动机或液压泵辐射的声功率，但声压法测量得到的空载电动机的 A 计权声功率级近似等于 65dB，而电动机与液压泵共同工作时，A 计权声功率级近似为 88dB。因此，可初步判定液压泵是主要的噪声源。

要分别确定电动机和液压泵在正常负荷状态下所发出的声功率，只有采用声强测量法。测量所使用的仪器是 1/3 倍频程实时 B&K2133 声强分析系统，系统的连接情况如图 5.2.2 所示。

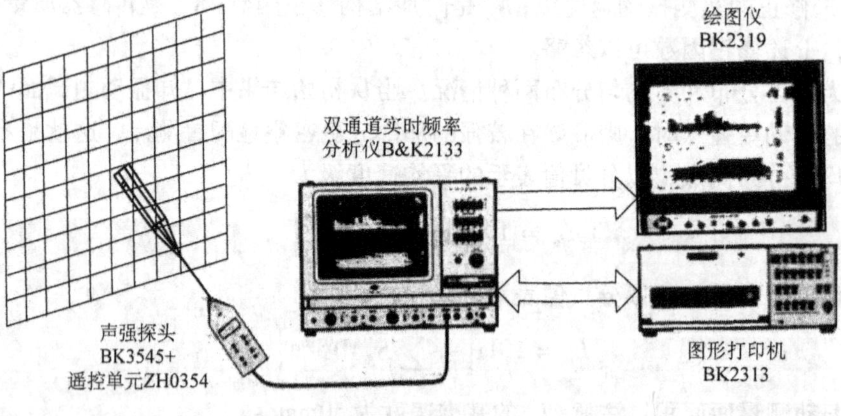

图 5.2.2　实时声强测量分析系统

（3）测量表面和测点　电动机和液压泵均采用矩形箱型封闭面为测量面，共 11 个（电动机 5 个面，液压泵 6 个面）。除液压泵背面布置 20 个测点外，每一个测量面上均有 25 个测点，总共 270 个测点。电动机周围每一个测点代表离散面积 $0.09m^2$，液压泵周围每个测点代表 $0.01m^2$。为了便于探头定位，制作了一个间距为 10cm 的格栅式矩形框架，如图 5.2.3 所示。

为了保证测量精度（5kHz 内为 ±1dB，10kHz 内为 ±1 ~ 4dB），选用由一对 1/2″相位匹配的传声器和 12mm 分隔器组成的声强探头。探头固定在三角支架上，并装有球形风罩以降低电动机风扇所产生的气流的影响。在每个测点，选取的线性平均时间为 8s，因此，总的测量时间为 33min。

（4）测量结果及降噪措施　表 5.2.6 列出了用声强法测量的声功率级值。声强法测出的电动机和储油箱的 A 计权声功率级比液压泵高出 2.5dB，这说明电动机及储油箱比液压泵

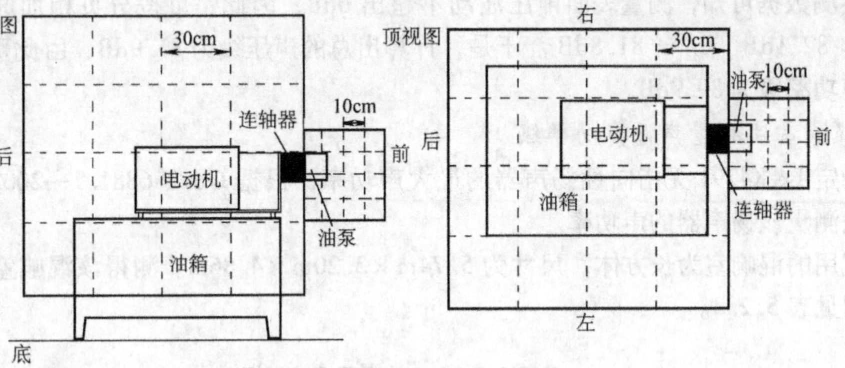

图 5.2.3　测量面及测点布置图

发出的噪声功率多。根据上述测量结果可以采取相应的降噪措施（如使储油箱与整个泵站形成相对隔离），可以使声功率级下降 2.5dB。

表 5.2.6　声强法测量声功率的结果

	声强法	
声功率级	dB	dB (A)
电动机及储油箱	86.7	85.8
液压泵	83.5	83.3
差值	3.2	2.5
电动机及液压泵	88.4	87.8

2. 声压法测定机器声功率

被测声源为一台大宇牌手电钻（见图 5.2.4），工作电压 220V，功率 320W，空载转速 2800r/min。将被测手电钻放置在半消声室地面上，按照 GB/T 6882—2008，采用半球测量表面，用声级计及其延长线测量半球面上规定点的声压级。

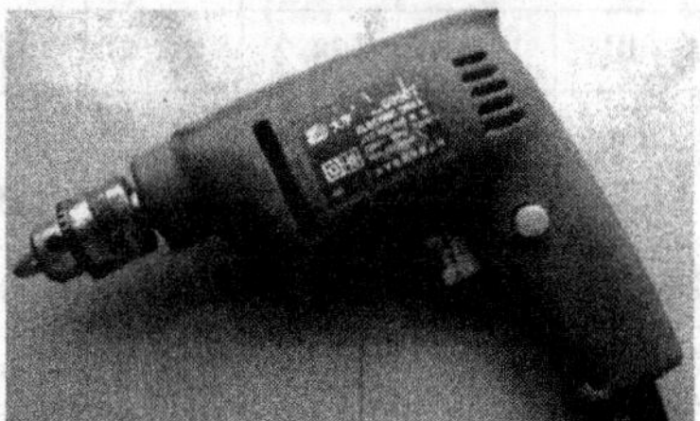

图 5.2.4　被测声源

主要实验仪器为 HS6288B 型噪声频谱分析仪，连接 10m 专用延长电缆，测量范围为 40 ~ 130dB，频率范围为 31.5 ~ 8kHz。将传声器经延长电缆与声级计相连，校准后用支架夹持并指向声源，仪器设置为线性频率计权和慢时间计权，根据球面半径尺寸（1m）依次确定各测点位置，测量 10s 的等效连续声级，实测数据见表 5.2.7。

表 5.2.7　测量数据

测　点	1	2	3	4	5	6	7	8	9	10
第 1 次测量/dB	81.8	82.3	79.3	79.8	80.1	84.0	83.5	83.0	81.5	84.3
第 2 次测量/dB	80.0	82.7	78.8	79.6	81.8	84.1	82.0	83.0	81.5	84.5

由实测数据可知，测量表面声压波动不超出6dB，因此，可按分贝相加原理分别计算出：$\overline{L}_{p1}$ = 82.1dB，$\overline{L}_{p2}$ = 81.8dB。于是，计算出总的声压级为81.9dB，由此可推算出被测声源的声功率级为89.9dB。

3. 混响室法测量声源声功率级

为确定B&K4291无指向性扬声器的最大声功率，根据GB/T 6881.1—2002，采用混响室精密法测量该扬声器的声功率。

测试用的混响室为长方体，尺寸为5.74m×3.20m×4.86m。测得该混响室1/3倍频程混响时间见表5.2.8。

表5.2.8 1/3倍频程混响时间

频率/Hz	100	125	160	200	250	315	400	500	630	800	1000	1250
时间/s	8.2	7.9	7.5	7.1	6.1	5.0	5.0	5.0	5.0	4.5	4.2	3.9
频率/Hz	1600	2000	2500	3150	4000	5000						
时间/s	3.7	3.6	3.3	2.8	2.4	2.4						

将被测声源置于地面上不对称的位置，输入相应于最大噪声功率的粉红噪声电压，将6个传声器按GB/T 6881.1—2002的要求布放，通过前端与系统相连。测得的6个传声器平均声压级$\overline{L}_p$见表5.2.9所示，按式（5.2.15）计算的声功率级见表5.2.10，声功率级谱图如图5.2.5所示。

表5.2.9 1/3倍频程平均声压级

频率/Hz	100	125	160	200	250	315	400	500	630	800	1000	1250
$\overline{L}_p$/dB	104.7	108.7	115.8	118.0	116.0	114.6	111.9	100.0	108.8	107.6	106.6	105.6
频率/Hz	1600	2000	2500	3150	4000	5000						
$\overline{L}_p$/dB	108.3	108.2	103.8	101.2	98.2	98.2						

表5.2.10 1/3倍频程声功率级

频率/Hz	100	125	160	200	250	315	400	500	630	800	1000	1250
L_w/dB	103.1	106.9	113.9	116.1	114.6	113.9	111.0	109.0	107.7	106.9	106.1	105.4
频率/Hz	1600	2000	2500	3150	4000	5000						
L_w/dB	108.3	108.3	103.8	102.3	100.0	100.0						

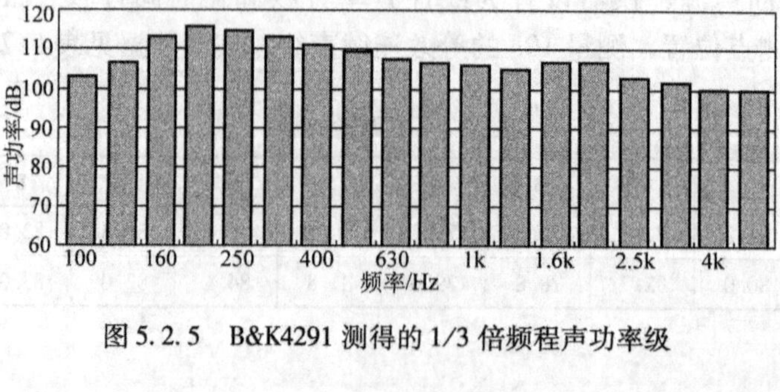

图5.2.5 B&K4291测得的1/3倍频程声功率级

5.3 噪声源识别与定位

噪声测量的一项重要内容就是估计和寻找产生噪声的声源。确定噪声源位置是实施控制噪声措施的先决条件。从声源上控制噪声可以大大减轻噪声治理的工作量，而且对促进生产低噪声产品研制，提高产品质量和寿命有直接效果，同时噪声源识别技术是声学测量技术的综合运用，具有很强的技术性。因此，噪声源识别有很大的现实意义。

噪声源识别的本质在于正确地判断作为主要噪声源的具体发声零部件，主要辐射部分。有时还要求对噪声源的特点及其变化规律有所了解。噪声源识别的要求有以下两个主要方面：

1）确定噪声源的特性，包括声源类别，频率特性，变化规律和传播通道等。在复杂的机械中，用一种测量方法要明确区分声源的主次及其特性实际上往往是比较困难的。因此，经常需要综合应用多种测量方法和信号处理技术，以便最终达到明确识别的目的。

2）确定噪声产生的部位、主要的发声部件等以及各噪声源在总声级中的比重。对多声源噪声，控制噪声的主要方法之一是找到发声部件中占噪声总声级中比重最大的声源噪声，采取措施进行降噪，可达到事半功倍的效果。

噪声源识别方法很多，从复杂程度、精度高低以及费用大小等方面均有不少的差别，实际使用时可根据研究对象的具体要求，结合人力物力的可能条件综合考虑后予以确定。具体说来，噪声源识别方法大体上可分为两类：第一类是常规的声学测量与分析方法，包括分别运行法、分别覆盖法、近场测量法、表面速度测量法等。第二类是声信号处理方法，它是基于近代信号分析理论而发展起来的，如声强法、表面强度法、谱分析、倒频谱分析、互相关与互谱分析、相干分析等。在不同研究阶段可以根据声源的复杂程度与研究工作的要求选用不同的识别方法或将几种方法配合使用。

5.3.1 声学测量法

人的听觉系统具有比最复杂的噪声测量系统更精确的区分不同声音的能力，经过长期实践锻炼的人，有可能主观判断噪声声源的频率和位置。有经验的操作、检验人员在生产现场就能从机器运转的噪声中判断是否正常，并能判定造成异常的原因。这种主观评价法在生产实际中往往是很有用的。为了避免其他干扰因素，还可以借助医用听诊器等。然而，主观判断法并非是人人能达到判断效果的，因为其带有主观因素，同样的机器噪声，不同的人鉴别的结果往往不一致。此外，主观评价法也无法对噪声源作定量的评价。因此，人们常常采用声学测量和信号分析等方法。

1. *声压法*

（1）近场测量法　这种方法简便易行，通常用于寻找机器的主要噪声源。具体做法是用声级计在紧靠机器的表面扫描，并从声级计的指示值大小来确定噪声源的部位。

根据声学原理，近场测量法的正确性是有条件的。传声器测得的声级主要应是靠近的某个噪声源引起的，而其他噪声源对测量值没有影响或影响很小。但是某一点的声场总会受到附近其他声源的混杂，尤其是在车间现场，所以近场测量法不能提供精确的测量值。因此，这种方法通常用于机器噪声源的粗略定位。

（2）选择运行法 选择运行法就是设法将机器中的运转零部件按测量要求逐级连接或逐级分离进行运行，分别测得部分零件的声级及其在机器整体运行时总声级中所占的份额，从而确定主要噪声源的方法。这种方法对复杂的机器，尤其是多级齿轮传动机器的噪声源识别相当有用。当然这种方法只有当机器的各部分可以分别脱开运行的情况下才能使用。

例如，要估计风机的电动机和风扇产生的噪声，可以断开风扇，只开动电动机，测量电动机的噪声。由电动机的噪声级和频谱与风机总噪声级和频谱，根据声级叠加原理可估计出风扇噪声的声级和频谱。在测量电动机的噪声时，应该保持电动机的负荷不变。风机噪声与电动机噪声的差别越大，风扇噪声的估计准确度越高。

（3）选择覆盖法 对于不能改变运行状态的情况，通常采用选择覆盖法识别噪声源。这种方法用隔声材料（铅板）把机器各部分分别覆盖起来以测定未覆盖部分的噪声以确定噪声源。覆盖层（隔声罩）要专门设计以保证覆盖后的噪声比覆盖前小 10dB。测某一部位的噪声时要将其他部位覆盖起来，这样就相当于分别测取了各个独立的噪声源。将各部位测得的噪声大小进行比较即可找出主要噪声源。

隔声罩可用 1～1.5mm 厚的铅板罩住机器的某部分，罩内填矿棉或玻璃纤维。这种覆盖技术大约可以降低噪声 10～15dB（A），故易与未覆盖的振动面区分开。不过，这种方法适用于识别中频和高频噪声，因为隔声罩的低频隔声能力很差。也可以根据噪声特性来区分，例如测量发动机的机械噪声和排气噪声时可以把排气管引到墙外，并对缝隙密封。这样在室内可以测得发动机的机械噪声，在墙外可以测量排气噪声。

2. 声强法

在三维流体声场中，声强矢量等于有效声强矢量与声强偏差的矢量和。声强偏差表征声场中局部区域内声能流，其矢量流线为环状。窄频域中声强偏差通常是非零有旋矢量，因此，窄频带中声强矢量不一定是沿径向背离声源的。各频率点声强矢量流线通常是曲线形状，特别是在近场或反射波较强的区域，声强流线的曲率半径较小，有些频率点声强矢量甚至指向声源，这说明由声场中几点处单一频率声强矢量不能推断出声源所在方位。随着频率带宽的增加，声强偏差的影响减少。当声强偏差值可以忽略时，声强矢量等于有效声强矢量。声强矢量流线代表声场中实际功率流线，即由声源出发到无限远区域或功率吸收点终止。在这种情况下根据不在一个平面上的几点声强矢量可以判断声源所在方位。用于声源定位的分析频率带宽一般不应窄于 1/3 倍频程带宽；根据经验，最好选用包含几个倍频程带宽的频带为分析频率带宽。某点处声强矢量由该点处 3 个正交方向上声强测量值估算。例如，在笛卡儿坐标空间中，若在 3 个正交轴向上声强测量值为 I_x、I_y 和 I_z，则声强矢量幅值为

$$I = \sqrt{I_x^2 + I_y^2 + I_z^2} \tag{5.3.1}$$

声强矢量与 x、y、z 轴向的夹角分别为

$$\varphi_x = \arccos\left(\frac{l_x}{l}\right);\ \varphi_y = \arccos\left(\frac{l_y}{l}\right);\ \varphi_z = \arccos\left(\frac{l_z}{l}\right) \tag{5.3.2}$$

通常情况下，用声强技术定位声源是非常耗费时间的，除非声强仪能同时测量声强矢量的三个正交轴向分量，否则每点处要进行三次测量才能确定其声强矢量。声源定位精度主要与流体声场特性有关，对于阻性声场，声源定位精度通常较高。

应用少数几点处声强矢量定位声源时，定位精度与测点位置选择有关。测点位置最好均匀地分布在声源周围，一旦声源位置初步确定后，与声源相距较远的测点处的声强矢量应当

抛弃。如果声场中声强矢量空间分布已测定，则声源和功率吸收点的位置就能容易地确定。声强技术还能非常有效地用于寻找隔墙或封闭空间的漏声位置，检查隔声室、消声室和隔声罩等封闭空间的隔声质量。在隔声实验以前，声强技术可以用于检查测试构件的密封情况。当声场是几个声源辐射场的叠加时，声强技术可以用于寻找主要辐射声源；按辐射声功率大小顺序排列声源。对于复杂机器的声辐射，可以应用扫描式测量方法测量机器的各部分（表面）声辐射功率，找出主要声辐射区域或部件。

我们知道，在点声源或其组合声源辐射近场中，瞬态声强无功分量远大于其有功分量。但反过来就不一定成立，即当某物体表面附近有很强的瞬态声强无功分量时，并不意味着该物体是声源。例如，在封闭室内混响声场中。此外，近场中瞬态声强无功分量的大小不能反映声源辐射效率的强弱。因此，瞬态声强无功分量（复数声强的虚部）只能是声源定位的一种辅助手段，用于初步分析。

3. 阵列法

传声器阵列是由许多传声器按一定方式排列组成的阵列，具有强指向性，可用来测定声源的空间分布，即求出声源的位置和强度，因而可识别机车行进时的噪声源。将数字技术应用于声望远镜，可以实现声望远镜的空间自动扫描。因此，可以对高速运动的声源（如火车、飞机）进行分析，并对接收的声信号进行频谱分析，从而得出不同频段内声源的空间分布。目前使用最广泛的方法是把传声器排列在直线上，此系统称为线列阵指向性系统。

线列阵利用许多拾声点上接收信号的干涉效应而产生的指向性。但这种等间距、等强度的线列阵的旁瓣比较大，如果各传声器的信号按一定规则修正，则可以抑制旁瓣。常用传声器阵按照契比雪夫级数的系数修正，这样可使主瓣变宽但旁瓣下降30dB。

传声器阵可用模拟电路来完成，但目前一般采用数字方法处理。将传声器输出信号采样，经模数转换送入计算机，通过计算机自动更换聚焦点位置，在 xy 线上扫描，得出 xy 线上声源强度的分布，同时用FFT计算出各点的频谱。

用线列阵传声器每次只能测定分布在一条线上的声源，如果要同时分析几个方向的声源的分布情况，则必须使用几个传声器阵列或方阵。

传声器阵望远镜的另一原理是：首先对声望远镜中两个传声器输出信号做互相关，然后利用时延做FFT求出频谱。频谱与两个传声器的距离有关，用两个传声器距离做FFT即可得到从不同方向传来的不同频带声波的强度关系。

5.3.2 信号分析法

1. 时域分析法

根据各声源或声源各部分时间特性的差别来识别，它对有离散谱的信号更为合适。如果机器产生脉冲噪声，可记录噪声的时间历程。在双线性示波器上显示，另用一路显示标记脉冲，由机器某运动部分触发以使噪声和机械动作相联系。一旦噪声信号与机械振动联系起来就可确定噪声来自振动部分。

平均技术是时域分析法的发展。有时在噪声和振动时间历程中，由于背景噪声太高，难以区分离散重复事件。把背景噪声按机器工作一周分段，用许多周的信号求平均，无周期性部分信号多次平均后增长较慢，而周期信号增长较快，因此可检出周期信号。通常取10～100工作周期信号平均，以明显区别出重复事件。平均过程利用计算机来完成。

2. 频域分析法

如果噪声源的噪声在不同频率区域，可以采用窄带频谱分析法。用加速度计测量噪声源的振动，用传声器测量某点的声压，求出它们的频谱进行分析。某噪声源的振动信号频谱的主要部分和声信号频谱的主要部分位于相同频率区域，或在某些频率都有峰值，即可认为这一噪声源是主要噪声源。

如果几部机器或一部机器各部分发声的频谱不同并且已知时，测量总噪声谱可以分析出各部分对总噪声的贡献。

3. 相关分析法

如果同时存在许多噪声源，用相关分析法测量声源处和观察点之间声信号与某波形或滤波包络的互相关函数，就可识别噪声源并判断该噪声源对观察点的总噪声有多大贡献。较强的互相关性所对应的机器为主要噪声源。

4. 相干分析法

在声源识别中，用时域互相关函数方法得到的信息，也可用频域的相干函数得到。相干函数值越大，说明该声源对测量点声音的影响越大。分别求出各个声源与测量点信号之间的相干函数，通过比较便可确定主要噪声源。求相干函数可用 FFT 算法。

第 6 章

声学材料与声学结构的测量

6

在噪声控制和建筑声学工程中要使用大量的声学材料和声学结构，其声学性能的测试是声学测量的重要内容，主要包括两方面：①吸声性能的测量，包括吸声系数和声阻抗率两个参数的测量；②隔声性能的测量，主要是隔声量的测量。本章对上述参数的各种测量方法分别加以介绍。

6.1 吸声系数和声阻抗率测量

使用吸声材料是一种重要的噪声控制方法，同时它还是一种控制室内音质的重要方法。一个好的剧院、礼堂、录音室、会议厅等建筑物，除结构强度、建筑美学等方面的考虑外，还必须具有良好的音质条件。所谓良好的音质条件是指，对于音乐和语言来说要有良好的听闻条件和足够低的噪声水平。一般说来，室内音质除与它的空间形状和几何尺寸有关外，在很大程度上还决定于建筑物墙壁和室内物品对声音的吸收程度。绝大多数物体对声音都有或多或少的吸收作用，但为了控制音质，时常需要采用以吸声为主的吸声材料。在工程实践中，首先要测定备选声学材料的吸声系数，然后根据厅堂功能，结合室内空间形状、体积和表面积计算出要达到理想音质所需要的吸声量，最后在设计要求指导下铺设合乎要求的吸声材料。由此可见，声学材料吸声系数的测量是一项重要的基础性工作。另外，由声学基础知识可知，材料的吸声系数与其声阻抗率有直接关系，因此，它们常常被作为同一类声学参量予以考虑。

吸声系数作为描述吸声材料吸声性能的物理量，定义为被吸声材料吸收的声能与入射声能之比。在我国国家标准中，与吸声系数和声阻抗率有关的是：①GB J88—1985《驻波管法吸声系数与声阻抗率测量规范》；②GB/T 20247—2006《声学　混响室吸声测量》；③GB/T 18696. 1—2004《声学　阻抗管中吸声系数和声阻抗的测量　第 1 部分：驻波比法》；④GB/T 18696. 2—2002《声学　阻抗管中吸声系数和声阻抗的测量　第 2 部分：传递函数法》。

归纳起来，测量吸声系数的测试方法主要分三类：声波导管法、自由声场法和混响室法。前两种方法所测的是吸声材料的垂直入射或斜入射的吸声系数，后者所测得的是吸声材料的无规入射吸声系数。下面分别予以介绍。

6.1.1 驻波管法

1. 吸声系数测量

用驻波管法只能测定吸声材料的垂直吸声系数，该方法既简单又经济，根据测量结果可推算到均匀无规入射条件下的吸声系数，所以在一定意义上可以代替既费时而又不经济的混响室法。当然，这种换算只能适用于吸声材料是“局部反应”（local reactive）的材料。

（1）测量装置　由第1章中有关声波导管的知识可知，如果在管中声波频率低于管道截止频率，则管道中只传播平面波。利用平面波在有限长管道中驻波分布特点即可得到管道末端声学材料的吸声系数。

用有限长管道构成的驻波管，其结构如图6.1.1所示，其主要部分是一根内壁坚硬光滑、截面均匀的管道，管道的末端安装被测材料样品。限制驻波管中声源频率在管道截止频率以下，这样由扬声器向管道下游辐射的声波在管中以平面波形式传播。驻波管法测量吸声系数的频率上限是管道的截止频率，对于圆管和方管，其截止频率f_{c0}和f_{s0}的计算公式分别是

$$f_{c0} = \frac{1.84}{\pi} \cdot \frac{c_0}{D} \tag{6.1.1}$$

$$f_{s0} = \frac{c_0}{2L} \tag{6.1.2}$$

式中，D为圆管直径；L为方管边长；c_0为空气中的声速。

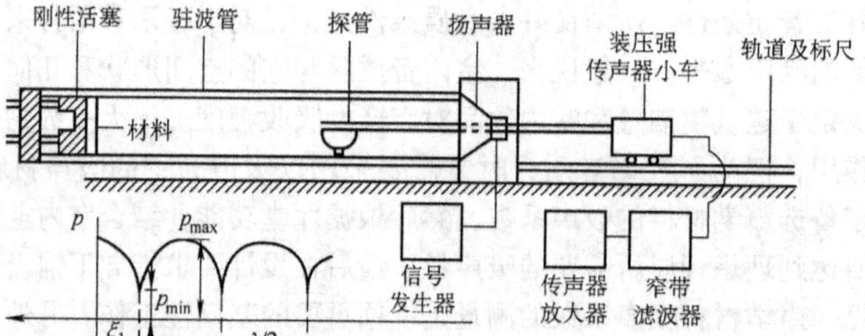

图6.1.1　驻波管的结构及测量装置简图

图6.1.1所示的驻波管为单传声器驻波管。在管中，平面波在材料表面被反射回来，其结果是在管中建立起驻波声场。从材料表面算起，管中出现了声压极大值和极小值的交替分布。利用可移动的探管传声器，可测出声压极大值与极小值的声级差（或极大值与极小值的比值），由此便可确定垂直入射吸声系数。虽然信号源输给扬声器的是单频电信号，但扬声器发出的并不一定是纯音，所以在接收端必须进行滤波才能除去不必要的高次谐波分量。由于要满足在管中传播的声波为平面波和必要的声压极大值、极小值的数目，常设计有低、中、高频三种尺寸和长度的驻波管，分别适用于不同频率范围。对于整个测量范围，要求反射面的驻波比G的对数（$20\lg G$）在40dB以上。

（2）测试原理　如前所述，当声波的频率满足关系式$f < f_{c0}$时，圆管中只能传播平面声波，声波从试件表面（参考平面）反射回来，在管中形成驻波。设p_i为入射波，可写成

$$p_i = p_0 e^{j(\omega t - kx)} \tag{6.1.3}$$

式中，k 为波数。

设材料的反射系数为 r，则反射声波的声压 p_r 可表示为

$$p_r = r p_0 e^{j(\omega t + kx)} \tag{6.1.4}$$

引进相角

$$\theta = -kx = -2\pi x/\lambda \tag{6.1.5}$$

式中，λ 为波长。

式（6.1.5）表明：当探管末端从被测材料表面离开时，θ 由零变为正值与（$-x$）成正比例变化，每移过一个波长的距离，θ 增加 2π。

将式（6.1.5）代入式（6.1.3）、式（6.1.4）两式，并略去时间因子，则管内任意一点处的总声压可写成

$$p = p_i + p_r = p_0 [e^{j\theta} + r e^{-j\theta}] \tag{6.1.6}$$

因反射系数一般是复数，可写成 $r = |r| e^{j\delta}$，r 是一个比1小的数值，δ 是反射时的相位移。从式（6.1.4）知，声压极大值与声压极小值分别为

1）当 $\theta = n\pi + \delta/2$ 时，$n = 0, 1, 2, \cdots$

$$|p_{max}| = p_0 (1 + |r|) \tag{6.1.7}$$

2）当 $\theta = \left(\frac{2n+1}{2}\right)\pi + \frac{\delta}{2}$ 时，$n = 0, 1, 2, \cdots$

$$|p_{min}| = p_0 (1 - |r|) \tag{6.1.8}$$

根据垂直入射吸声系数的定义，有

$$\alpha = 1 - |r|^2 \tag{6.1.9}$$

若规定驻波比为

$$G = \frac{|p_{min}|}{|p_{max}|} \tag{6.1.10}$$

将式（6.1.6）、式（6.1.8）代入上式，得

$$G = \frac{1 - |r|}{1 + |r|} = \frac{1 - \sqrt{1 - \alpha}}{1 + \sqrt{1 - \alpha}} \tag{6.1.11}$$

最后得到

$$\alpha = \frac{4G}{(1 + G)^2} \tag{6.1.12}$$

式（6.1.12）说明，只要确定极大声压和极小声压的比值，就可以求出垂直入射的吸声系数。

如果驻波比以分贝为单位，即实际测定的是声压级极大值和极小值间的声压级差 L，即 $L = -20\lg G$，则可由下式求得 α

$$\alpha = \frac{4 \times 10^{-\frac{L}{20}}}{[1 + 10^{-\frac{L}{20}}]^2} \tag{6.1.13}$$

上面两式中的 G、L 和 α 三个参数是等价的，测定了其中的一个就可以求出其他二个。G、L 和 α 值之间的数值关系可查阅表6.1.1得到。

表6.1.1 G、L和α的关系

α	$1/G$	G	L/dB	α	$1/G$	G	L/dB
0.01	398	0.0025	52.0	0.51	5.67	0.1765	15.1
0.02	198	0.0050	45.9	0.52	5.51	0.1815	14.8
0.03	131.3	0.0076	42.3	0.53	5.36	0.1865	14.6
0.04	96.7	0.0103	39.7	0.54	5.22	0.1917	14.4
0.05	78.0	0.0128	37.8	0.55	5.08	0.1970	14.1
0.06	64.7	0.0155	36.2	0.56	4.94	0.202	13.9
0.07	55.1	0.0181	34.8	0.57	4.81	0.208	13.6
0.08	48.0	0.0208	33.6	0.58	4.68	0.214	13.4
0.09	42.4	0.0236	32.6	0.59	4.56	0.219	13.2
0.10	38.0	0.0263	31.6	0.60	4.44	0.225	13.0
0.11	34.3	0.0291	30.7	0.61	4.33	0.231	12.7
0.12	31.3	0.0319	29.9	0.62	4.21	0.237	12.5
0.13	28.7	0.0348	29.2	0.63	4.11	0.244	12.3
0.14	26.5	0.0377	28.5	0.64	4.00	0.250	12.0
0.15	24.6	0.0406	27.8	0.65	3.90	0.257	11.8
0.16	23.0	0.0436	27.2	0.66	3.78	0.263	11.6
0.17	21.5	0.0466	26.6	0.67	3.70	0.270	11.4
0.18	20.2	0.0496	26.1	0.68	3.61	0.277	11.1
0.19	19.0	0.0526	25.6	0.69	3.51	0.285	10.9
0.20	17.4	0.0557	25.1	0.70	3.42	0.292	10.7
0.21	16.99	0.0589	24.6	0.71	3.33	0.300	10.5
0.22	16.12	0.0620	24.2	0.72	3.25	0.308	10.2
0.23	15.33	0.0652	23.7	0.73	3.16	0.316	10.0
0.24	14.60	0.0685	23.3	0.74	3.08	0.325	9.8
0.25	13.93	0.0718	22.9	0.75	3.00	0.333	9.5
0.26	13.31	0.0751	22.5	0.76	2.92	0.342	9.3
0.27	12.74	0.0785	22.1	0.77	2.84	0.352	9.1
0.28	12.20	0.0820	21.7	0.78	2.77	0.361	8.8
0.29	11.71	0.0854	21.4	0.79	2.69	0.371	8.6
0.30	11.24	0.0890	21.0	0.80	2.62	0.382	8.4
0.31	10.81	0.0925	20.7	0.81	2.55	0.393	8.1
0.32	10.40	0.0961	20.3	0.82	2.47	0.404	7.9
0.33	10.02	0.0998	20.0	0.83	2.40	0.416	7.6
0.34	9.66	0.1035	19.7	0.84	2.33	0.429	7.4
0.35	9.32	0.1037	19.4	0.85	2.26	0.442	7.1
0.36	9.00	0.1111	19.1	0.86	2.20	0.455	6.8
0.37	8.70	0.1150	18.8	0.87	2.13	0.470	6.6
0.38	8.41	0.1190	18.5	0.88	2.06	0.485	6.3
0.39	8.13	0.1230	18.2	0.89	1.99	0.502	6.0
0.40	7.87	0.1270	17.9	0.90	1.93	0.520	5.7
0.41	7.62	0.1311	17.7	0.91	1.860	0.539	5.4
0.42	7.39	0.1353	17.4	0.92	1.789	0.559	5.1
0.43	7.16	0.1396	17.1	0.93	1.720	0.581	4.7
0.44	6.95	0.1439	16.8	0.94	1.649	0.606	4.4
0.45	6.74	0.1484	16.8	0.95	1.576	0.635	4.0
0.46	6.59	0.1518	16.4	0.96	1.500	0.667	3.5
0.47	6.35	0.1574	16.2	0.97	1.419	0.705	3.0
0.48	6.17	0.1620	15.8	0.98	1.329	0.752	2.5
0.49	6.00	0.1668	15.6	0.99	1.222	0.818	1.7
0.50	5.83	0.1716	15.3	1.00	1.000	1.000	0.0

（3）测试方法　利用驻波管测定吸声材料垂直吸声系数的方法如下：

1）调整信号源的频率到指定的数值，并调节信号源输出以得到适宜的声压大小。

2）让传声器小车停留在除极小值外的任一位置，改变接收滤波器通带的中心频率，使指示仪表得到最大读数。

3）将探管端部移至试件表面处，然后慢慢离开，找到一个声压极大值，并改变放大器增益，使仪表指针正好满刻度，再小心地找出相邻的第一极小值，可算出 G 或 L，由表 6.1.1 即可查得 α 值。

2. 声阻抗率的测量

用驻波管法可测定吸声材料的法向声阻抗率。法向声阻抗率的定义为

$$Z_n = \left(\frac{p}{u}\right)_{x=0} \tag{6.1.14}$$

式中，p 为声场任意一点的总声压；u 是相应点处的质点振动速度。

根据运动方程，平面波质点振动速度与声压有如下的关系

$$u = -\frac{1}{\mathrm{j}\omega\rho_0}\frac{\partial p}{\partial x} \tag{6.1.15}$$

将式（6.1.6）代入式（6.1.15），可求得管内任一点处的质点速度为

$$u = \frac{p_0}{\rho_0 c_0}[\mathrm{e}^{\mathrm{j}\theta} - r\mathrm{e}^{-\mathrm{j}\theta}] \tag{6.1.16}$$

将式（6.1.6）和式（6.1.16）代入式（6.1.14），考虑到在 $x = 0$ 处，$\theta = 0$。于是，有

$$\xi = \frac{Z_n}{\rho_0 c_0} = \frac{1 + r}{1 - r} \tag{6.1.17}$$

式中，ξ 称为比声阻抗率，表示材料声阻抗率与空气特性阻抗率（$\rho_0 c_0$）的比值，是一个量纲为 1 的量，而且一般情况下是复数，有

$$\xi = |\xi|\,\mathrm{e}^{\mathrm{j}\varphi}$$

由式（6.1.17）可推导得

$$|\xi|^2 = \frac{1 + |r|^2 + 2|r|\cos\delta}{1 + |r|^2 - 2|r|\cos\delta} \tag{6.1.18}$$

$$\tan\varphi = \frac{2|r|\sin\delta}{1 - |r|^2} \tag{6.1.19}$$

如果在确定驻波比外，又测得第一个声压极小值的位置（即图 6.1.1 中的距离 ξ_1），即可由式（6.1.3）和式（6.1.7）两式可解得 $k\xi_1 = \frac{\pi}{2} + \frac{\delta}{2}$，因此

$$\frac{2\xi_1}{\lambda} = \frac{1}{2} + \frac{\delta}{2\pi} = b \tag{6.1.20}$$

将式（6.1.9）和式（6.1.20）代入式（6.1.18）、式（6.1.19）两式，可以得到

$$|\xi|^2 = \frac{(2 - \alpha) - 2\sqrt{1 - \alpha}\cos 2\pi b}{(2 - \alpha) + 2\sqrt{1 - \alpha}\cos 2\pi b} \tag{6.1.21}$$

$$\tan\varphi = \frac{-2\sqrt{1 - \alpha}}{\alpha}\sin 2\pi b \tag{6.1.22}$$

由以上两式可知，测定声阻抗率的操作过程，实际上并不复杂。只要在测定垂直吸声系

数 α 的同时，读出第一个声压极小值至试件表面的距离 ξ_1 即可。至于半波长 $\lambda/2$，可以根据第一和第二个声压极小值之间的实际距离决定，也可以根据测试时实验室的温度，算出相应的声速以及测试时声波的频率由式 $\lambda = c_0/f$ 算出。

3. 两项校正

1）探管声中心的校正。由于探管对声波的衍射作用，探管所测得的极小声压位置，实际上不在探管几何末端处，而是在其前方 Δ 处的声压。根据理论的计算 Δ 值约为探管内半径的 0.8 倍，所以测量声阻抗率时的第一极小值 ξ_1，必须扣去 Δ。

2）管内声波的衰减对测试的影响及修正。如果测试的吸声材料吸声系数较小，这时候管壁的吸收（只考虑空气的黏性和热传导效应所引起的吸收，不考虑管壁的振动吸收）会给测量带来很大的误差，所以要将测量结果加以修正。

设吸收系数为 β（一般管内空气的体积吸收可忽略不计），考虑到管中平面声波受吸收的影响，则管内任一点的声压表示式可写成

$$p = p_0(\mathrm{e}^{-\mathrm{j}kx}\mathrm{e}^{\beta x} + r\mathrm{e}^{\mathrm{j}kx}\mathrm{e}^{-\beta x}) \tag{6.1.23}$$

所以，离开样本距离为 x 的总声压绝对值为

$$|p| = p_0\sqrt{\mathrm{e}^{2\beta x} + |r|^2\mathrm{e}^{-2\beta x} + 2|R|\cos(2kx - \delta)} \tag{6.1.24}$$

图 6.1.2 给出了 $|p|$ 与距离 x 的关系。

从材料表面算起第 M 个声压极大值和紧跟其相邻的第 N 个声压极小值之比为

$$[S]_{MN} = \left[\frac{|p_{\max}|}{|p_{\min}|}\right]_{MN} \approx \left(\frac{1 + |r|\mathrm{e}^{-2\beta x_M}}{1 - |r|\mathrm{e}^{-2\beta x_N}}\right)\mathrm{e}^{\beta(x_M - x_N)} \tag{6.1.25}$$

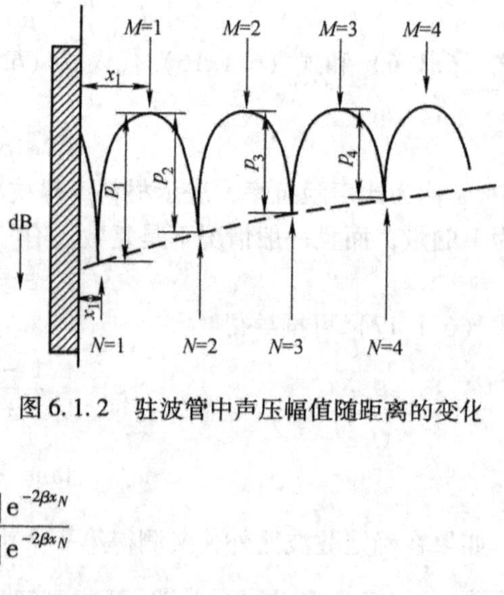

图 6.1.2　驻波管中声压幅值随距离的变化

由图 6.1.2 可知，极大值随距离的变化较小，所以在式（6.1.25）中可令

$$1 + |r|\mathrm{e}^{-2\beta x_M} \approx 1 + |r|\mathrm{e}^{-2\beta x_N}$$

而且有 $0.9937 < \mathrm{e}^{\beta(x_M - x_N)} = \mathrm{e}^{\pm\pi\beta/2R} < 1.0063$，因此令 $\mathrm{e}^{\beta(x_M - x_N)} \approx 1$。于是式（6.1.25）可写成如下形式：

$$[S]_N \approx \frac{1 + |r|\mathrm{e}^{-2\beta x_N}}{1 - |r|\mathrm{e}^{-2\beta x_N}}$$

则

$$|r| = \left(\frac{[S]_N - 1}{[S]_N + 1}\right)\mathrm{e}^{2\beta x_N} \tag{6.1.26}$$

在式（6.1.26）中如果令

$$|r_N| = \frac{[S]_N - 1}{[S]_N + 1}$$

则式（6.1.26）可写成

$$|r_N| = |r|\mathrm{e}^{-2\beta x_N} \tag{6.1.27}$$

对正常的频率和管的线度情况下，如 $n \leqslant 5$，则可估计出 $2\beta x_N \approx 1 - 2\beta x_N$，代入式

(6.1.27) 最后得到

$$|r_N| \approx |r|(1 - 2\beta x_N) \tag{6.1.28}$$

以 $|r_N|$ 作纵坐标，x_N 作横坐标作图应该是一条直线，将直线延长交于纵轴，其交点之值即为 $|r|$，求得 $|r|$ 后可由式 (6.1.9) 算出吸声材料的垂直吸声系数 α。

6.1.2　声波导中的双传声器法

上面采用的单传声器驻波管的缺点是当测试的频率较低时，需要很长的管子，同时只能用纯音进行测量。而声波导管中的双传声器法可以弥补这两方面的缺陷。所谓双传声器法就是在管道中用两个相距一定距离的相同特性的传声器的输出，经过适当的延时处理后，可有效地分离入射波和反射波，单独测出入射波和反射波就可算出材料法向入射的声学特性。对上述问题的处理可以在时域处理也可以在频域处理，下面分别介绍。

1. 时域处理法

测试装置如图 6.1.3 所示。传声器 1 和传声器 2 相隔一定距离 d，传声器 1 离材料表面的距离为 l，两个传声器分别接收到波导中的声压，传声器 1 和传声器 2 的电信号输出分别用 $m_1(t)$ 和 $m_2(t)$ 表示，这两个电信号经时域处理后，可将其中的入射波信号和反射波信号分离开来，其工作过程如图 6.1.4 所示。

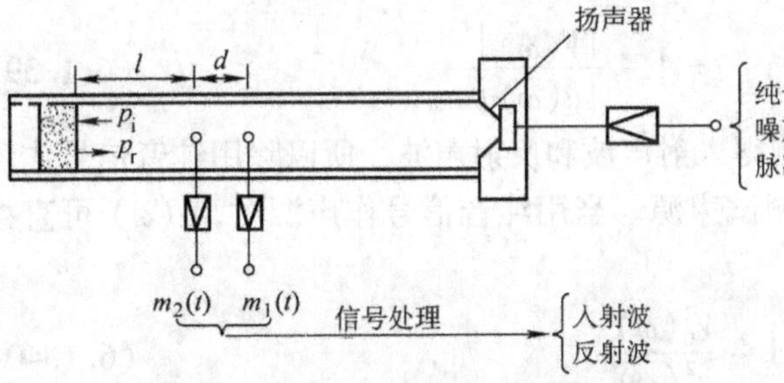

图 6.1.3　双传声器驻波管示意图

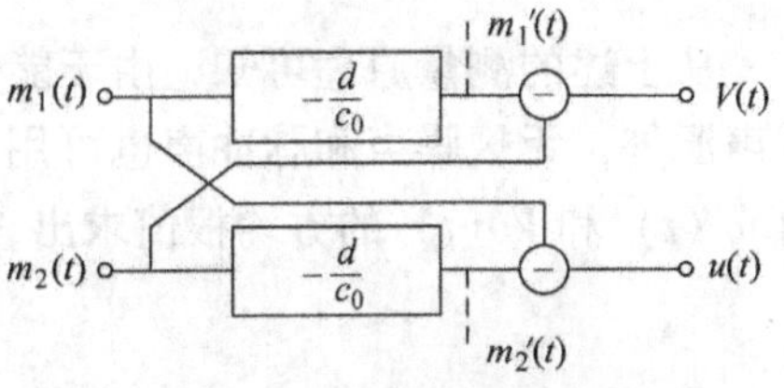

图 6.1.4　信号时域处理框图

双传声器法的工作原理如下：设传声器 1，2 的输出信号 $m_1(t)$ 和 $m_2(t)$ 经延时 $\tau = d/c_0$ 后分别用 $m_1'(t)$ 和 $m_2'(t)$ 表示，其数学表达式为

$$m_1(t) = A_1\left[p_i\left(t + \frac{l+d}{c_0}\right) + p_r\left(t - \frac{l+d}{c_0}\right)\right] \tag{6.1.29}$$

$$m_2(t) = A_2\left[p_i\left(t + \frac{l}{c_0}\right) + p_r\left(t - \frac{l}{c_0}\right)\right] \tag{6.1.30}$$

$$m_1'(t) = A_1\left[p_i\left(t + \frac{l}{c_0}\right) + p_r\left(t - \frac{l+2d}{c_0}\right)\right] \tag{6.1.31}$$

$$m_2'(t) = A_2\left[p_i\left(t + \frac{l-d}{c_0}\right) + p_r\left(t - \frac{l+d}{c_0}\right)\right] \tag{6.1.32}$$

式中，p_i、p_r 分别表示材料表面处入射波和反射波声压；A_1、A_2 分别表示与传声器 1 和传声器 2 的灵敏度有关的量；c_0 为声速。

由图 6.1.4 知，输出信号 $u(t)$、$V(t)$ 是由以上四个方程组合而成的，如果传声器 1 和传声器 2 的输出振幅和相位都一样，即符合条件 $A_1 = A_2 = A$，则

$$u(t) = m_1(t) - m_2'(t) = A\left[p_i\left(t+\frac{l+d}{c_0}\right) - p_i\left(t+\frac{l-d}{c_0}\right)\right] \tag{6.1.33}$$

$$V(t) = m_2(t) - m_1'(t) = A\left[p_r\left(t-\frac{l}{c_0}\right) - p_r\left(t-\frac{l+2d}{c_0}\right)\right] \tag{6.1.34}$$

显然，式（6.1.33）中只含有p_i，式（6.1.34）只含有p_r，这说明$u(t)$只是入射声波的函数，而$V(t)$只是反射波的函数。如果分别对$u(t)$和$V(t)$进行傅里叶变换，则可得到

$$u(\omega) = A\cdot 2\sin\frac{\omega d}{c_0}p_i(\omega)\exp\left[j\left(\frac{\omega l}{c_0}+\frac{\pi}{2}\right)\right] \tag{6.1.35}$$

$$V(\omega) = A\cdot 2\sin\frac{\omega d}{c_0}p_r(\omega)\exp\left[j\left(\frac{\pi}{2}-\frac{\omega(l+d)}{c_0}\right)\right] \tag{6.1.36}$$

由以上两式即可求得复数声压反射系数

$$r(\omega) = \frac{p_r(\omega)}{p_i(\omega)} = \left[\frac{V(\omega)}{u(\omega)}\right]\exp\left[j\frac{\omega(2l+d)}{c_0}\right] \tag{6.1.37}$$

于是，法向声阻抗率以及垂直入射声吸收系数均可由下列诸式算得

$$\xi(\omega) = \frac{Z(\omega)}{\rho_0 c_0} = \frac{[1+r(\omega)]}{[1-r(\omega)]} \tag{6.1.38}$$

$$\alpha = 1 - |r(\omega)|^2 = 1 - \frac{|V(\omega)|^2}{|u(\omega)|^2} \tag{6.1.39}$$

从上述的测量原理可知，由于能分别测得入射声波和反射声波，所以除用纯音信号作测试声源外，无规噪声和脉冲声也可用来作测试声源。当用纯音信号作声源时，$\alpha(\omega)$可直接由$u(t)$和$V(t)$的方均根值求出，即

$$\alpha = 1 - \frac{V_0^2(\omega)}{u_0^2(\omega)} \tag{6.1.40}$$

式中，$u_0(\omega)$、$V_0(\omega)$分别表示$u(t)$和$V(t)$的方均根值。

如果再测量出$u(t)$和$V(t)$的相位差$\arg V(t) - \arg u(t)$，则可用下式算出声压反射系数$r(\omega)$为

$$r(\omega) = \frac{V_0(\omega)}{u_0(\omega)}\exp\left\{j[\arg V(t) - \arg u(t)] + \frac{j\omega(2l+d)}{c_0}\right\} \tag{6.1.41}$$

于是，由式（6.1.38）求得比声阻抗率$Z(\omega)/\rho_0 c_0$。

当采用无规噪声信号作声源，$r(\omega)$的绝对值可以通过测量$u(t)$和$V(t)$的功率谱函数来求得。分别用$G_u(\omega)$和$G_V(\omega)$表示$u(t)$和$V(t)$的功率谱函数，则

$$|r(\omega)|^2 = G_u(\omega)/G_V(\omega) \tag{6.1.42}$$

另外，还可通过测量$u(t)$和$V(t)$的互功率谱函数$G_{uV}(\omega)$，于是可用下式求得$r(\omega)$

$$r(\omega) = [G_{uV}(\omega)/G_u(\omega)]\exp\left[j\frac{\omega(2l+d)}{c}\right] \tag{6.1.43}$$

将式（6.1.42）、式（6.1.43）分别代入式（6.1.39）、式（6.1.38），即可求得$\alpha(\omega)$和$\xi(\omega)$。

实际测量中，总是在一定带宽的频谱范围内测量，因此，$\alpha(\omega)$和$r(\omega)$必须对这些频率

取平均

$$\alpha(\omega_1 \sim \omega_2) = 1 - \frac{\int_{\omega_1}^{\omega_2} G_V(\omega)\mathrm{d}\omega}{\int_{\omega_1}^{\omega_2} G_u(\omega)\mathrm{d}\omega} \tag{6.1.44}$$

$$r(\omega_1 \sim \omega_2) = \frac{1}{\omega_2 - \omega_1}\int_{\omega_1}^{\omega_2} r(\omega)\mathrm{d}\omega \tag{6.1.45}$$

当声源用的是脉冲信号时，则对 u（t）和 V（t）进行傅里叶变换后，再使用 FFT 技术进行分析。

必须注意的是，式（6.1.35）、式（6.1.36）右边都包含有 $2\sin(\omega d/c_0)$，它意味着入射波函数 $u(t)$ 和反射波函数 $V(t)$ 都有一权重函数 $2\sin(\omega d/c_0)$。图 6.1.5 中给出了 $20\lg[\sin(\omega d/c_0)]$ 与 $2d/\lambda$ 的关系曲线。

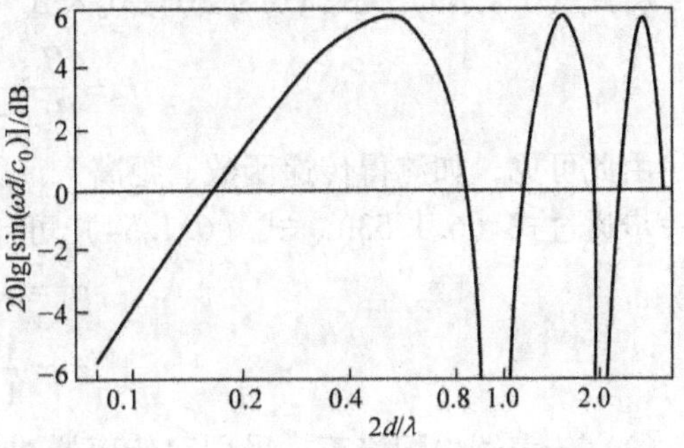

图 6.1.5　$20\lg[\sin(\omega d/c_0)]$ 与 $2d/\lambda$ 的关系

从图中可知，为使测量具有较高的灵敏度，则两测试传声器的距离 d 和测试频率之间必须满足 $0.2 < 2d/\lambda < 0.8$。显然，要使测试能在较宽的频带中进行，则根据测试的频率，两个测试传声器的距离最好能设计成可变。

与单传声器驻波管相比，双传声器法驻波管具有下列优点：①所用的管子较短，相应的下限测试频率可以降低；②可采用噪声信号和脉冲信号作声源；③利用计算机作信号处理，可以实现自动化测量。当然，该方法也是有缺点的，具体表现在：①测试用的两个传声器的振幅特性和相位特性要求一致；②时延必须根据 d 和 c_0 非常精确地调节；③管壁吸收的修正比驻波管法更困难。

2. 传递函数法

（1）测量原理　将测试样品装在一个平直、刚性、气密的阻抗管的一端，如图 6.1.6 所示，管中的平面声波由声源（无规噪声、伪随机序列噪声或线性调频脉冲）产生，在靠近测试样品的两个位置上分别测量声压，可求得两个传声器之间的声传递函数，由此计算测试样品的法向入射吸声系数。

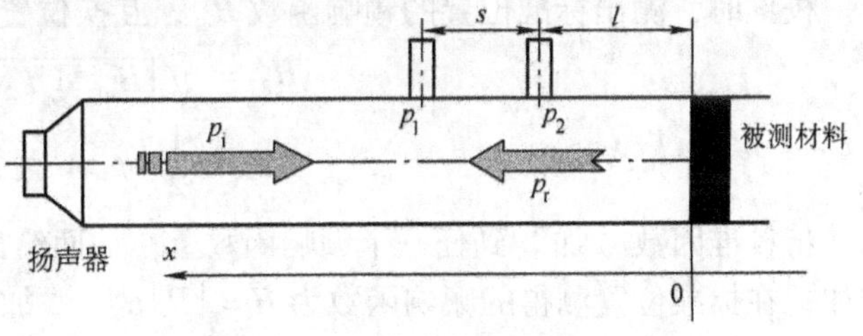

图 6.1.6　传递函数法测量示意图

驻波管中的入射波和反射波可分别表示为

$$p_\mathrm{i} = P_\mathrm{I}\mathrm{e}^{\mathrm{j}k_0x} \tag{6.1.46a}$$

$$p_\mathrm{r} = P_\mathrm{R}\mathrm{e}^{-\mathrm{j}k_0x} \tag{6.1.46b}$$

式中，P_I 和 P_R 分别是材料表面（基准面）处声压上 p_i 和 p_r 的幅值；k_0 是复波数。

传声器位置 1 处的声压 p_1 和传声器位置 2 处的声压 p_2 可分别表示为

$$p_1 = P_\mathrm{I}\mathrm{e}^{\mathrm{j}k_0(s+l)} + P_\mathrm{R}\mathrm{e}^{-\mathrm{j}k_0(s+l)} \tag{6.1.47}$$

$$p_2 = P_\mathrm{I}\mathrm{e}^{\mathrm{j}k_0l} + P_\mathrm{R}\mathrm{e}^{-\mathrm{j}k_0l} \tag{6.1.48}$$

以上两式分别为相应位置处入射声压和反射声压之和。定义位置1到位置2处入射波及反射波的传递函数分别为 H_i 和 H_r，则有

$$H_i = \frac{p_{2i}}{p_{1i}} = e^{-jk_0s} \tag{6.1.49}$$

$$H_r = \frac{p_{2r}}{p_{1r}} = e^{jk_0s} \tag{6.1.50}$$

定义总声场的传递函数为 H_{12}，并考虑到 $P_r = rP_1$，则有

$$H_{12} = \frac{p_2}{p_1} = \frac{e^{jk_0l} + re^{-jk_0l}}{e^{jk_0(s+l)} + re^{-jk_0(s+l)}} \tag{6.1.51}$$

将式（6.1.49）、式（6.1.50）代入式（6.1.51），则

$$r = \frac{H_{12} - H_i}{H_r - H_{12}} e^{j2k_0(s+l)} \tag{6.1.52}$$

由此可见，如测得传递函数、距离 s、l 及波数 k_0，可由式（6.1.52）确定反射系数 r。进一步通过式（6.1.53）、式（6.1.54）可计算出材料的吸声系数和法向声阻抗率

$$\alpha = 1 - |r|^2 \tag{6.1.53}$$

$$z = \frac{1 + r}{1 - r}\rho c_0 \tag{6.1.54}$$

（2）传声器失配修正　采用双传声器法测量声学材料或声学结构的声学性能时，要求两个传声器及其输入通道具有完全相同的性能，否则会带来较大的测量误差。事实上，要求两个传声器及其通道特性完全相同是不可能的，因此，只有设法对传声器及通道特性进行修正（校准），才能减小测量误差。双传声器法是通过两个传声器的互谱计算获得传递函数，因此，两传声器的相位或幅度失配必然导致计算误差。通过互换校准，取其几何平均，再将此值加到具有相同设置的传递函数上，就可有效地消除因传声器失配产生的误差。

校准时，测出标准位置的频响函数 H_{c1}，互换位置为 H_{c2}，可算出校准因数 H_c，即

$$H_c = \sqrt{|H_{c1}||H_{c2}|} \tag{6.1.55}$$

$$\varphi_c = \frac{1}{2}(\varphi_1 + \varphi_2) \tag{6.1.56}$$

将校准因数"加"到任一个频响函数上，从而给出一个不受两个传声器失配影响的值。例如，在标准位置测得的频响函数为 $H = |H|e^{j\varphi}$，"加"上修正因数后，给出正确的频响函数 H_{12}，即

$$H_{12} = \frac{|H|}{|H_c|} \tag{6.1.57a}$$

$$\varphi_h = \varphi - \varphi_c \tag{6.1.57b}$$

然后，再用频响函数 H_{12} 来计算试件的声学特性。

（3）B&K4206阻抗管声学材料测试系统　B&K4206阻抗管是一种用来测量材料声学性能的设备，其外部结构如图6.1.7所示，有大管、小管和中管三种形式，三种不同的管径，其测量的频率范围有所不同。B&K4206的主要部件是一个

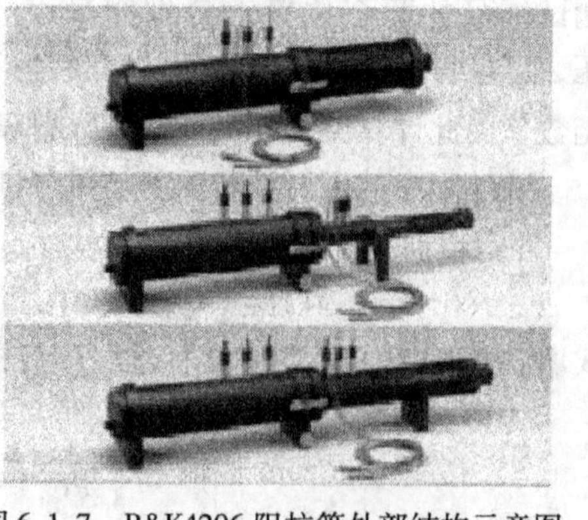

图6.1.7　B&K4206阻抗管外部结构示意图

一端装有80mm声源及频率计权单元的大测量管，其结构如图6.1.8所示。频率计权通过该端外部的开关控制。管上装有3个传声器插孔（夹），相隔50mm，标有1、2、3。插孔夹与带有前放的1/4″B&K4187型传声器及哑元DP0821相配，大管另一端装有可调的带有安全扣的基座，可以与不同尺寸的测量管相互组合，实现不同频率范围的测量。

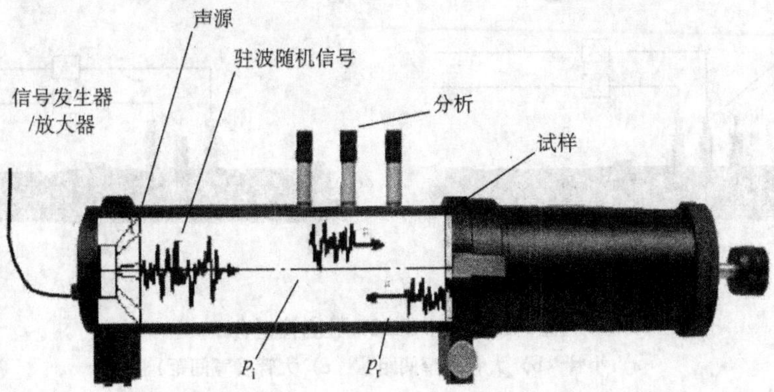

图6.1.8 B&K4206阻抗管内部结构图

与该阻抗管相配的应用软件是B&K Pulse 7758，通过使用B&K4187型双传声器，测量B&K4206阻抗管内声源发出的白噪声的法向入射声和反射声来计算吸声系数、反射系数（频率范围50Hz～6.4kHz）。

管内噪声的反射成分由样品的声学特性决定。系统使用的B&K4187传声器及其放大器经过特别设计、符合严格的相位匹配要求，并采用B&K3560C数据采集系统输入模块的最后两个通道——也经过特别的设计、符合严格的相位匹配要求来测量。

使用该系统时应该注意：

1）测量时，对B&K4206中不使用的空洞（Holder）要插入哑元进行密封，在取出B&K4187传声器前要松开卡紧螺母，再重新插入后要锁上螺母。

2）声源输入端的频域加权模拟滤波器选项："高通"适用于小管进行的高频测量；"低通"适用于大管（大间距）进行的低于100Hz以下频率测量；"线性"适用于大管测量。

3）测试样品制作要求：大管内样品直径100mm；中管内样品直径63.5mm；小管内样品直径29mm；样品表面尽量保证是一个平面，不要太松与管内径形成间隙，也不要太紧而压迫样品的中心；如果不能保持表面为平面，可以截取材料的两块典型表面进行两次测量取平均。样品的背面最好也是平面，否则可以在推杆和样品背面中间填充橡皮泥，这样两者之间就没有间隙。

有三种标准的配置方案对应不同频率范围的测量，如图6.1.9所示。

用B&K4206阻抗管完成一个声学材料声学性能测试，项目过程如下：

1）根据测量频率范围选择不同大小的管径。在Pulse项目中选择合适的管件，原则是：小管，500Hz～6.4kHz；大管，50Hz～1.6kHz，在100Hz以下能给出更准确的结果。大管、小管适用于ISO 10534—2标准，中管适用于美国ASTM标准；延长管主要用于测试较厚的材料。

2）在Measurment栏输入合适的频率范围，在Front End栏中点击Connect Signal对输入通道进行正确配置。

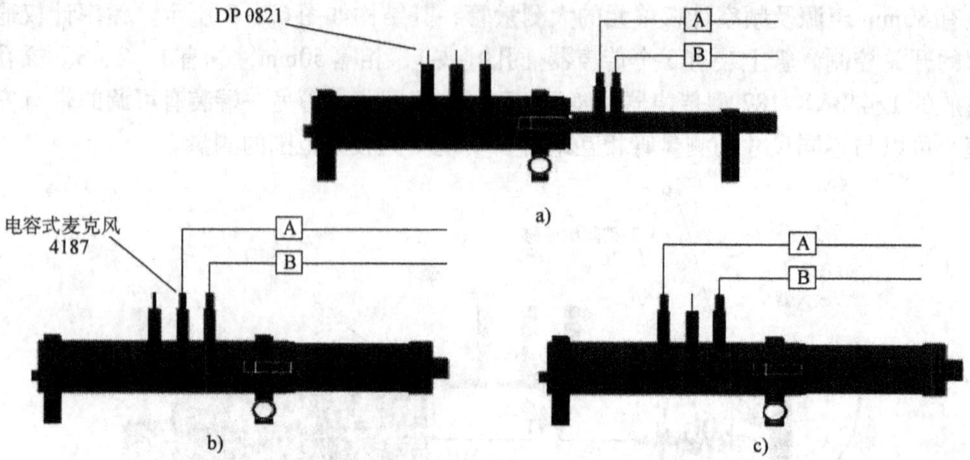

图 6.1.9 B&K4206 阻抗管组合

a）小管 b）大管（窄间距） c）大管（宽间距）

3）对使用 Random 信号激励声场的 FFT 分析，建议取较细的频谱分辨率，这样可以增大 FFT 分析的数据块长度。

4）建议选择 100 次以上的线性平均以提高信噪比。

5）通道校准（每次必须执行，只在使用同一 Pulse 项目，同一序列号传声器，同一管子时可以跳过），取出 B&K4187 传声器，使用 B&K4231 校准器，进行常规的幅值增益校准。

6）信噪比测量。分别选择背景噪声测量和信号测量（建议按照先背景噪声后信号的顺序进行），系统将自动计算信噪比，如果在测量完成后没有警告出现，即可继续下一步，在测量时，建议选择 Autorange 自动定量程以避免发生过载。

7）传递函数修正。分别选择互换传声器位置测量和正常传声器位置测量（建议按先互换、后常规的顺序进行），系统将自动完成修正（两次测量的传递函数作几何平均）。如果测量完成后没有警告出现则可继续下一步（在分析频率范围高达 6.4kHz 时，一般幅值误差均能满足容限差，但是可能出现相位误差超出容限值，这时可以返回第一步的设置栏，调大相位误差容限），在测量时，一般选择 Autorange 自动定量程。

8）样品测量。在 Add New Measurment 中添加测量次数和样品名称然后点击 Add 加入添加信息，之后即可 Measurment Control 栏中选中某个按 Start 进行测量。

9）后处理。在 Average 栏可以按照管的类型，输入平均后希望出现的名称，选择某几次测量结果，点击 Average 进行平均。

在 Combine 栏可以组合大管和小管的测量数据后点击 Combine 进行组合。注意：Tube low 表示是测量低频范围——大管，Tube high 表示是测量高频范围——小管，不可以颠倒顺序。

在 Extract 栏可以按照管的类型，从 FFT 频响法测量结果中合成 $1/n$ 倍频程方式的结果；

最后在 Result 栏，在希望显示的函数名称前打钩，显示图形。注意：如果没有数据在图形上显示，可以在图形中央单击右键，选择属性，在 Function 页，选择 Result 函数组，在组中单击要显示的函数 - c 表示数据经过大小管的组合 - e 表示数据是从 FFT 线性谱合成为$1/n$

倍频程方式。

10）报告存储。注意，在 Excel 表格的左下角的多表格选项中存有各个函数结果。

6.1.3 声波斜入射时吸声材料特性测量

在上节中曾提到过，如果吸声材料是“局部反应”的材料，则由驻波管法测得的垂直吸声系数，可以转换成无规入射的吸声系数。所谓“局部反应”的材料是指该材料的法向声阻抗率与声波的入射方向无关。而事实上有些吸声材料不是“局部反应”的，其法向声阻抗率与声波的入射角度有关。因此，测量吸声材料法向声阻抗率与声波入射角的关系引起了人们的注意。测量声波斜入射时材料的吸声系数和法向声阻抗率，大致可分三类方法：①自由声场方法；②声波导管法；③传播特性方法。下面就自由声场方法和声波导管法分别加以介绍。

1. 自由声场法

（1）双传声器法测量斜入射吸声系数　声学材料的反射系数与材料的比声阻抗有关系。已知声波入射角为 θ，比声阻抗为 z，则声压反射系数为

$$R(\theta) = \frac{z\cos\theta - 1}{z\cos\theta + 1} \tag{6.1.58}$$

其中比声阻抗为声阻抗率除介质特性阻抗，而声阻抗率等于材料表面声压除以介质法向质点振速 v_n，即

$$Z = \frac{z}{\rho_0 c_0} = \frac{1}{\rho_0 c_0}\frac{p}{v_n} \tag{6.1.59}$$

求得声压反射系数后，即可计算出材料的吸声系数，有

$$\alpha(\theta) = 1 - |R(\theta)|^2 \tag{6.1.60}$$

因此，只要求得比声阻抗，就可得到吸声系数，而比声阻抗可以用双传声器法测量，这就是双传声器法测量斜入射吸声系数的基本思路。

假定有两传声器 A、B，其间距为 $2d$，两传声器连线垂直于材料表面，连线中点与材料表面距离为 h，如图 6.1.10 所示。在频域，如果传声器 A、B 的输出信号为 $P_A(f), P_B(f)$，那么两传声器连线中点处的声压和质点振速可近似为

$$P(f) = [P_A(f) + P_B(f)]/2 \tag{6.1.61}$$

$$v(f) = (1/j2\omega\rho_0 d)[P_A(f) - P_B(f)] \tag{6.1.62}$$

于是，就可通过 $P_A(f), P_B(f)$ 得到比声阻抗，有

$$z = \frac{j\omega d}{c_0}\frac{G_{AA} - G_{BB} + j2\mathrm{Im}(G_{AB})}{G_{AA} + G_{BB} - 2\mathrm{Re}(G_{AB})} \tag{6.1.63}$$

式中，G_{AA}、G_{BB}、G_{AB} 分别为 $P_A(f)$ 的自功率谱、$P_B(f)$ 的自功率谱及 $P_A(f)$ 与 $P_B(f)$ 的互功率谱。

双传声器法测量斜入射吸声系数的具体步骤是：①测量 G_{AA}、G_{BB}、G_{AB}；②根据式（6.1.63）计算比声阻抗；③根据式（6.1.58）和式（6.1.60）计算斜入射吸声系数。

从上述过程可以看出，该方法固有的误差来源主要是两传声器的有限间距和测量 $P_A(f)$、$P_B(f)$ 两通道的相位失配。实际中，$P_A(f)$、$P_B(f)$ 的测量一般采用声强探头，G_{AA}、G_{BB}、G_{AB} 的计算采用专门的频谱分析仪，其相位失配可控制在最小范围内。而双传声器间距、双传声器离材料表面距离等参数对测量结果的影响也必须弄清楚。

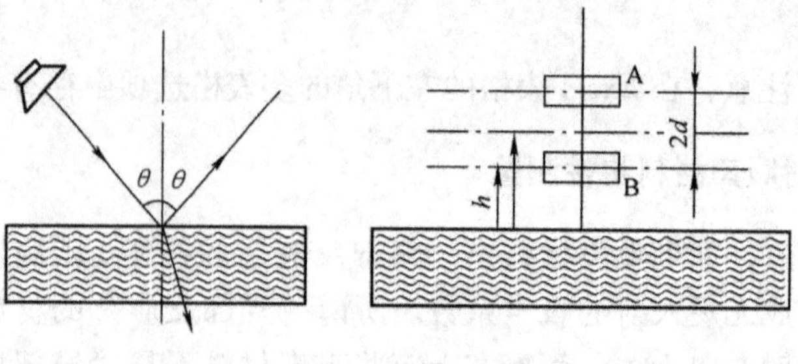

图 6.1.10 双传声器法测量斜入射吸声系数示意图

（2）各参数对测量结果的影响 假定入射声波为平面波，入射角为 θ，材料声压反射系数的准确值为 $R_E(R_E = |R_E| e^{j\varphi})$，那么从式（6.1.63）可得到比声阻抗的准确值为

$$z_E = \frac{1}{\cos\theta}\frac{1+R_E}{1-R_E} \tag{6.1.64}$$

在距材料表面 x 处，其声压表达式为

$$p(x) = P_0[e^{j(\omega t - kx\cos\theta)} + R_E e^{j(\omega t + kx\cos\theta)}] \tag{6.1.65}$$

式中，P_0 为入射声波振幅。

传声器 A、B 离材料表面的距离分别为 $(h-d)$ 和 $(h+d)$。由式（6.1.65）可推导出

$$G_{AA} = P_0^2[1 + |R_E|^2 + 2|R_E|\cos(2k(h-d)\cos\theta + \varphi)] \tag{6.1.66a}$$

$$G_{BB} = P_0^2[1 + |R_E|^2 + 2|R_E|\cos(2k(h+d)\cos\theta + \varphi)] \tag{6.1.66b}$$

$$G_{AB} = P_0^2[e^{-j2kd\cos\theta} + |R_E|e^{j2kd\cos\theta} + 2|R_E|\cos(2kh\cos\theta + \varphi)] \tag{6.1.66c}$$

将以上三式代入式（6.1.63），可得到双传声器法测得的比声阻抗，有

$$z_M = C\frac{1 - |R_E|^2 + j2|R_E|\sin(2kh\cos\theta + \varphi)}{1 + |R_E|^2 - 2|R_E|\cos(2kh\cos\theta + \varphi)} \tag{6.1.67}$$

其中

$$C = kd\frac{\sin(2kd\cos\theta)}{1 - \cos(2kd\cos\theta)} \tag{6.1.68}$$

如果 $kd\cos\theta \to 0$，也就是 $d\cos\theta \ll \lambda$（最高频率成分声波波长），则有

$$\sin(2kd\cos\theta) \approx 2kd\cos\theta$$

$$\cos(2kd\cos\theta) \approx 1 - \frac{1}{2}(2kd\cos\theta)^2 = 1 - 2(kd\cos\theta)^2 \tag{6.1.69}$$

将式（6.1.69）代入式（6.1.67），有

$$Z_M = \frac{1}{\cos\theta}\frac{1 - |R_E|^2 + j2|R_E|\sin(2kh\cos\theta + \varphi)}{1 + |R_E|^2 - 2|R_E|\cos(2kh\cos\theta + \varphi)} \tag{6.1.70}$$

这就是说，如双传声器间距远小于入射声波最高频率成分所对应的声波波长，则间距 $2d$ 对测量结果的影响就可忽略。式（6.1.70）进一步整理，有

$$Z_M = \frac{1}{\cos\theta}\frac{(1 + R_E e^{j2kh\cos\theta})(1 - R_E^* e^{-j2kh\cos\theta})}{(1 - R_E e^{j2kh\cos\theta})(1 - R_E^* e^{-j2kh\cos\theta})} = \frac{1}{\cos\theta}\frac{(1 + R_E e^{j2kh\cos\theta})}{(1 - R_E e^{j2kh\cos\theta})} \tag{6.1.71}$$

比较式（6.1.71）和式（6.1.64）可看出，即使忽略间距 $2d$ 的影响，由于传声器与材料表面有一定间距，比声阻抗的测量值与其准确值是有差别的。将式（6.1.71）代入式（6.1.70），得到声压反射系数的测量值为

$$R_{\mathrm{M}} = R_{\mathrm{E}} e^{j2kh\cos\theta} \tag{6.1.72}$$

由此可得到吸声系数的测量值为

$$\begin{aligned}\alpha_{\mathrm{M}} &= 1 - |R_{\mathrm{M}}|^2 = 1 - |R_{\mathrm{E}} e^{j2kh\cos\theta}|^2 \\ &= 1 - |R_{\mathrm{E}}|^2 = \alpha_{\mathrm{E}}\end{aligned} \tag{6.1.73}$$

以上两式说明，由于双传声器与材料表面有一段距离，测量值中声压反射系数与真实值之间有相位偏差，但吸声系数的测量值没有影响。但 h 也不能任意取，因为材料面积有限，h 大到一定程度，材料边缘效应将影响测量结果。

总体上讲，自由声场双传声器法测量斜入射吸声系数，在低频范围内较精确；双传声器与材料表面的距离对测量吸声系数没有影响；用双传声器法测量斜入射吸声系数，所需材料面积在 $1\mathrm{m}^2$ 左右即可。

2. *声波导管法*

（1）基本原理　我们知道，当声源的频率大于 (n_x, n_y) 型波的截止频率时，(n_x, n_y) 型波就能在管中传播；相反，当 $f < f_{n_x,n_y}$ 时，(n_x, n_y) 型波就会衰减掉，不能远距离地传播。对平面波而言，其截止频率为零，所以平面波在管中总是能传播的。在进行斜入射测量时，我们所需要的只是某一个方向入射的平面波。从理论上可证明，对任一个 $(n_x, 0)$ 型的高次波，总可以将它分解为两组倾斜入射的平面波，它与壁面交角 θ（即入射角）为 $\cos\theta = \lambda_0/\lambda_n$，式中 λ_0 和 λ_n 相应为平面波和高次波的波长。因此，假如能设法获得一单纯的某种高次波 $(n_x, 0)$，那么只要改变声源频率就可在管中得到各种方向入射的声波，如在管的一端放置吸声材料，则从管中驻波图形就可以求出各种不同入射角度的材料吸声系数和法向声阻抗率。

（2）获得单纯 $(n_x, 0)$ 高次波的方法　设有一矩形截面的管道，xy 方向的尺寸分别为 l_x 和 l_y，如果 $l_y \ll l_x$，则只有前面几个 $(n_x, 0)$ 波能在管中传播，取管道截面的一个角落为坐标原点，有

$$p = \sum p_{n_x,0} \cos\left(\frac{n_x \pi}{2l_x}\right) e^{j(\omega t - \beta_{n_x,0} z)} \tag{6.1.74}$$

若要使管中只有一种振动方式的波存在，则必须使式（6.1.74）右端级数中只保留一项，而使其他的 $P_{n_x,0}$ 都为零。只要适当地安排声源，并调节它们的振幅和位相，就可以获得所需要的单纯高次波。

因（1，0）型高次波在 $x=0$ 处有一节面，而（2，0）型高次波在 $x=\pm(l_x/2)$ 处各有一节面，因此，只要用探管实验沿管轴 $x=0$（当 $f_{1,0} < f < f_{2,0}$）及 $x=\pm(l_x/2)$（当 $f_{2,0} < f < f_{3,0}$）处的声压是否为零即可决定管中是否只剩下相应的（1，0）型和（2，0）型高次波。

（3）吸声材料法向声阻抗率的计算　设在管的一端 $z=0$ 处，放一法向声阻抗率为 Z_n 的吸声材料，另一端置声源，若忽略管子本身对声波的衰减，且假设吸声材料是完全均匀的，则对 $(n_x, 0)$ 型高次波而言，有

$$|p| = 2p_{n_x,0}^{+} e^{-\psi_1} \cos\left(\frac{n\pi}{2l_x}x\right) \times [\cosh^2\psi_1 - \cos^2(\psi_2 - \beta_n z)]^{1/2} \tag{6.1.75}$$

从式（6.1.75）可求得

$$|p|_{\max} = 2p_{n_x,0}^{+} e^{-\psi_1} \cos\left(\frac{n\pi}{2l_x}x\right) \cosh\psi_1 \tag{6.1.76}$$

$$|p|_{\min} = 2p^{+}_{n_x,0}\mathrm{e}^{-\psi_1}\cos\left(\frac{n\pi}{2l_x}x\right)\sinh\psi_1 \tag{6.1.77}$$

同样规定驻波比为 G，则由式（6.1.76）和式（6.1.77）可得

$$G = \frac{|p|_{\min}}{|p|_{\max}} = \tanh\psi_1$$

令第一个 $|p|_{\min}$ 离开材料表面（$z=0$）的距离为 d_1，$\psi_2 = \pi + \beta_n d_1$，于是由式（6.1.75）可求得 Z_n 的实部

$$R_n = \frac{\omega p_0}{\beta_n}\frac{G[1+\tan^2(\beta_n d_1)]}{1+G^2\tan^2(\beta_n d_1)} \tag{6.1.78}$$

Z_n 的虚部

$$X_n = \frac{\omega p_0}{\beta_n}\frac{(1-G^2)\tan(\beta_n d_1)}{1+G^2\tan^2(\beta_n d_1)} \tag{6.1.79}$$

（4）仪器装置及测量方法　通常都是采用管道中的（1，0）型，（2，0）型高次波测材料的斜入射的法向声阻抗率，仪器装置如图 6.1.11 所示。声波导管为一宽为 20cm，高 5cm、长 150cm 的矩形铁管，它所产生（1，0）型，（2，0）型高次波的频率范围为 850 ~ 2550Hz（其中一次波是 850 ~ 1700Hz，二次波是 1700 ~ 2550Hz），而入射角可由 30°变到 80°。图中 S 为被测材料，在管子的另一端设置三个声源孔，它是由三只高音喇叭经橡皮管耦合到声源孔，其中一根管子的长度是可以调节的。a，b，c，d，e 为五根探管，c 管在中心，a，e 两根靠近二侧壁面处，b、d 两根各位于 $\pm(l_x/2)$ 处。它们都可通过活动橡皮管与传声器 M 相连接。N 为传声器滑车，它可以在有刻度的架子上移动，以决定声压的极大值和极小值的位置。如果是采用（1，0）型高次波，则仅用边上两个声源，同时将探管 C 与 M 相接，如果被测量样品结构均匀且安装对称时，则按理论调节声源输出及相移器，可使中间探管沿整个管轴接收到的声压为零。然后将 M 接至 a 或 e，测量声压极大值与极小值以及第一极小值与材料之间的距离。如果所用的材料不均匀或样品不对称，往往不能使中间探管接收到的声压调到零，此时单开声源Ⅰ或Ⅲ，探管测出的平面波是不对称的，并且极大和极小位置有了偏移。图 6.1.12a 所示的为样品对称均匀时，图 6.1.12b 所示为样品外对称均匀时，单开声源Ⅰ或Ⅲ时，中间管测得声压随距离的变化，所以在实验时必须选择均匀的样品，同时也要细心的安装。

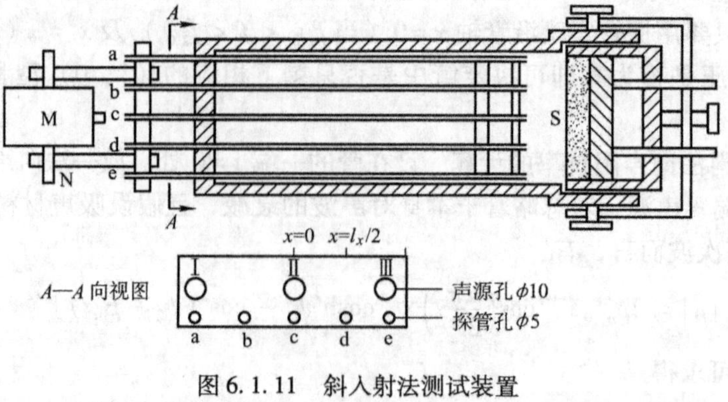

图 6.1.11　斜入射法测试装置

调节（2，0）型高次波时，需调节声源Ⅰ、Ⅲ的振幅相位皆相同，然而声源Ⅱ之振幅为声源Ⅰ、Ⅲ之和，而相位恰好相反。这时如果声源Ⅰ和Ⅲ用两个独立的声源供给，要满足以上要求，调节起来是非常困难的。解决的办法可采用一个声源通过两根橡皮管与孔Ⅰ、Ⅲ耦合（用调节橡皮管之长短作为相位的细调节），采用此方法后可很容易地将Ⅰ、Ⅲ的声压调到大小位相皆相同。这样Ⅰ、Ⅲ组声源各自激发的一次波互相干涉掉了。而声源Ⅱ是处于管之正中间点上，这点正好处于（1，0）型高次波的波节处，因此也不能激发（1，0）型高次波，所以只要调节声源Ⅱ之相位使与声源Ⅰ、Ⅲ相反，可调节其振幅恰好等于Ⅰ、Ⅲ之和，即可消去平面波。

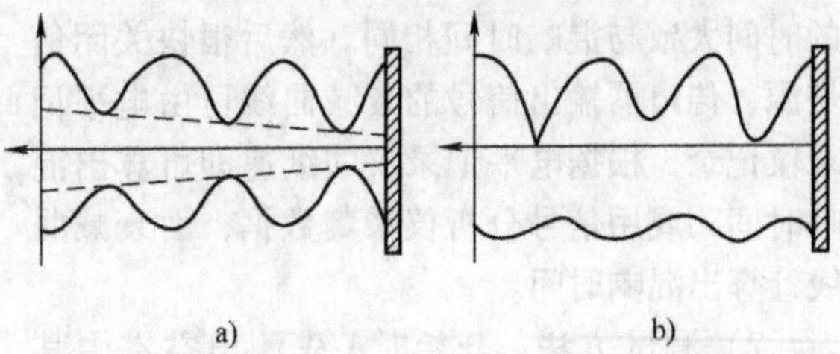

图6.1.12 样品的均匀性对中间轴线上声压的影响
a）样品均匀 b）样品不均匀

（5）频率及入射角的限制 对于一定类型的简正振动，其频率受管子的口径大小所限制，除了在低频时高次波无法在管中传播，因而频率有一低限外，对于高频而言，因激发的高次波很多，要设法从其中分离出一个单纯的高次型波在技术上有很大的困难，因此能测定的频率亦有一高限。

另外利用波导管法的一个缺点是对同一频率不能获得不同角度的入射。克服的办法是将波导管的宽度做成可变的。

6.1.4 混响室法

随着声源的启动，封闭空间内就将产生混响声；而声源一停止工作，混响声就逐渐衰减。通常用混响时间作为描述这一现象的主要参量。混响时间的定义是在声源停止工作后，声级衰减60dB所需的时间。计算混响时间的公式为

$$T_{60} = 0.161 \frac{V}{S\overline{\alpha} + 4mV} \tag{6.1.80}$$

式中，$\overline{\alpha}$为房间的平均吸声系数；S和V分别为封闭空间内部表面积和体积；m是空气的声强吸声系数。

式（6.1.80）称为修正的赛宾公式。一般说来，当频率低于1kHz时，空气媒质的吸收可以忽略不计。令房间的吸声量$A = S\overline{\alpha}$，则式（6.1.80）可表示为

$$A = \frac{55.3V}{c_0 T} - 4mV \tag{6.1.81}$$

混响时间的长短显然和房间的吸声本领及其体积有关，因为前者决定了每次反射所吸收的声能，后者决定了每秒钟声波的反射次数。所以在房间大小固定后，混响时间只与房间对声音的吸收本领有关，故吸声材料或吸声物体的吸声系数可在混响室里通过混响时间的测量来进行。

1. 测试装置及方法

1）测试混响时间的装置如图6.1.13所示。接通电源后，信号发生器使混响室内扬声器激发较多的简正振动方式，使室内建立的稳态声场尽量接近于扩散声场，建立稳态声场所需

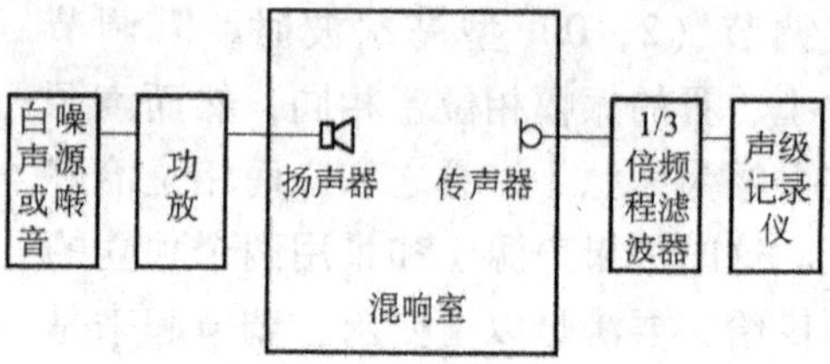

图 6.1.13 混响时间的测试装置

的时间大致与混响时间相同。然后很快关闭信号源，传声器输出信号的衰减曲线可由电平记录仪记录，根据电平记录仪的纸速即可算出混响时间，或用信号分析仪采集数据，由衰减曲线计算出混响时间。

2）测试方法：开始时，先测出空室中某频率时的混响时间 T_1，然后放进被测的吸声材料，再测出各相应频率时混响时间 T_2，则根据式（6.1.81）可推出

$$A_2 - A_1 = 55.3V\left(\frac{1}{c_2 T_2} - \frac{1}{c_1 T_1}\right) - 4(m_2 - m_1)V \quad (6.1.82)$$

式中，V 为混响室的体积；c_2、c_1 为两次测量时的声速；m_2、m_1 为两次测量时声强吸收系数。如果两次测量时室内温度及湿度相差很小，则 $c_2 \approx c_1 = c_0$，$m_2 \approx m_1$，于是式（6.1.82）可简化成

$$\Delta A = A_2 - A_1 = \frac{55.3V}{c_0}\left(\frac{1}{T_2} - \frac{1}{T_1}\right) \quad (6.1.83)$$

另一方面，当试件是安装在房间的地板，墙壁或天花板上的平面吸声体，而其面积与整个混响室表面积相比很小，再考虑到试件覆盖的那部分壁面的吸声系数很小，则有

$$\Delta A = \alpha_S S_1 \quad (6.1.84)$$

式中，α_S 为试件的无规入射的吸声系数；S_1 为被测试件的面积。

于是根据式（6.1.84）即可求出试件的无规入射吸声系数。

当试件为不良吸声体的情况下，可以认为 ΔA 实际上是实验材料的等效吸声面积与被试件覆盖那部分面积的等效吸收面积之差。于是，式（6.1.84）需改写为

$$\alpha_S = \frac{\Delta A}{S_1} + \alpha_{S_1} \quad (6.1.85)$$

式中，α_{S_1} 是被试件覆盖那部分壁面面积的吸声系数，它只能非常粗略地由空混响室的混响时间 T_1 的估计值求出。

2. *对测量设备的要求*

（1）声场的产生　混响室内的声场由扬声器产生，为使扬声器尽可能多地激发室内简正振动方式，一般使用两个直接辐射式扬声器分别置于两角隅并朝向主对角线方向。测试信号应当使用由 1/3 倍频程（至多为 1/2 倍频程）的滤波器限制的白噪声或用啭音，对啭音的要求是，在 500Hz 以下频率啭音的频偏至少应为中心频率的 ±10%，调制频率约为 6Hz。在 500Hz 以上频率，±50Hz 的频偏也就够了。

（2）对接收系统的要求　可以采用一个或几个无指向性的传声器接收，各个传声器间的距离至少相隔 2m，并且离任何墙壁或地板的距离要大于半个波长，离角隅距离要小于 1/10波长。接收传声器放大器必须有足够大的信噪比，滤波器一般用 1/3 倍频程。

（3）试件及安装　大量的测量发现，在吸声材料的面积不大时，α_S 的值会随着吸声材料面积的增加而减少，当面积达到一极限值后 α_S 的值就不变了。产生这一现象的原因，是由于吸声材料的边缘会散射声波而使吸收增加，故称之为边缘效应。因此，有人认为为了便于比较不同实验室的测量结果，应该使用极限面积测量 α_S，但一般说来极限面积都很大（约

几十 m^2）这就给测量带来很多困难。为此国际标准 ISO—R354 作如下规定：

1）待测材料的单块面积应在 $10m^2 \sim 12m^2$ 之间。

2）试件面积应为矩形，宽对长之比应为 0.7～1，实验样品的边缘应当用宽度不超过 1cm，厚度与试件厚度相等的反射面包着。

3）由于较多的简正振动方式的声压在两个墙面的交界处为极大，故同一材料在交界处的吸声效果比在墙面中心处为大，所以规定试件应安置在使其离房间界面的任何边棱不小于 1m 处。

6.1.5　测量实例

1. 用阻抗管测量材料吸声系数

在建造某录音室的工程中，欲选用一种 25mm 厚的密质海绵做吸声处理，为了解该材料的吸声性能，采用传递函数法对其吸声系数进行测量。

测量设备：B&K4206 阻抗管套件，大管直径：100mm，小管直径：29mm，配套设备：B&K Pulse3560C 前端、功率放大器 2716C、计算机（装有测量软件）及声级校准器。

样品制作：取海绵材料加工成 $100^{0}_{-0.1}$ 及 $29^{0}_{-0.1}$ 两种样品。

测量步骤如下：

1）连接测试系统，如图 6.1.14 所示。

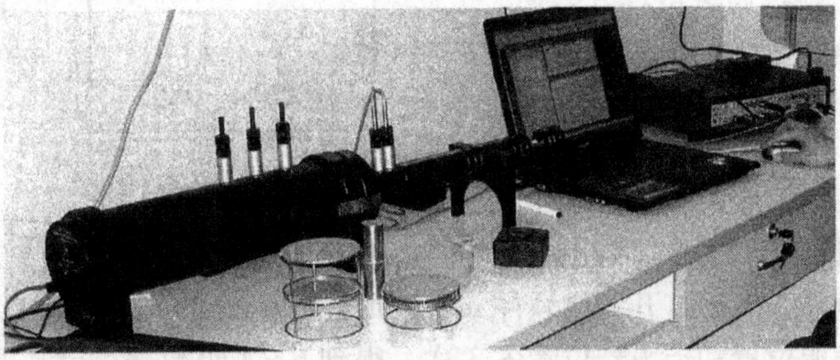

图 6.1.14　阻抗管测量吸声系数系统

2）系统配置及材料安装。按照 6.1.2 所介绍的阻抗管进行系统配置，同时将被测材料安装在规定位置，并与后衬板紧密相贴。

3）传声器校准。用 B&K4231 声级校准器分别对两个 1/4″传声器进行校准。

4）传递函数修正。

5）样品测量。对于两种尺寸的样品，在同样的测量条件下分别测量 10 次，用软件平台获得平均值及数据组合给出该材料的测试结果，如图 6.1.15 所示。

2. 利用混响室法测量材料吸声系数

对某歌厅进行室内声学设计时，使用地毯作为地面饰材兼做吸声材料，为了解所选材料的无规入射吸声系数，采用混响室法对其吸声系数进行了测量，被测材料样品尺寸：3m × 4m，厚：2.5mm。

测试设备：B&K Pulse3560C 前端、B&K 2716 功率放大器、B&K4296 无指向性声源、声望 MAP201 传声器、计算机及其测量软件、声级计 HS6288，测试在西北工业大学环境工程研究所混响室（见图 6.1.16）进行，该混响室尺寸为 5.74m × 3.20m × 4.86m。

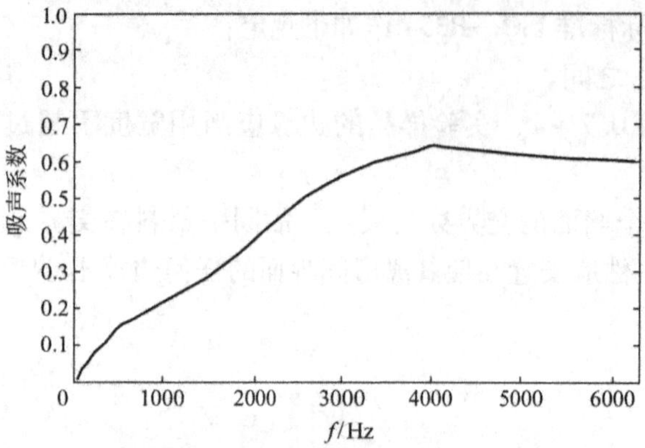

图 6. 1. 15　某型海绵吸声系数测试结果

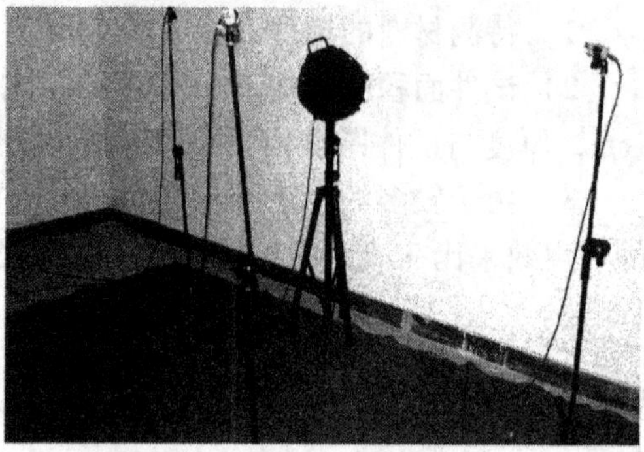

图 6. 1. 16　混响室测吸声系数示意图

测量步骤：

1）连接好测试系统，如图 6. 1. 17 所示，其中声级计 HS6288 作为室内声级监视，测量过程中要求声级尽可能高，最好达到 100dB 以上，以便更准确的测得混响时间。

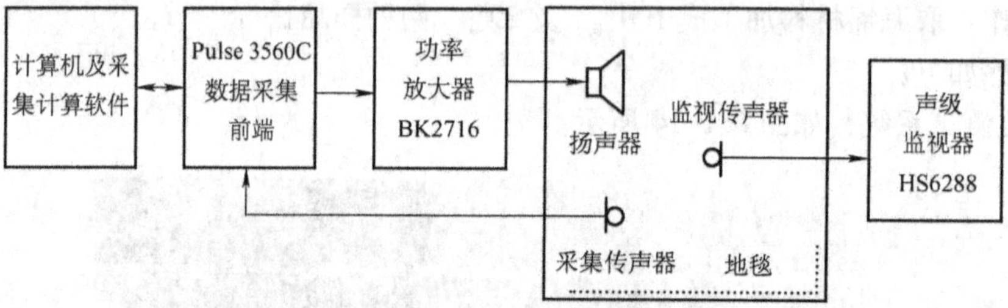

图 6. 1. 17　混响室法测量吸声系数系统连接示意图

2）空室混响时间 T_1 测量。采用中断声源法测量混响时间，按 GB/T 20247—2007 的规定放置声源和传声器，然后打开测量软件 intrerupted noise method，按其菜单提示进行测量并保存记录，改变声源位置和传声器位置各 3 次，得到 6 ×4 组数据，启动混响时间计算，可得到测量结果平均值，见表 6. 1. 2。

表 6. 1. 2　混响时间 T_1

频率/Hz	200	250	315	400	500	630	800	1000	1250	1600	2000	2500	3150	4000	5000
混响时间/s	7. 1	6. 1	5. 0	5. 0	5. 0	5. 0	4. 5	4. 2	3. 9	3. 7	3. 6	3. 3	2. 8	2. 4	2. 4

3）放入被测材料后测量混响时间。放入被测材料后，测得的混响时间 T_2，见表 6. 1. 3。

表 6. 1. 3　混响时间 T_2

频率/Hz	200	250	315	400	500	630	800	1000	1250	1600	2000	2500	3150	4000	5000
混响时间/s	5. 1	4. 1	5. 0	3. 7	4. 0	3. 4	3. 3	3. 4	3. 2	2. 8	2. 3	2. 3	2. 1	1. 9	1. 8

4）无规入射吸声系数计算。根据式（6. 1. 81）及式（6. 1. 82）可算出吸声系数 α_S，见表 6. 1. 4。

表 6.1.4　被测材料吸声系数 α_S

频率/Hz	200	250	315	400	500	630	800	1000	1250	1600	2000	2500	3150	4000	5000
吸声系数	0.066	0.096	0	0.084	0.060	0.113	0.097	0.067	0.067	0.104	0.188	0.158	0.142	0.131	0.166

6.2 隔声测量

众所周知，隔声是噪声控制的主要方法之一。例如，减低室内噪声的根本办法是使用构件将噪声源和建筑物隔开，使噪声源辐射的噪声不能传入室内，因此，该构件隔声能力的大小就是一个关键问题。噪声传入室内的途径很多。除沿着开向房间的洞孔、隙缝等通道传入室内之外，还有下列两种主要的途径：①当声波通过空气传到结构上（如墙壁）迫使结构引起相应的振动而向室内辐射声音；②当物体在结构上产生撞击，因而引起室内表面（楼板）的振动而向室内辐射声音。前者称为空气传声，后者称为固体传声，因而测试方法也不一样。

6.2.1 隔声量

建筑结构（如墙）的隔声性能经常用传声损失（Transmission Loss，TL）描述。传声损失的定义是入射到结构上的声能和透过结构能之比的分贝数，其数学表达式如下

$$\mathrm{TL} = 10\lg\frac{1}{\tau} \tag{6.2.1a}$$

τ 称为结构传递系数，有

$$\tau = \frac{W_t}{W_i} \tag{6.2.1b}$$

式中，W_i 为入射声功率，W_t 为透射声功率。

隔声测量就是对隔声构件隔声量的测量，总体上分为混响室法和现场测量法两种。在国家标准中，与隔声测量相关的是：①GB J75—1984《建筑隔声测量规范》；②GB/T 18699.1—2002《声学　隔声罩的隔声性能测定　第1部分：实验室条件下测量（标示用）》；③GB/T 18699.2—2002《声学　隔声罩的隔声性能测定　第2部分：现场测量（验收和验证用）》；④GB/T 19885—2005　《声学　隔声间的隔声性能测定　实验室和现场测量》。

除此之外，见于文献的还有相关函数测量法、脉冲测量法等。

6.2.2 混响室法

1. 隔声室

用于测量传声损失的混响室一般称为隔声室。实际上，隔声室是由两个相邻的混响室组合而成，如图 6.2.1 中的 A、B 两室。其中 A、B 两室之间有一安装欲测隔声结构的试洞（或试件架）。实验证明：当结构的面积较小时，由于边界条件的改变，

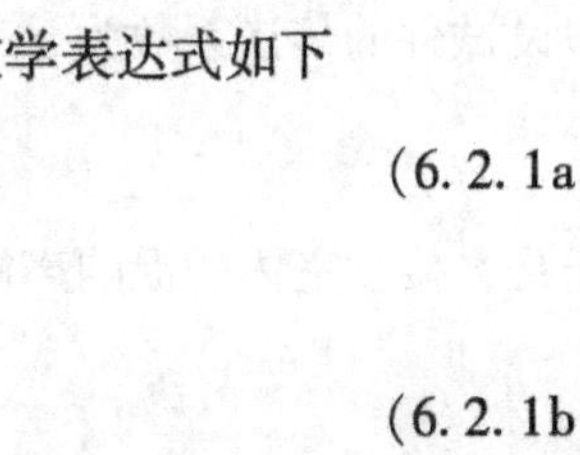

图 6.2.1　隔声室分布图

边界对声场的影响会影响结构的隔声性能。同时，用隔声室测量构件的传声损失时，总是将构件看成“局部反应”的，即构件表面某点处的振动只与该处声压有关而与其他点上的声压无关，即测量频率要比构件产生弯曲振动最低频率要高，因而构件的尺寸不能太小，在100~4000Hz 的范围内，按 ISO140 中规定构件的基准面积为 $10m^2$，并且较短边的长度不得小于 2.3m。

为了能在隔声室内获得混响声场，每个混响室都应具有坚硬的壁面和足够大的体积，按 ISO140 规定，每个混响室体积不得小于 $50m^2$。

在测量传声损失时，任何间接传声与通过构件的传声相比都应该可以忽略，要达到这一要求的一种方法是声源室和接收室之间要有足够的隔振，最好是将它们分别造在独立的弹性基础上。另外在两房间的整个表面上覆盖一层降低辐射的衬壁以减少侧向传声。

2. 测量原理

假设发声室有一声源以声功率 W 辐射时，则发声室内混响声能密度 ε_1 为

$$\varepsilon_1 = \frac{4W}{c_0 R_1} \tag{6.2.2}$$

式中，R_1 为发声室中的房间常数；c_0 为声速。

如果试件面积为 S，则入射到该试件上的声功率 W_1 为

$$W_1 = \frac{1}{4}\varepsilon_1 c_0 S \tag{6.2.3}$$

假设试件的传递系数为 τ，则透过试件进入接收室内的声功率 W_2 为

$$W_2 = \tau W_1 = \frac{1}{4}\tau\varepsilon_1 c_0 S \tag{6.2.4}$$

于是，接收室内的混响声能密度 ε_2 为

$$\varepsilon_2 = \frac{4W_2}{c_0 R_2} \tag{6.2.5}$$

式中，R_2 为接收室的房间常数。

声能密度 ε 与有效声压 p 之间关系是

$$\varepsilon = \frac{p^2}{\rho_0 c_0^2} \tag{6.2.6}$$

于是，根据式（6.2.3）和式（6.2.6）有

$$W_1 = \frac{1}{4}\frac{p_1^2}{\rho_0 c_0}S \tag{6.2.7}$$

式中，p_1 为发声室内的有效声压。

同时，根据式（6.2.5）和式（6.2.6）有

$$W_2 = \frac{1}{4}\frac{p_2^2}{\rho_0 c_0}R_2 \tag{6.2.8}$$

式中，p_2 为接收室内的有效声压；R_2 为接收室的房间常数。

由式（6.2.1），可以推导出

$$\text{TL} = 10\lg\frac{W_1}{W_2} = L_1 - L_2 + 10\lg\frac{S}{R_2} \tag{6.2.9}$$

式中，L_1、L_2 分别为发声室和接收室内的声压级。

接收室内的房间常数

$$R_2 = \frac{S_2\overline{\alpha}}{1-\overline{\alpha}} \tag{6.2.10}$$

当接收室壁面吸收系数很小时，$R_2 = S_2\overline{\alpha}$。于是，式（6.2.9）可用下式表示

$$\mathrm{TL} = L_1 - L_2 + 10\lg\frac{S}{A} \tag{6.2.11}$$

式中，$A = S_2\overline{\alpha}$，为接收室的等效吸声量。

因此，式（6.2.11）是混响室测量隔声量的理论依据。

3. 实验方法和计算

（1）声源室内声场的产生　声源室内产生的声场应该是稳定的，并且在所考虑的频率范围内有一个连续的频谱。室内声功率要足够高，使得在接收室内的声压级在任何一个测试频带都比环境噪声级至少高出10dB。假使声源是多个扬声器，并且同时工作，则扬声器应该装在一个音箱内，它的最大尺寸应不超过0.7m，各扬声器应该同相位驱动，并合理放置扬声器，使它产生一个尽可能扩散的声场，并且距实验试件有一定距离，使它对试件的直接辐射不占主要成分。为了满足这一要求通常将扬声器放在试件对面的角落处。

（2）测量平均声压级　可按下式计算出在发声室和接收室内不同点测量结果的平均声压级

$$L = 10\lg\frac{p_1^2 + p_2^2 + \cdots + p_n^2}{np_0^2} \tag{6.2.12}$$

式中，p_1，p_2，…，p_n 是室内 n 个不同位置上的有效均方根声压；$p_0 = 2\times10^{-5}$ Pa，是参考声压；n 是测点数目。

当然，所有的测点和声源之间的距离都应该在声源的扩散距离之外，且和壁面之间的距离要大于 $\lambda/4$。实际测量时，可以用许多固定位置的传声器或用一个具有 p^2 积分的连续运动的传声器获得平均声压级。所使用的传声器必须是无指向性的。

（3）测量的频率范围　应采用1/3倍频程的滤波器测量声压级。滤波器的频率特性应该按照IEC 225规定。至少要采用中心频率从100Hz到3150Hz的1/3倍频程滤波器。

（4）测量和计算等效面积　在修正的赛宾公式（6.1.80）中，忽略媒质吸收，可以计算出接收室的等效吸声量 A 为

$$A = 0.161\frac{V_2}{T_2} \tag{6.2.13}$$

式中，V_2 和 T_2 是接收室的体积和混响时间。

于是，根据式（6.2.12）和式（6.2.13）即可获得试件的隔声量。

（5）修正项的讨论　式（6.2.12）是对两室的测点都处于混响声场中而得到的。如果接收点离试件很近，则式（6.2.11）的右端第三项需作修正，现分述如下：

1）发声室测点相当接近于试件表面，接收室测点仍在混响声场之中。由于隔声试件表面的吸声系数一般总是比较小，可近似看成反射面，所以靠近壁面的声压级比混响室多出3dB，因此式（6.2.11）要改成如下形式

$$\mathrm{TL} = L_1 - L_2 + 10\lg\frac{S}{A} - 3 \tag{6.2.14}$$

2）发声室测点在混响声场中，接收室测点靠近测试试件本身就相当于一个声源，所以在接收室测点附近的声密度应由直达声和混响声两部分声能密度组成，同时考虑从发声室传来的声波分布在半球面之中，因此式（6.2.5）改写为

$$\varepsilon_2 = \frac{2W_2}{c}\left(\frac{1}{S} + \frac{4}{R_2}\right) \tag{6.2.15}$$

于是可求得

$$\mathrm{TL} = L_1 - L_2 + 10\lg\left(\frac{1}{4} + \frac{S}{R_2}\right) + 3 \tag{6.2.16}$$

3）两室测点都靠近试件。可从前述两种情况推得

$$\mathrm{TL} = L_1 - L_2 + 10\lg\left(\frac{1}{4} + \frac{S}{R_2}\right) \tag{6.2.17}$$

6.2.3 现场测量方法

现场测量方法是为了测量在特殊声学条件下建筑构件（如玻璃窗）的隔声特性和为了判定已建筑完成的建筑（如外墙）的隔声特性。在现场测量中发声室就是露天外，声源可按国际标准 ISO 140/V（1978E）规定，可采用交通噪声（声音从不同方向入射，并且强度有变化），也可用扬声器发出噪声（直达射声）测量。下面仅介绍将扬声器发出噪声作为声源测量建筑物构件隔声量的情况。

1. 测试原理

将扬声器放在建筑物的外面，距测试样品有一个合适的距离。声音主要从一个方向入射到实验样品上。设指向实验样品中心的扬声器轴和实验样品表面法线间的角度为 θ，则扬声器入射的声能密度 ε_1 为

$$\varepsilon_1 = \frac{W_1}{c_0 S\cos\theta} \tag{6.2.18}$$

通过实验样品的声功率 W_2 为

$$W_2 = \tau W_1 = \tau\varepsilon_1 c_0 S\cos\theta \tag{6.2.19}$$

假设接收室的测点置于混响声场中，则

$$\varepsilon_2 = \frac{4W_2}{c_0 R_2} \tag{6.2.20}$$

如接收室的平均吸声系数比较小，于是可求得

$$\mathrm{TL} = L_1' - L_2 + 10\lg\frac{4S\cos\theta}{A} \tag{6.2.21}$$

式中，L_1' 是没有实验样品反射效果的平均声压级；L_2 是接收室的平均声压级；S 是实验样品的面积；A 是接收室的等效吸声量。

2. 实验方法和计算

（1）声场的产生　测试的声场由扬声器所产生，为使尽可能均匀地激发实验样品，要合理地选择扬声器装置和它到实验样品的距离，使实验样品表面各部分的声压级差别不超过 5dB。扬声器尽可能接近地面安放，最好放在地上。馈给扬声器的测试信号应当至少使用 1/3倍频程带宽滤波器所限制的白噪声。

扬声器相对于实验样品有一夹角，假设扬声器辐射声波为平面波，则声波入射角由下式确定

$$\cos\theta = \frac{1}{\sqrt{h^2 + d^2 + b^2}} \tag{6.2.22}$$

式中，h 为试件的高度；d 为扬声器和外墙立面的距离；b 为扬声器相对于试件的横向距离。一般在 45° 处测量，另外还可在 0°，15°，30°，60°和 75°加测。

（2）平均声压级的测量　平均声压级 L'_1 是从自由场内扬声器所辐射的声音得到（即没有反射的物体）。传声器应放在相当于实验样品表面到声源同样的距离进行测量。声压级应该在相应于实验样品表面的面积上平均。除了实验样品反射的影响外，这个测量应该在和实验样品上实际测量时同样的声学条件下进行。

接收室的平均声压级与用混响室法测隔声的测量方法相同。要注意的是，当任何频带在接收室内的声压级高出环境噪声级不到 10dB 时，应该立即测量正在确定声源声压级之前或以后的环境噪声级，并且用表 6.2.1 进行修正。

表 6.2.1　声压级读数的修正

声源工作时测量的声压级和单独的环境噪声级之间的差值/dB	从声源工作时测量的声压级中减去修正项以得到仅由声源产生的声压级/dB
3	3
4~5	2
6~9	1

如这个差值低于 3dB，即声压级 L_2 比环境噪声级低，则不能确切地定出 L_2。另外，测量的频率范围以及等效吸收面积的测量和计算，均与混响室测隔声量的方法相同。

需要注意的是，建筑构件隔声量的现场测量虽然测试设备简单，但不可能做到像实验室测量那样精密而细致，并且现场测量中构件的侧面透视现象无法避免，同时对构件的尺寸也难完全统一。

6.3　消声器声学性能测量

消声器是控制空气动力性噪声的有效措施之一。空气动力性噪声是一种常见的噪声污染源，从喷气式飞机、火箭、宇宙飞船等航空航天设备，到气动工具、通风空调设备、内燃发动机、压力容器、管道阀门等工业设备，其进排气都会产生声级很高的空气动力性噪声。在这些空气动力设备的气流通道上或进排气口上加装消声器，就可以降低其噪声污染。消声器是一种既能允许气流顺利通过，又能有效地阻止或减弱声能向外传播的装置。值得指出的是，消声器只能用来降低空气动力设备的进排气口噪声或沿管道传播的噪声，而不能降低空气动力设备的机壳、管壁、电动机等辐射的噪声。因此，不是所有的噪声源装上消声器就能降低其噪声，消声器是针对空气动力性噪声而设计的。

消声器的消声量是评价其声学性能好坏的重要指标。但是，测量方法不同，所得消声量也不同。当消声器内没有气流通过而仅有声音通过时，测得的消声量称为静态消声量；当有

声音和气流同时通过消声器时，测得的消声量称为动态消声量。

在我国国家标准中，与消声器测量有关的有：①GB/T 4760—1995《消声器测量方法》；②GB/T 16405—1996《管道消声器无气流状态下插入损失测量　实验室简易法》。它们分别对消声器实验室测量方法和现场测量方法作了详细的规定。实验室测量方法是在可控实验条件下较深入细致地测试消声器的性能，主要适用于以阻性为主的管道消声器。现场测量方法是在实际使用条件下直接测试消声器的消声效果，适用于一端连通大气的一般消声器。评价消声器声学性能好坏的量有下列四种。

1. 插入损失

在系统中，装置消声器以前和装置消声器以后相对比较，通过管口辐射噪声的声功率级之差定义为消声器的插入损失。

在通常情况下，管口大小形状和声场分布基本保持不变，这时插入损失等于在给定测点处装置消声器以前与以后的声压级之差。简而言之，插入损失就是指系统中插入消声器前后在系统外某定点测得的声压级差。

可以在实验室内用典型的实验装置测量消声器的插入损失，也可以在现场测量消声器插入损失。

在实验室内测量插入损失一般应采用混响室法或半消声室法或管道法，这几种方法都进行装置消声器以前和以后两次测量，先作空管测量，测出通过管口辐射噪声的各倍频带 1/3 倍频带声功率级，然后用消声器换下相应的替换管道，保持其他实验条件不变，测出各带相应的声功率级。各频带的插入损失等于前后两次测量所得声功率级之差。当测试点改变时，声功率级之差就等于给定测点处声压级之差。

现场测量消声器插入损失符合实际使用条件，但受环境、气象、测距等影响，测量结果应进行修正。

无论是实验室测量还是现场测量，A 计权插入损失 D_A（dB）的计算式如下

$$D_A = L_{pA1} - L_{pA2} \tag{6.3.1}$$

$$L_{pA1} = 10\lg\left[\sum_i 10^{0.1(L_{pi}+\Delta_i)}\right] \tag{6.3.2}$$

$$L_{pA2} = 10\lg\left[\sum_i 10^{0.1(L_{pi}-D_i+\Delta_i)}\right] \tag{6.3.3}$$

式中，L_{pA1} 是噪声源本身的 A 声级；L_{pA2} 相当于装置消声器后的 A 声级；L_{pi} 为第 i 个频带的声压级；Δ_i 和 D_i 为第 i 个频带的修正值和插入损失。

2. 传声损失

GB/T 4760—1995 还规定了实验室测量消声器传声损失的方法。消声器进口端入射声能与出口端透射声能相对比较，入射声与透射声声功率级之差，称为消声器的传声损失。在通常情况下消声器进口端与出口端的通道截面相同，声压沿截面近似均匀分布，这时传声损失等于入射声与透射声声压级之差。

测量消声器的传声损失，必须在实验室给定工况下分别在消声器两端进行测量，在消声器进口端测出对应于入射声的倍频带或 1/3 倍频带声功率级，在出口端测出对应于透射声的相应声功率级。各频带传声损失等于两端分别测量所得频带声功率级之差。一般应以管道法测量入射声和透射声的声压级。

各频带传声损失可由下式决定

$$R = \overline{L}_{pi} - \overline{L}_{pt} + (K_t - K_i) + 10\lg(S_i/S_t) \tag{6.3.4}$$

式中，$\overline{L}_{pi}$ 和 $\overline{L}_{pt}$ 分别为入射声声压级和透射声声压级；K_i 和 K_t 则为入射声和透射声的背景噪声修正值；S_i 和 S_t 为消声器上游和下游管道通道截面面积。

当实际使用的噪声源频谱为已知时，由实测各频带传声损失，可以参照式（6.3.2）、式（6.3.3）计算出A计权传声损失。

3. 减噪量

在消声器进口端面测得的平均声压级与出口端面测得的平均声压级之差称为减噪量 L_{NR}，其关系式如下

$$L_{NR} = \overline{L}_{p1} - \overline{L}_{p2} \tag{6.3.5}$$

式中，$\overline{L}_{p1}$ 和 $\overline{L}_{p2}$ 为消声器进口和出口端面的平均声压级。

这种测量方法误差较大，易受环境反射、背景噪声、气象条件影响，因而实际使用较少，有时用于消声器台架相对测量比较。

4. 衰减量

消声器内部两点间的声压级的差值称为衰减量，主要用来描述消声器内声传播的特性，通常以消声器单位长度的衰减量（dB/m）来表征。

除了上述四种方法之外，有时为了定量地分析比较某些消声器的性能，也给出一些其他的评价指标。例如，消声指数，它是单位当量长度、单位当量横断面面积的消声量，即参考体积的消声量。

以上几种评价消声器性能的方法中，传声损失和衰减量是属于消声器本身的特性，它受声源与环境影响较小（不包括气流速度的影响），而插入损失、减噪量不单是消声器本身的特性，它还受到声源端点反射以及测量环境的影响。因此，在给出消声器消声效果（消声量）的同时，一定要注明是采用何种方法，在何种环境下测得的。

目前，一般采用静态消声量来表示消声器的消声效果，因为静态消声量是一个定值，而动态消声量受气流速度的影响，是一个不定值，故评价指标以用静态消声量为宜。当声源经静态消声后的剩余声级（简称静态出口声级）大于消声器气流噪声级时，消声器的动态、静态消声量基本一致，不受气流的影响；当消声器静态出口声级低于消声器气流噪声级时，则消声器的动态消声量低于静态消声量，其差值随流速的增加而增大；当气流噪声级大于消声器入口声级时，此时消声器不仅不能消声，反而变成了一个噪声放大器。为解决静态和动态消声量可能不一致的问题，有些消声器产品已采用静态消声量和气流噪声级两个指标同时表示产品的声学性能。

第 7 章 室内声场测量

7

室内声场测量是建筑声学设计、评价和控制等领域的重要内容。早期的测量主要针对赛宾混响时间，随着建筑声学研究的发展，早期衰减时间、明晰度等一批新的评价指标被陆续提出，这些指标的测量是本章的重要内容。同时，本章还将介绍与室内声场紧密相关的参数，即界面吸声系数、散射系数的测量方法。此外，考虑到扬声器是室内常用的声源，其性能参数的测量原理也包含在本章中。

7.1 室内音质评价指标测量

7.1.1 室内音质评价指标

赛宾提出的混响时间一直是室内音质评价的重要指标，但仅靠这一个指标尚不足以完整描述各类建筑内部的声学特性。过去几十年来，一系列音质评价指标相继被提出，可以大致将它们分为三类：

1）时间指标。主要度量声场内能量变化过程中的关键时间节点，包括混响时间（RT 或 T_{60}）、早期衰减时间（EDT）、中心时间（T_s）等。

2）能量指标。主要度量声场中在特定时间范围内的能量累积状况或不同时间范围内的能量对比情况，包括声压级（SPL）、清晰度（D_{50}）、明晰度（C_{80}）、声场力度（G）等。

3）空间指标。主要度量声场中能量随空间位置变化而变化的情况，包括早期侧向反射声能比（LEF）、双耳互相关系数（IACC）等。

以上是目前最常用的指标，而且都可以根据声场脉冲响应求得。实际上，在不同的历史阶段或针对不同的声场类型，还有不少学者提出过其他的音质评价指标，如双耳中心时间、早后期声能比等。其中，在对语言可懂度有较高要求的场所应用较多的是语言传输指数（STI）和快速语言传输指数（RASTI）。它们是基于语音信号是由低频信号调制而成的基音波形这一假定，根据调制转移函数（MTF）推导而来的。由于这类指标与前述指标不同，并不是根据声场脉冲响应计算得来，在这里不作详细介绍。以下介绍前述三类典型的声学指标的物理含义。

1. 混响时间

混响时间的长短是判断封闭声学结构，特别是大型建筑内音质特点的一个重要的依据。

混响时间适宜的建筑内，一般认为声音有混响感、丰满而有力。如果混响时间过长，给人的感觉是回声很强，声音的清晰度会受到影响；混响时间过短，则使声音显得干涩、不饱满。因此，对于不同功能的声学结构，在设计时应当选择最符合其功能需要的混响时间。大多数情况下，最佳混响时间的取值范围是0.03～5s。

理论上讲，可以通过赛宾公式或依林（Eyring）公式求解混响时间，前提条件是声场满足扩散场的条件。

若已知空间的体积V、表面积S、平均吸声系数$\overline{\alpha}^*$，则赛宾公式是

$$T_{60} = 0.161\frac{V}{S\overline{\alpha}^*} \tag{7.1.1}$$

依林公式是

$$T_{60} = 0.161\frac{V}{-S\ln(1-\overline{\alpha}^*)} \tag{7.1.2}$$

这两个公式的主要区别在于：赛宾认为室内声场内的声能是连续衰减的，而依林认为衰减曲线呈台阶形，即声波与界面碰撞一次就衰减一次。依林的这种假设更符合室内声场的特点，因此，依林公式在计算精度上高于赛宾公式，特别是对于那些平均吸声系数较大（>0.2）的声场，其计算精度远高于赛宾公式。

平均吸声系数应该能够反映各个界面的吸声特性，因此，通常取为室内声场内总吸声量与吸声总表面积的比值，即

$$\overline{\alpha}^* = \frac{\sum_{i=1}^{n}\alpha_i S_i}{\sum_{i=1}^{n} S_i} \tag{7.1.3}$$

如果考虑空气对于声传播衰减的影响，则有

$$\overline{\alpha}^* = \frac{\sum_{i=1}^{n}\alpha_i S_i + 4mV}{\sum_{i=1}^{n} S_i} \tag{7.1.4}$$

式中，S_i是任意一个界面的表面积；α_i是其吸声系数；$4m$是空气吸声系数。

式（7.1.4）就是修正的混响时间计算公式。对于中、高频情况，由于空气吸声作用加强，应当对其加以考虑。

混响时间在音质评价中的作用无疑是非常重要的，但是，许多建筑声学研究者发现，当不同的建筑具有相同的混响时间时，或者同一声场中位置不同时（混响时间相近），音质的听感也往往存在很大的差异。这表明混响时间并不能反映室内声场内与音质有关的全部物理特性。

后来，一些类似的指标陆续被提出。其中，早期混响时间颇受关注。声压级从-5dB下降到-25dB以及从-5dB下降到-35dB所需的时间都可以作为早期混响时间，这里将它们分别记为ET_{20}和ET_{30}。可以利用从-5dB下降到-25dB以及从-5dB下降到-35dB的曲线进行拟合获得混响时间T_{60}，对应的混响时间分别记为T_{20}和T_{30}，它们可以分别由ET_{20}乘以3倍或ET_{30}乘以2倍得到。如果能量衰减曲线的线性程度较好，T_{20}、T_{30}应该非常接近T_{60}的值，即有

$$T_{60} \approx T_{20}(=\mathrm{ET}_{20}\times 3) \approx T_{30}(=\mathrm{ET}_{30}\times 2) \tag{7.1.5}$$

2. 早期衰减时间

早期衰减时间 EDT 的定义是：能量衰减曲线 $E(t)$ 上从 0dB 下降到 -10dB 所用的时间。它与 ET_{20}、ET_{30}、T_{60} 的关系如图 7.1.1 所示。

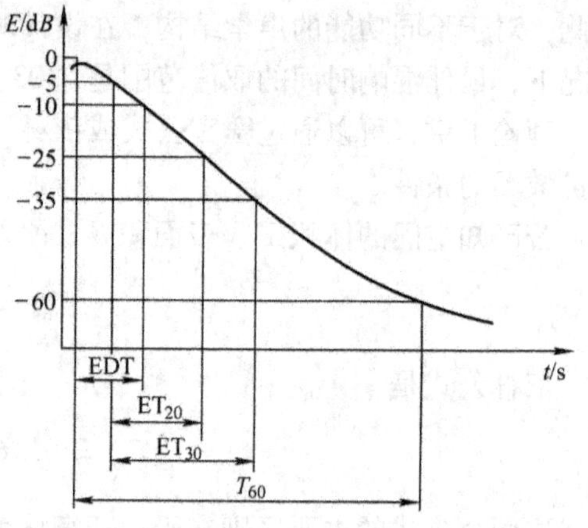

图 7.1.1 几种时间指标的定义

3. 中心时间

中心时间按下式确定

$$T_s = \frac{\int_0^\infty tE(t)\,dt}{\int_0^\infty E(t)\,dt} \tag{7.1.6}$$

式中，$E(t)$ 是能量衰减曲线。

Kürer 提出中心时间这一概念是为了描述室内声场内的语言可懂度。从他的研究结果来看（见图 7.1.2），语言可懂度是随着中心时间的延长而呈现下降趋势的。

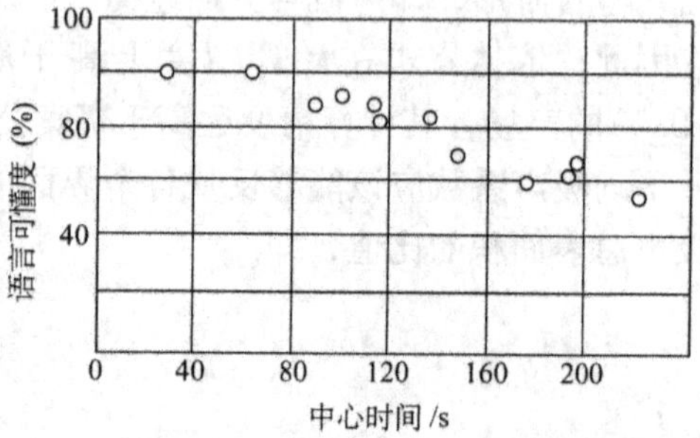

图 7.1.2 语言可懂度与中心时间的关系

4. 声压级

声压级从声压分布的角度直接来反映声场的特性，通过该参数可以了解声场内各点的声压大小和均匀程度。它与主观上对响度的感觉是对应的。

在建筑声学中，常用 SPL 表示声压级，具体定义为

$$\mathrm{SPL} = 20\lg\frac{p_e}{p_{ref}} \tag{7.1.7}$$

式中，p_e 是声压有效值；p_{ref} 是人耳能听到的最小声压，也称为参考声压，在空气中，该值一般取为 $2\times10^{-5}\mathrm{N/m^2}$。

5. 声场力度

声压级等描述能量分布的指标可以较好地反映封闭空间内的声场分布情况，但并不能直接反映声源的特性。为此，人们引入了另一个指标——声场力度 G，其定义为

$$G = 10\lg\frac{\int_0^\infty p^2(t)\,dt}{\int_0^\infty p_{10m}^2(t)\,dt} \tag{7.1.8}$$

式中，$p(t)$ 是某声源在实际空间中某点处的瞬时声压；$p_{10m}(t)$ 则是该声源在自由场（消声室）中距其 10m 处测得的瞬时声压。

6. 清晰度

对于一般的建筑，特别是语言类用途的建筑，声音的清晰度是非常关键的。与之相关的客观指标包括音节清晰度、语言传输指数、清晰度和明晰度等，其中，应用比较普遍的是后两个指标。这两个指标主要用于描述室内声场内反射声的重要成分（也包括直达声）与其

他反射声之间的关系。通常，这些重要成分是指 50 或 80ms 以内的反射声。

清晰度的概念是由 Thiele 提出的，它定义为

$$D = 100\% \times \left[\frac{\int_0^{50} E(t)\,\mathrm{d}t}{\int_0^{\infty} E(t)\,\mathrm{d}t} \right] \tag{7.1.9}$$

式中，$E(t)$ 是能量衰减曲线。

这一指标的含义是要用一个类似于“级”的定义方式，将前 50ms 内的反射能量、直达声与其余时间内的能量进行比较。Bore 研究了该指标与语言可懂度之间的关系，得出的结论是：二者之间确实存在明显的相关性（D 越大，对可懂度越有利）。

7. 明晰度

为了评价声场中的早后期声能的比较关系，Reichardt 等在 1973 年引入了一个指标——明晰度 C_{te}，定义如下

$$C_{te} = 10\lg \frac{\int_0^{te} E(t)\,\mathrm{d}t}{\int_{te}^{\infty} E(t)\,\mathrm{d}t} \tag{7.1.10}$$

式中，te =50ms 或 80ms，前者适于语言声，后者更适于音乐声。

例如，当 te =80ms 时，反映的是前 80ms 内的声能与剩余时间内声能的关系。研究表明，$C_{80}=0$ 就表示主观明晰度感觉是满意的。该指标一般应在 -5～3 之间取值。目前，明晰度已被越来越多的研究者接受，特别是在音乐厅和剧院的声学设计与分析中得到了认可。

不难证明，C_{50} 和清晰度 D_{50} 存在着定量的关系，即

$$C_{50} = 10\lg \frac{D_{50}}{1 - D_{50}} \tag{7.1.11}$$

8. 早期侧向反射声能比

在对声场空间感的研究中，侧向反射的重要性得到了认同，并用早期侧向反射声能比 LEF 描述，其定义为

$$\mathrm{LEF} = \frac{\int_5^{80} p_L^2(t)\,\mathrm{d}t}{\int_0^{80} p^2(t)\,\mathrm{d}t} \tag{7.1.12}$$

式中，$p_L^2(t)$ 指的是用“8”字形传声器测量的声压级。

Barron 通过研究发现，在 5～80ms 的范围内，LEF 与入射声能，以及入射声方向与人耳夹角的余弦 $\cos\varphi$ 是成比例的。因此就有

$$\mathrm{LEF} = \frac{\int_5^{80} [p(t)\cos\varphi]^2\,\mathrm{d}t}{\int_0^{80} p^2(t)\,\mathrm{d}t} \tag{7.1.13}$$

研究表明，对于较大的封闭空间，LEF 一般在［0，0.5］内取值。

9. 双耳互相关系数

IACC 是另一个应用广泛的描述空间感的指标。它利用人的左右耳接收到的脉冲响应信

号的相关性来评价声场的空间特性。有研究表明，对各种室内声场，通过人工头或真实听者测试得到的 IACC 指标值与实际的空间感觉都非常吻合。

任意两个信号 $s_1(t)$ 和 $s_2(t)$ 的互相关函数是

$$\psi_{s_1s_2}(\tau) = \lim_{T\to\infty}\frac{1}{T}\int_{-\frac{T}{2}}^{+\frac{T}{2}} s_1(t)s_2(t+\tau)\mathrm{d}\tau \tag{7.1.14}$$

因此，对于双耳脉冲响应 $p_L(t)$、$p_R(t)$，经过归一化后，得到 IACC 的定义：

$$\mathrm{IACC} = \max\left|\frac{\int_{t_1}^{t_2} p_L(t)\cdot p_R(t+\tau)\mathrm{d}t}{\sqrt{\int_{t_1}^{t_2} p_L^2(t)\mathrm{d}t\cdot\int_{t_1}^{t_2} p_R^2(t)\mathrm{d}t}}\right|, |\tau| < 1\mathrm{ms} \tag{7.1.15}$$

式中，t_1 通常取为 0；t_2 通常取为 ∞（实际中应该是与混响时间在同一数量级的一个值）。

不难发现，IACC 与声场的空间感强弱是负相关的，也就是说 IACC 越小，空间感越强。研究显示，对于一些较大的封闭空间，IACC 在中频段的取值在 0.3 时可以获得比较理想的空间感。

7.1.2 室内音质评价指标测量原理

混响时间的测量是室内音质评价指标测量的重要内容，测量方法已经发展多年，最常用的方法之一是稳态噪声切断法。其思路是：先利用宽带噪声源在室内建立一个稳定的声场，然后突然使声源停止发声，记录室内声压级衰变的曲线，然后根据声压级衰减 60dB 的时间求解混响时间，如图 7.1.3 所示。这种方法非常简便，也有不少基于该方法的仪器，如 B&K4417/4418 建筑声学分析仪。不过，这种方法一般需要重复测量多次，因为声衰减过程中不可避免会产生瞬时起伏。

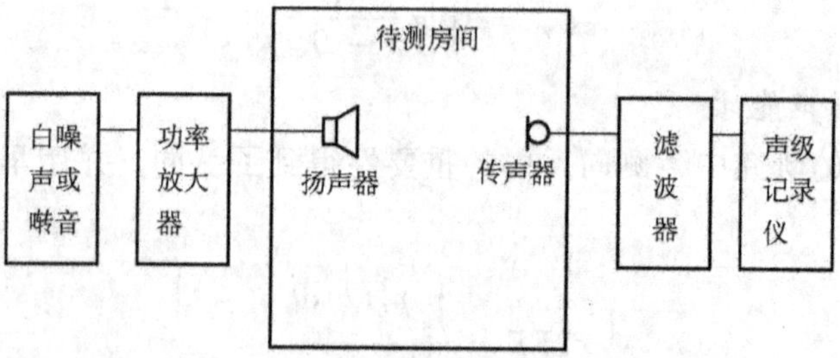

图 7.1.3 噪声切断法测量混响时间原理图

1965 年，德国哥廷根大学的 M. R. Schroeder 提出了脉冲响应积分法。该方法只需要一次测量即可获得能量衰减曲线，因为积分与群体平均是等效的。这种方法也称为施罗德积分法。其思路是：先测量声场脉冲响应，然后根据积分求解能量衰减曲线（EDC），再根据声能衰减斜率计算混响时间。EDC 的求解公式为

$$E(t) = \int_t^{\infty} p^2(\tau)\mathrm{d}\tau \tag{7.1.16}$$

式中，$p(\tau)$ 为测量得到的声压脉冲响应函数。

这种脉冲反向积分法已被 ISO 3382 列为标准的混响时间测量方法。

根据前述其他声学评价指标的定义公式不难看出，只要确定了声场的时域脉冲响应，并

确定它与能量衰减曲线的关系，就可按定义求得这些声学指标。因此，无论是描述时间的指标 T_{30}、EDT，还是描述声场中不同时间段内能量分布情况的指标 T_s、C_{80}，都可以利用脉冲反向积分法测量和计算得到。目前已有多种基于这种原理的室内声学测量系统（包括分析计算软件），如 DIRAC，WinLMS。

可见，测量室内声学评价指标的关键是声场脉冲响应的测量。下面介绍其测量方法。

7.1.3 脉冲响应的测量要求

声场脉冲响应的测量原理框图如图 7.1.4 所示。以下分别讨论对各个主要设备的要求。

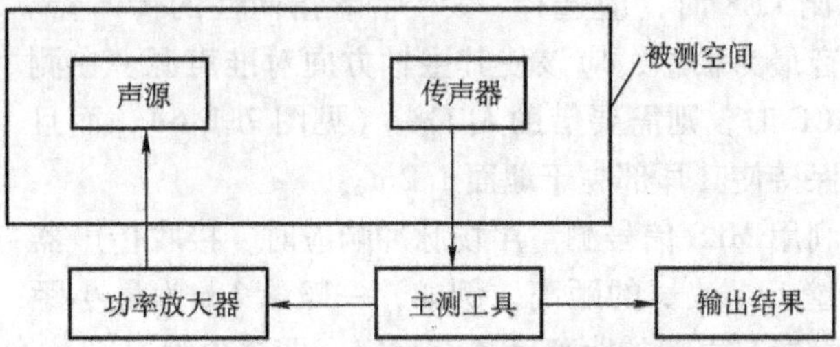

图 7.1.4 脉冲响应测量原理图

1. *声源*

在室内声场测量实验中，声源应该是各向同性的或者称为无指向性声源。因此，一般的扬声器并不适用。

过去经常用电火花、发令枪、气球和模拟白噪声作为信号源。用气球爆裂声作为声源时，实验不能重复，其时频特性不稳定，测量精度较低，但实验装置成本低，操作简单且便于携带，与小型录音机配合使用，适于作为一般普查性的测量手段。用电火花作为声源时，可形成稳定的宽频带噪声，但在可重复性方面还不够理想。用电声系统产生的白噪声作为声源时，可以满足以稳态声场为基础的一般声学测量要求，但其声信号也不能完全重复，电声系统本身的响应特性也有一定的干扰作用。

由于实测的房间脉冲响应函数实际上是在一定时间间隔内作过能量平均后的结果，前述几种声源只适用于教堂等混响时间较长的空间，而且它们在指向性方面都难以满足各向同性的要求。

近年来，数字信号源广被使用，它能完全克服模拟信号源的缺点。目前应用较多的是利用数字信号发生器激发十二面体或二十面体的近似球形声源，尤以前者更为普及，如图 7.1.5所示。不过，即便是这种声源，也只是在低频条件下才称得上没有指向性。

图 7.1.5 十二面体声源

如果不使用同步平均等技术增大衰减范围，则必须有较高的信噪比，才能保证测量精度。一般要求声源级比背景噪声至少高 45dB。如果只测量 T_{20}，声源级比背景噪声高 35dB 即可。如果利用伪随机序列作为输入信号，所需要的声压级可能不必很高，原因是此时可以用相关平均法提高信噪比。

目前应用较多的输入信号是最大长度序列（MLS）。这种信号包括一系列的脉冲信号，每一个信号的振幅相同（归一化到1），但是极性会以某种特定方式变化（如振幅为+1或-1）。MLS信号的频谱看上去像白噪声频谱，但是没有白噪声信号的统计属性，振幅或+1或-1，不符合高斯分布。利用MLS信号激励声源测量混响时间的最大优点是它可以完全重复，这就使得利用同步平均对脉冲响应进行处理从而提高信噪比成为可能。不过，由于MLS信号是周期性信号，在测量混响时间时，一般要求其长度应该至少与被测的混响时间（测量前可以粗略估计）相等。

2. 接收传声器

在测量时间感声学指标时，测量点的传声器一般应该是无指向性的。

在测量侧向声能比LEF时，应选择“8”字形指向性的传声器。由于它对主轴上的声音最为敏感，应该使其主轴方向对准声源。在测量双耳互相关系数IACC时，则需要借助人工头（见图7.1.6），而且在放置时，一般应该保持使其耳部高于地面1.2m。

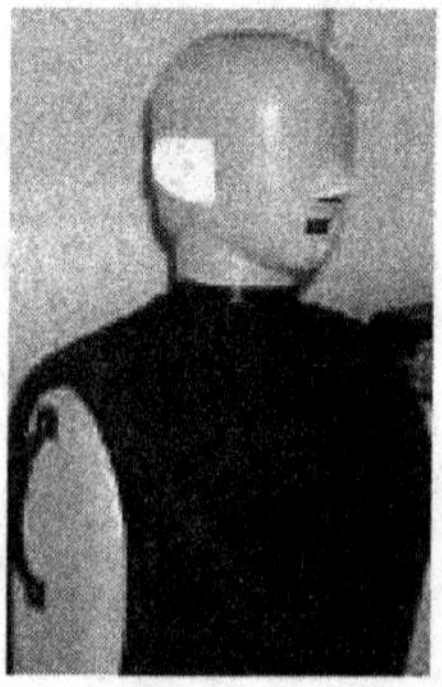

图7.1.6 人工头

ISO 3382规定在利用MLS信号测量声场脉冲响应时，接收传声器至少应该距最近的墙壁1/4波长的距离，例如，一般取1m为最小距离。该标准对接收传声器与声源的距离d也有规定，即至少为

$$d_{\min} = \sqrt{\frac{4V}{cT}} \qquad (7.1.17)$$

式中，V是被测空间的体积；c是声速；T是预估的混响时间值。

3. 主测工具

过去，在室内声场测量中，常用模拟信号源激励扬声器，并用电平记录仪、频谱分析仪等设备来记录和分析声场的衰减情况。随着计算机在现代测量技术中的应用，已发展为利用专门的软件作为主测工具，这些软件一般兼具数字信号产生、记录、分析处理和结果输出的功能，能够控制整个测量过程，非常方便实用。这类软件中具代表性的是丹麦的DIRAC、挪威的WinMLS等。

4. 测量频率

测量频率一般不应少于以下6个倍频程中心频率：125Hz，250Hz，500Hz，1000Hz，2000Hz，4000Hz。对于那些对音质要求高的场所，如甲级剧场，最好加测倍频程中心频率63Hz和8000Hz。

用于噪声控制目的的房间，测量频率不应少于以下18个1/3倍频程中心频率：100Hz，125Hz，160Hz，200Hz，250Hz，315Hz，400Hz，500Hz，630Hz，800Hz，1000Hz，1250Hz，1600Hz，2000Hz，2500Hz，3150Hz，4000Hz，5000Hz。

对音质有特殊要求的房间，如广播录音室、电视演播室等，可参照相关广播电影电视混响测试行业规范的频率范围：63～10000Hz共24个频段。

5. 室内环境

如果是对房间进行音质评价或对声学施工进行验收而进行的测量，房间应处在正常使用状况，即已装修完成，正在使用或已经可以使用。房间中应包括座椅、家具、灯具等设施，门或窗应能正常闭启。如果是在施工期间进行的测量，应在报告中详细描述室内状况，包括施工的阶段、室内放置的器械或物品、洞口是否封闭等。

室内背景噪声应满足测量要求。测量时，房间的门窗应该关闭，并控制人员走动和讲话，尽可能降低设备噪声。在测量频率范围内，传声器位置上的背景噪声声压级应比声源产生声压级至少低35dB。由于脉冲反向积分法能提高信噪比，这一数值可放宽到25dB。测量期间如存在偶发噪声，每次测量后应立即观察衰变曲线，确定衰减是否受到噪声影响。如果影响显著，应舍弃这期间测量的结果。

测量期间需保证室内的恒定相对湿度和温度。当相对湿度变化超过±10%、温度变化超过±2℃时，应停止测量。室内相对湿度大于90%时，应停止测量。游泳馆等正常使用时高潮湿的环境除外。相对湿度和温度的测量精确度需分别达到±5%和±1℃。

7.2 扩散体散射系数测量

室内界面属性参数中可测量的参数主要包括吸声系数、隔声量、散射系数，其中，前两个参数的测量方法已在前面的章节中介绍，这里仅介绍近年来才发展起来的散射系数测量方法。

散射系数类似于吸声系数，也是影响声场分布的重要参数，但由于散射现象也只是在近十几年才受到重视，散射系数的测量方法还不够完善。

目前有消声室法和混响室法两种可用的方法。根据ISO的标准，应该在混响室中通过脉冲响应同步平均法来测量无规入射时的散射系数，这一方法是M. Vorländer最先提出的。

根据散射系数的定义有

$$s=\frac{1-\alpha_r-|r_s|^2}{1-\alpha_r} \tag{7.2.1}$$

式中，s是无规入射时的散射系数；α_r是界面无规入射时的吸声系数；r_s是镜面反射系数。

若令α_s为无规入射时的“镜面吸声系数”，则有

$$\alpha_s+|r_s|^2=1 \tag{7.2.2}$$

于是有

$$s=\frac{\alpha_s-\alpha_r}{1-\alpha_r} \tag{7.2.3}$$

式中，α_r可以按前一节已介绍的混响室法等方法测量得到，因此，测量s的关键是测量镜面吸声系数α_s。这可以利用脉冲响应同步平均法来进行测量。具体方法如下：

在缩尺混响室中（见图7.2.1），将声源和传声器位置固定，把界面试件放置在转台上，使试件转动，每转动一个小角度，测量得到一个脉冲响应，转动N周可以测得N个脉冲响应。假定这些脉冲响应中的散射成分在统计上是独立的，即不相干，而镜面反射声能是完全相关的，则把这些脉冲响应进行同步平均后，就可以使散射声能互相抵消。

经过同步平均后，声场的能量衰减曲线EDC可以近似表示为

$$E(t)\approx(N-1)\exp\left[\frac{cA}{4V}\ln(1-\bar{\alpha})t\right]+\exp\left[\frac{cA}{4V}\ln(1-\bar{\alpha})\right] \tag{7.2.4}$$

式中，c为声速；A为混响室的内表面积；V是混响室的体积；$\bar{\alpha}$是放置了试件后测量得到的平均混响时间，它可以根据下式计算：

$$\bar{\alpha}=\frac{\alpha_0(A-A_s)}{A}+A\alpha_s \tag{7.2.5}$$

式中，α_0 是未放置试件时的室内平均吸声系数；A_s 是试件的表面积。

图 7.2.1　M. Vorländer 实验模型

当试件转动的角度很小，即 N 足够大时，$E(t)$ 的第二项可以忽略，式（7.2.4）就变为

$$E(t) \approx (N-1)\exp\left[\frac{cA}{4V}\ln(1-\alpha_0-A\alpha_s+\frac{\alpha_0 A_s}{A})t\right] \tag{7.2.6}$$

这就相当于试件吸声系数为 α_s 时的混响场衰减公式。于是，可以按照前文所述的测量方法得到脉冲响应，并由脉冲响应的反向积分法得到能量衰减曲线。ISO 标准规定用衰减曲线上 −5 ~ −20dB 的部分经过线性拟合估计混响时间，进而就可以求得 α_s 和该试件表面上无规入射时的散射系数 s。

7.3　扬声器电声参数测量

扬声器是室内声环境中的重要组成部分（主要用作声源），也是完成各种室内声学测量不可或缺的仪器。以下对扬声器及多个扬声器组成的系统的电声性能描述参数和测量方法加以介绍。

7.3.1　扬声器和扬声器系统电声参数

1. 额定阻抗和阻抗曲线

为确定信号源加给扬声器（或扬声器系统）的电功率，常用一个纯电阻来替代扬声器（或扬声器系统）作为负载，该纯阻即为扬声器（或扬声器系统）的额定阻抗，其数值由制造厂规定，是用于计算和馈给扬声器电功率的基准。通常，该值为额定频率范围内可得到最大功率的阻抗模的最低值，或不高于此阻抗模最低值的 20% 的任何值。

扬声器阻抗随频率变化的特性称为扬声器阻抗特性，对应的曲线称为扬声器阻抗曲线。从阻抗曲线上可以测量扬声器的谐振频率、振动系统的 Q 值、最佳匹配的阻抗以及高频感抗部分的变化情况，这对扬声器和信号源的匹配、扬声器的低频设计以及扬声器箱的设计等都是很重要的参数。

2. 频率响应

在自由场条件下，相对于参考轴和参考点的规定位置上，以恒压法或恒流法测得扬声器的输出声压级随频率的变化，称之为扬声器的频率响应。对应的曲线为频率响应曲线，简称频响曲线。

频率响应是扬声器的重要性能参数之一，它反映扬声器对不同频率的电信号转换成声辐射的能力。根据不同用途来选用扬声器时，首先要考虑的就是频率响应以及与其相关的有效频率范围和不均匀度。例如，对高保真扬声器，则要求频率响应平直，频率范围宽，不均匀度小；对一般收音机和电视机用的扬声器，因其低频受箱体的限制，高频受电噪声的影响，频率响应不要求太宽。

3. 指向性

扬声器在电信号激励下向空间辐射声波的波长随频率的增加而缩短，当波长与扬声器本身的线度可比拟时，由于声波的相互干涉，扬声器辐射的声波会明显地出现指向性，而且频率越高，指向性越强。在设计和使用扬声器时，其指向性是必须考虑的重要的参数。例如，在厅堂扩声系统设计时，为获得均匀的声场，必须考虑到扬声器的指向特性。扬声器的指向特性通常用指向性图、指向性因数或指数以及指向性频率特性来表征。

扬声器指向性图是指在自由场条件下，在规定的平面上，对某规定的频率，扬声器辐射声波的声压级随辐射方向变化的曲线。

指向性因数是指在自出场条件下，在某一给定频率或频带内，在选定的参考轴上某点所测得的声强与被测扬声器辐射相同功率的点声源，在相同的测试点上所产生的声强之比。一般用 $Q(f)$ 表示其指向性因数。

指向性指数是指用分贝表示的指向性因数，表达式为 $D_t(f) = 10\lg Q(f)$ ，单位为 dB。

指向性频率特性是指在若干规定的声波辐射方向上，测得的扬声器频响曲线族。此外，也可用等声压级曲线来表征扬声器指向性持性，即以频率 f 为横坐标，以与扬声器参考轴的夹角 φ 为纵坐标，绘出等声压级的曲线图。

4. 灵敏度（级）

在规定的频率范围内，在自由场条件下，相当于馈给扬声器额定阻抗上 1W 粉红噪声信号的电压时，在其参考轴上距离参考点 1m 处产生的声压，称为扬声器特性灵敏度，简称扬声器灵敏度，单位为 Pa/（W·m）。当用分贝来表示扬声器特性灵敏度时，则称为特性灵敏度级，单位为 dB/（W·m）。

5. 有效频率范围

在扬声器的频率响应曲线上，比在灵敏度最大区域的一个倍频程带宽的平均灵敏度低某一规定值（通常为 10dB）处划一水平直线，与频率响应曲线相交的上下频率所包围的频率范围，称为扬声器有效频率范围。相交的上下频率点即为有效频率上下限。

用纯音信号测量频率响应曲线时，有的也规定在扬声器的频率响应曲线上声压级最大点起下降某一规定值（通常为 10dB）处划一条水平线，与频响曲线相交的上下频率所包围的频率范围，即为扬声器的有效频率范围。若规定的下降分贝值一样的活，后者的要求比前者更高些。

6. 扬声器共振频率

扬声器共振频率也称扬声器谐振频率，是指在阻抗曲线上，扬声器电阻抗模值随频率上升的第一个峰值所对应的频率。

7. 失真

扬声器失真有多种，如谐波失真、互调失真、差频失真、瞬态失真和相位失真等。

1）谐波失真。由于扬声器振幅非线性引起的一种失真。当扬声器输入某一频率的正弦电信号时，扬声器输出声信号中除了原输入之基波信号外，还出现有整数倍于基波频率的信号，即谐波，而这种现象就是谐波失真。谐波失真大小通常用这些谐波声压的有效值与总声压的有效值之比表示。

2）互调失真。振幅非线性的一种表现形式。当用只含 f_1 和 f_2 的复合信号源策动扬声器时，在其声输出中除了原信号外，还出现调制分量，即出现频率为 $f_2 \pm f_1$ 和 $f_2 \pm 2f_1$ 的互调边带，称为互调失真。

3）差频失真。这也是振幅非线性的一种表现形式。当扬声器在额定频率范围内，加以振幅相等的两个频率 f_1 和 f_2 信号时，在其声输出中除了原信号外，还会出现 $f_2 - f_1$、$2f_2 - f_1$ 和 $2f_1 - f_2$ 的信号，称为差频失真。

4）瞬态失真。由于扬声器振动系统跟不上快速变化的电信号而引起输出波形的失真。扬声器的瞬态失真与它的频率响应、振膜的阻尼以及相位特性等有关。

目前谐波失真的测量技术较为完善，是扬声器标准中主要考核的一种失真。

8. 声功率

在以 f 为中心频率的某一频带内的电信号馈给扬声器时，所辐射的总声功率即为扬声器的声功率。

9. 效率

在以 f 为中心频率的某一频带内，扬声器所辐射的声功率与馈给它的电功率之比，称为扬声器效率。

10. 品质因数

电动式扬声器（或闭箱扬声器系统）的品质因数 Q 定义为在共振频率点处声阻抗的惯性抗（或弹性抗）与纯阻之比。这个定义不宜推广应用到其他类型的扬声器中。

电动式扬声器的品质因数 Q 值的大小和频率响应、瞬态失真有密切关系。Q 值太大，纸盆扬声器低频谐振频率 f_0 处峰值太高，出现一尖峰，低频响应变差，而且扬声器的瞬态失真增大。适当减小可使低频响应平直展宽，而瞬态失真减小。一般 Q 值取 0.3～0.45，且视不同用途而定。如开口音箱比封闭音相对 Q 值的选用可以低一些。

11. 电功率

扬声器功率包括最大噪声功率、长期最大功率、短期最大功率和最大正弦功率。

1）最大噪声功率是用最大噪声电压的平方与额定阻抗的比值所表示的电功率。所谓的最大噪声电压是指在额定功率范围内，馈给扬声器以规定的模拟节目信号，而不产生热和机械损坏的最大噪声电压值。进行此项试验时，应连续工作 100h 后考核是否合格。

2）长期最大功率是用长期最大电压的平方与额定阻抗的比值所表示的电功率。所谓的长期最大电压是指在额定频率范围内，馈给扬声器以规定的模拟节目信号，信号持续时间为 1min，间隔为 2min，重复 10 次，而扬声器不产生永久性损坏的最大噪声电压。

3）短期最大功率是用短期最大电压的平方与额定阻抗的比值所表示的功率。所谓的短期最大电压是指在额定频率范围内馈给扬声器以规定的模拟节目信号，信号持续时间为 1s，间隔为 60s，重复 60 次，而扬声器不产生永久性损坏的最大噪声电压。

4）最大正弦功率是用额定最大正弦电压的平方与额定阻抗的比值所表示的功率。所谓的额定最大正弦电压是指产品标准对其扬声器在额定频率范围内，能承受连续正弦信号而不产生热的和机械的损坏所规定的最大正弦电压值。此电压一般规定持续 1h。因电压值随频率不同而不同，在不同的规定频率范围内，可给出不同的电压值。

上述四种最大功率都是由生产厂家规定的，考核所生产的扬声器最大可承受各种功率的能力，故有的在其前冠以"额定"两字，即额定最大噪声功率、额定长期最大功率、额定短期最大功率、额定最大正弦功率。

7.3.2　扬声器和扬声器系统的测量方法

1. 测量条件

扬声器和扬声器系统电声性能测量结果，除了与它本身的性能有关外，还与测量环境、安装方式及测量信号有关，为获得合理、可靠、可对比的测量结果，必须对影响测量结果的测量条件作出合理的、统一的规定。

（1）测试声场

1）自由声场。扬声器电声性能测量需要在自由声场条件下进行，以避免反射声和环境噪声对测量结果的影响。全消声室可以满足这种情况。

2）半空间自由声场。根据测量扬声器的需要，有的标准提出了半空间自由场条件。如图 7.3.1 所示，某一面为一个无限大的反射面（平面的线度比最低工作频率的波长大），前方为自由声场，即其一面为全反射平面，其余为全部接近全吸声面的封闭空间。在此半空间中测量所需的空间内，点声源所辐射的声压 p 和距离 r，应满足 $p \propto 1/r$ 定律，误差不超过 ±10%。

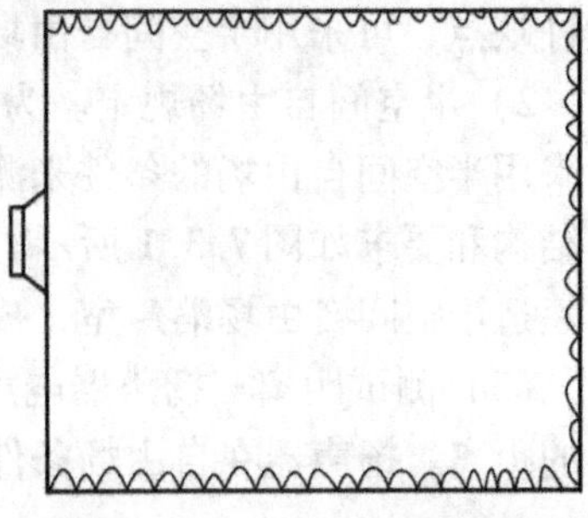

图 7.3.1　半空间自由声场

自由声场或半空间自由声场可用于测量扬声器和扬声器系统的灵敏度、频率响应、失真等多项技术参数。

3）混响声场。用混响法测量扬声器声功率时，需要在混响声场中测定，混响室可满足此类需要。

（2）测量时有关条件的规定

1）障板。扬声器单元不装在障板上时，其纸盆两面都向外辐射声波且相位相反，当频率较低时，前后两列波发生干涉，因相位相反而互相抵消，频率越低抵消越厉害，辐射的声功率就越低。为此，有关标准规定在消声室内测量时，扬声器单元必须安装在一种标准障板上，以减少低频互相抵消并使测量结果有可比性。标准障板的尺寸及结构如图 7.3.2 所示。

这种障板主要适用于测量 8in（ϕ200mm）以下的扬声器单元，因为它的使用条件是 $ka \leqslant 3$，对 8in 扬声器有效半径 $a \approx 0.083\text{m}$，当上限频率为 20kHz 时，$k = 2\pi\lambda = 2\pi f/c \approx 36.7$，即 $ka \approx 3$。

标准障板一般由高内阻尼的硬木制成，表面平整且不敷设任何吸声材料，以利于声反射，且要有足够的厚度，使板的振动可以忽略。扬声器与障板的接触面应平整无缝隙，可以采用图 7.3.2 中 a 所示的挖锥形孔的方法安装，为更换方便，也可以采用图 7.3.2 中 b 所示的加一块薄硬质分障板的方法安装，尺寸可参考 GB 9396—1996。

采用标准障板来测量扬声器单元，虽然对测量结果有所改善，但因为它不是无限大，扬

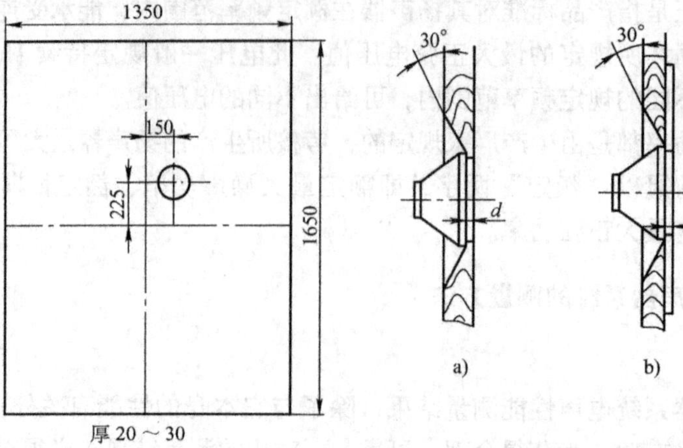

图 7.3.2　标准障板尺寸及结构

声器背面辐射的声波，在频率较低时，仍然可以绕过障板和正前辐射的声波发生干涉，在测得的频响曲线上产生不应有的峰谷，如在 400 ~ 500Hz 之间都会产生一个凹谷，这不是扬声器频响不好，而是障板引起的，扬声器的低频响应曲线也会由障板引起一定的起伏。为改进这种缺点，可采用半空间自由场来测量扬声器单元的电声性能。

2）半空间自由场规定。为了消除采用有限尺寸的标准障板所产生的缺点，IEC 标准推出采用半空间自由场的条件来测量扬声器单元的电声性能，这实际上是一种无限大障板法，其结构和要求如图 7.3.1 所示。GB 9396—1996 中也已推荐了这种方法，但这种方法由于需要建造半空间自由场消声室，成本很高。

（3）测试距离　扬声器电声性能的测试距离是指扬声器参考点到测量传声器受声面之间的距离。扬声器在自由场条件下测试，应是在远场进行的，即应满足

$$r \gg a, r \gg \frac{d^2}{\lambda} \tag{7.3.1}$$

式中，r 为测试距离（m）；a 为扬声器半径（m）；d 为扬声器直径（$=2a$）。

这时轴向声压随距离增大而减小，即 $p \propto 1/r$，这正是球面自由场条件。如果测试距离 r 太小，不满足远场条件，测量结果将产生较大的误差，但 r 也不能太大，因为受到消声室内自由场区域和背景噪声的限制。一般 8in 以内（含 8in）的扬声器，测试距离 r 取 1m 可满足远场要求，小尺寸扬声器测试距离可取 0.5m，大于 8in 的扬声器，r 应取大于 1m。一般取 0.5m 或 1m 的整数倍，但最后计算特性灵敏度时，都应换算成 1m 的标准参考距离来表示。

（4）测试信号　测试扬声器用的信号有多种：

1）正弦信号，是指瞬时电压随时间作正弦变化的信号，通常要求信号频率从 20Hz 到 20kHz，可连续变化，周而复始。

2）啭音，是指频率在某一个中心值附近作周期变化的声音，常用作测量混响时间的信号源，即它的频率能在 $f_0 - \Delta f$ 到 $f_0 + \Delta f$ 之间连续变化，f_0 称中心频率，Δf 为频率调制幅度，由下式决定

$$\Delta f = (2^{1/6} - 1) f_0 \approx 0.12 f_0 \tag{7.3.2}$$

3）白噪声，是一种无规噪声，用固定频率带宽测量时，频谱连续并且均匀。白噪声的功率谱密度不随频率而变。

4）粉红噪声，与白噪声一样是一种无规噪声，用正比于频率的频带宽度测量时，频谱连续并且均匀。粉红噪声的功率谱密度与频率成反比。

5）宽带噪声信号，是在扬声器性能测量时，规定使用峰值因数为3~4之间的粉红噪声或白噪声信号。

6）窄带噪声信号，是在扬声器性能测量时，规定使用相对带宽为1/3oct的粉红噪声信号。

7）脉冲声，是指持续时间短暂的声信号，如枪炮声、撞击声等。

8）猝发声，也称正弦波列或正弦波群，它是一系列有间断的正弦波列，每个波列包含一定数的正弦波（一般10个以上），常用来测量电声器件的瞬态失真。

2. 额定阻抗和阻抗曲线

（1）额定阻抗　一般优选替代法，测量线路如图7.3.3所示。图中K为转换开关，R值应大于额定阻抗的10倍，R_k为十进位无感电阻箱。测量时，通常馈给扬声器的电流为（50±5）mA，要求信号源为恒流源，故在声频信号发生器的输出端串联一个大电阻R，在扬声器辐射面前0.3m内应无反射物，测试频率一般选择200~400Hz内的某一点，先把开关K接通被测扬声器，然后把开关K接通可变电阻箱R_k，调节R_k值，使有效值电压表上所指示的电压与被测扬声器的压相等时（必要时可反复比较），该R_k值即为扬声器的阻抗，可用来判定是否符合额定阻抗的要求。这种测量一般即称额定阻抗测量。

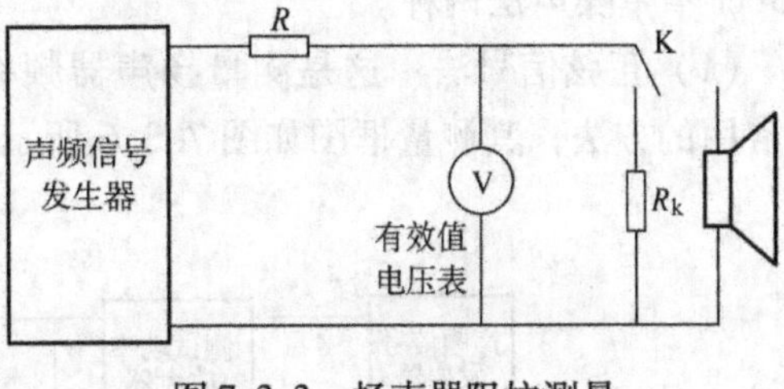

图7.3.3　扬声器阻抗测量

（2）阻抗曲线　测量扬声器阻抗曲线，可用恒压法和恒流法。

1）恒流法。可用串大电阻法，如图7.3.4a所示，或压缩法，如图7.3.4b所示。

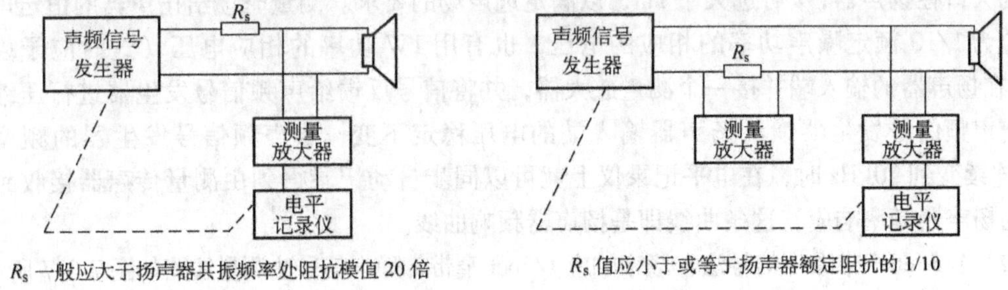

图7.3.4　恒流法测量扬声器阻抗曲线

测量时通常馈给扬声器50mA正弦信号电流，并保持恒定在±5mA之内，对大功率或小功率扬声器，则分别选用100mA或50mA，采用这两种方法都可以自动记录扬声器有效频率范围内的阻抗曲线。

2）恒压法。用恒压法测量扬声器阻抗曲线时，其测量线路按图7.3.5所示的线路进行。信号源输出电压U按下式确定

$$U=\begin{cases}\sqrt{0.1P_{eN}Z}, 1W \leqslant P_{eN} \leqslant 10W \\ \sqrt{0.1P_{e0}Z}, P_{eN} \leqslant 1W \\ \sqrt{P_{e0}Z}, P_{eN} > 10W\end{cases} \tag{7.3.3}$$

式中，P_{eN}为额定最大噪声功率（W）；P_{e0}为 1W 电功率；Z 为额定阻抗（Ω）。

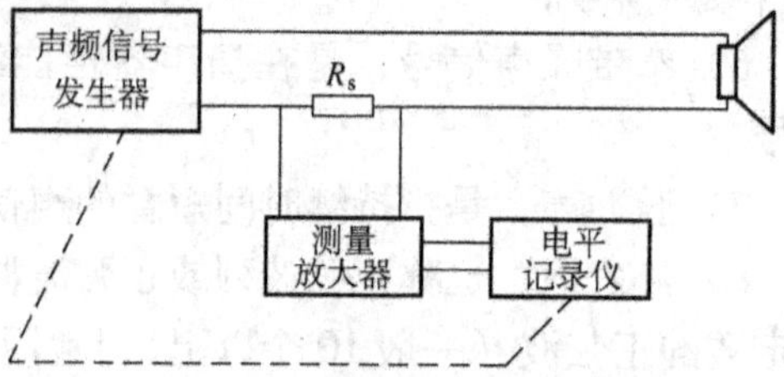

图 7.3.5　恒压法测量扬声器阻抗曲线

注：R_s 值应小于或等于扬声器额定阻抗的 1/10。

测量时，需保持信号源输出电压恒定。用此法自动测得的曲线，实际上是扬声器的导纳曲线。

3. 频率响应测量

扬声器频率响应测量可以分为正弦信号法和 1/3oct 窄带噪声法两种。

（1）正弦信号法　这是测量扬声器频率响应最常用的方法，其测量框图如图 7.3.6 所示。

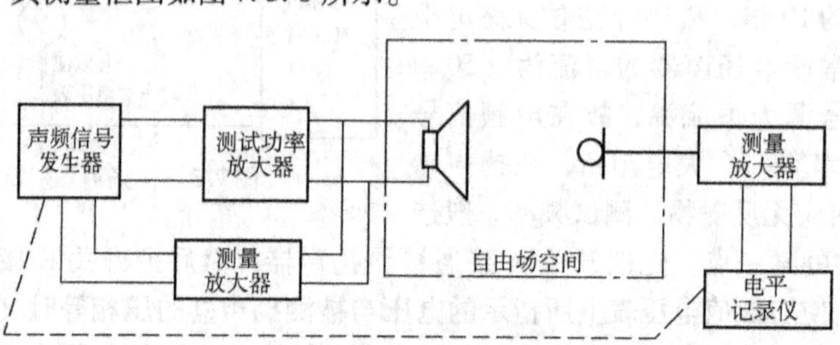

图 7.3.6　频率响应正弦信号法测量

在自由场中，扬声器安装在标准障板上，测量传声器放在参考轴上。对 ϕ100mm 以上的扬声器，一般测试距离 r 选 1m；对小于 ϕ100mm 的小型扬声器，r 可选 0.5m；对 ϕ200mm 以上的大口径扬声器，r 可选大于 1m，以满足远声场的要求。测量时馈给扬声器的恒定电压一般应为 1/10 额定噪声功率的相应的电压，也有用 1W 功率的相应电压（这时应予以说明）。在扬声器的输入端并接一个测量放大器，并将信号反馈给声频信号发生器进行压缩控制，使声频信号发生器馈给扬声器输入端的电压稳定不变，当声频信号发生器的频率由 20Hz 连续变到 20kHz 时，在电平记录仪上就可以同步自动记录得到由测量传声器接收到声压级的扬声器频率响应，这条曲线即是扬声器频响曲线。

（2）1/3oct 窄带噪声信号法　频率响应 1/3oct 窄带带噪声信号法测量线路如图 7.3.7 所示。

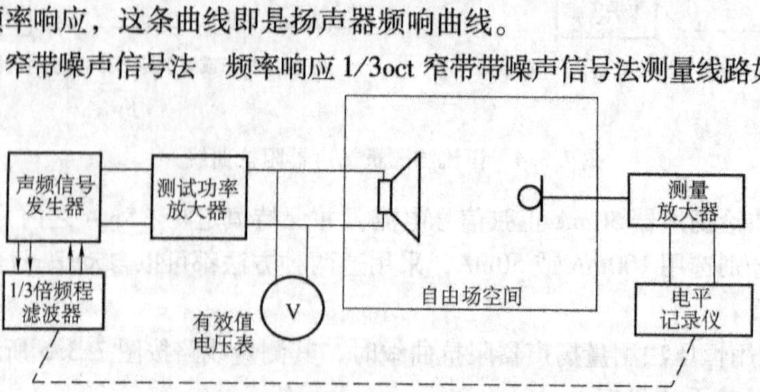

图 7.3.7　频率响应 1/3oct 窄带噪声法测量

在自由场中扬声器同样安装在标准障板上，而且测量距离同前，馈给扬声器1/10额定噪声功率相应的电压，由电平记录仪带动并控制1/3oct滤波器中心频率同步变化，使之与记录纸上的频率刻度相对应，这样启动测量系统后就能自动记录扬声器各频带内声压变化的曲线，该曲线即为频响曲线。

这种用粉红噪声信号测量的结果，和扬声器实际工作状况更接近，因为实际使用时输入到扬声器的信号总是复合声，而且噪声信号的峰值因数与语言或音乐信号的峰值因数较近似，所以测量的结果更真实。而用纯音正弦信号测量的真实性较差些，因用纯音信号输入，当扬声器纸盆产生分格振动时，由于声波的相互干涉，在测得的频响曲线上会产生很窄的峰谷值，而实际使用时，输给扬声器的总是复合声，不会出现很窄的峰谷。但后者测量设备较简单，使用方便。

4. 指向性特性测量

(1) 指向性图案测量

1）正弦信号法测量指向性图案。用正弦信号法测量指向性图案的测量线路如图7.3.8所示。

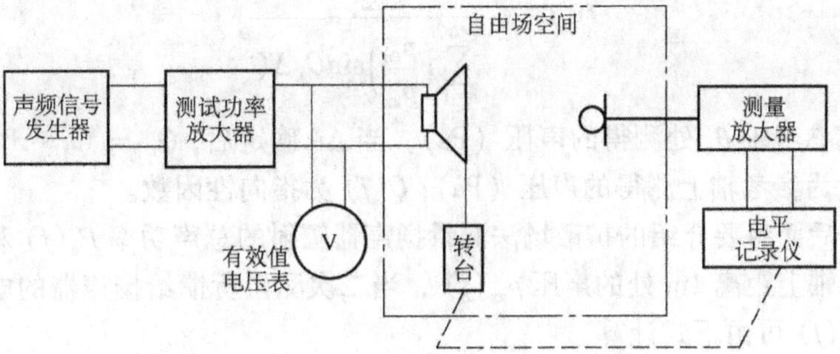

图7.3.8 正弦信号法测量指向性图案

将扬声器置于消声室内转台上，注意转台转轴的中心应通过扬声器的参考点，转台由电平记录仪控制，可作360°连续转动。测量频率最好在额定频率范围内按1/3oct或1oct的中心频率选点，至少应包括500Hz、1kHz、2kHz、4kHz和8kHz。测量传声器的参考轴与扬声器参考轴重合（即从0°开始），距离置于远场区。测量时，馈给扬声器1/10额定噪声功率的相应电压，且保持电压恒定，在上述各频率点，测出0°~360°扬声器随辐射方向变化的极坐标图案，即为扬声器的指向性图案。

为了提高测量的信噪比，可在测量放大器后面加滤波器，滤去测试频率之外的噪声。若电平记录仪采用25dB的电位器，则可提高测量结果的分辨率。

在没有转台的情况下，可用点测法进行测量，扬声器每转动10°或更大些，测得一组上述各频率点0°~360°的声压级，在极坐标图上作出该频率的指向性图案。对扬声器系统测量方法与上述相同。如果扬声器系统体积大，重量重，无法在转台上测量，往往要用点测量法测量，在水平±45°内每隔15°测一点，在垂直方向±40°内每隔±20°测一点，以确定在规定的角度内，是否满足要求。

2）1/3oct窄带噪声信号法测量指向性图案。这种方法的测量线路参照图7.3.8，此时用粉红噪声和1/3oct滤波器代替声频信号发生器，用1/3oct噪声信号代替纯音信号，其他均同上述测量方法。

（2）指向性频率响应测量 扬声器（或扬声器系统）的指向性频率响应测量可分为正弦信号法和 1/3oct 带噪声信号法两种。

1）正弦信号指向性频率响应测量法。这种方法的测量线路可参考图 7.3.6 频率响应正弦信号法测量图，但这时扬声器（或扬声器系统）不安装在标准障板上，而是放置在可手调转动的支架上（或转台上），支架的可转动轴中心通过扬声器的参考点。测量时，把被测的扬声器按规定的要求，偏离参考轴各个角度，然后按频率响应正弦信号法，测得水平方向和垂直方向的一组频率响应曲线族，即为该扬声器的指向性频率响应。

2）1/3oct 窄带噪声信号指向性频率响应测量法。这种方法的测量线路参考图 7.3.7 频率响应 1/3oct 窄带噪声测量图。与上述正弦法一样，扬声器不安装在标准障板上，而是放置在可手调转动的支架上，用同样的方法，测得一组水平方向和垂直方向的频率响应曲线族，即为该扬声器的窄带噪声的指向性频率响应。

3）指向性因数及指数测量。对旋转轴对称的扬声器，用正弦信号法测得指向性图案后，可按式（7.3.4）计算该扬声器的指向性因数 $Q(f)$，即

$$Q(f) = \frac{2}{\sum_{n=1}^{Q/\Delta Q}\left(\frac{p_{\theta n}}{p_{\mathrm{ax}}}\right)\sin Q_n \Delta Q} \tag{7.3.4}$$

式中，$p_{\theta n}$ 为偏离参考轴 θ_n 处测得的声压（Pa），当 $\Delta\theta$ 确定后，$Q_n = (n - 1/2)\Delta\theta$，$n$ 为测试点的次序；p_{ax} 为参考轴上测得的声压（Pa）；$Q(f)$ 为指向性因数。

也可以应用后面将要介绍的扩散场法测量扬声器辐射的总声功率 $P_{\mathrm{a}}(f)$ 和自由场中测得的扬声器在参考轴上距离 1m 处的声压 $p_{\mathrm{ax}}(f)$，当二次测量所馈给扬声器的电压相等时，则其指向性因数 $Q(f)$ 可由下式计算

$$Q(f) = 4\pi \frac{p_{\mathrm{ax}}(f)}{\rho_0 c P_{\mathrm{a}}(f)} \tag{7.3.5}$$

式中，$\rho_0 c$ 为空气的特性阻抗（kg/（cm^2 · s））。

测得 $p_{\mathrm{ax}}(f)$ 和 $P_{\mathrm{a}}(f)$ 后，即可得出指向性因数 $Q(f)$ 值。用分贝表示的指向性因数即为指向性指数 $D_{\mathrm{I}}(f)$，其表达式为 $D_{\mathrm{I}}(f) = 10\lg Q(f)$。$Q(f)$ 和 $D_{\mathrm{I}}(f)$ 为频率的函数，不同的频率可测得不同的 $Q(f)$ 和 $D_{\mathrm{I}}(f)$ 值。

5. 特性灵敏度（级）测量

特性灵敏度（级）按图 7.3.9 进行测量。

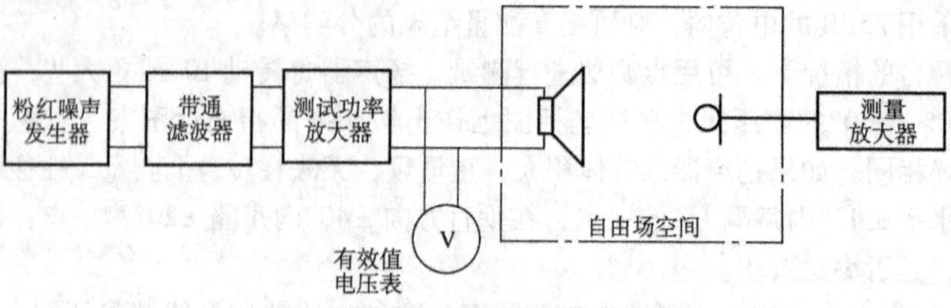

图 7.3.9 扬声器特性灵敏度测量

如果所用的带通滤波器的频率范围是被测扬声器的有效频率范围，在规定的频率范围内馈给扬声器 1/10W 或 1W（当扬声器额定功率大于 10W 时）的粉红噪声功率，从测量放大

器读出声压 p_r 代入式（7.3.6），可算出扬声器的特性灵敏度（级）L_p，以 dB/1（W·m）为单位，则

$$L_p = 20\lg\frac{p_r}{p_0} - 10\lg\frac{P_e}{P_{e0}} + 20\lg\frac{r}{r_0} \tag{7.3.6}$$

式中，L_p 为换算到1m、1W时的声压级（dB）；p_r 为在距离 r 处测得的声压（Pa）；p_0 为测试时馈结扬声器的功率（W）；P_{e0}为参考功率，P_{e0}1W；r 为测试距离（m）；r_0 为参考距离，$r_0 = 1$m。

如果馈给扬声器1W的粉红噪声功率，在距离1m处进行测量，从式（7.3.6）可以看出，在测量放大器上读出的声压级位，即为被测扬声器的特性灵敏度（级）L_p。

当不具有所需频宽的带通滤波器时，可将此频带分成若干个1/3oct的带宽来近似测量。此时，将粉红噪声信号馈给1/3oct滤波器，而每个1/3oct频带内馈给扬声器的电压值为 $U_p/\sqrt{n}$，U_p 为原测试所规定的电压（即1/10W或1W粉红噪声功率相对应的电压），n 为1/3频带的个数，这样，规定频带内的声压 p_r 可按下式计算：

$$p_r = \sqrt{\sum_{i=1}^{n} p_i^2} \tag{7.3.7}$$

式中，p_r 为第 i 个1/3oct频带内的声压。

求得 p_r 后代入式（7.3.6），则可得到扬声器特性灵敏度级 L_p。

6. 有效频率范围测量

按正弦信号法测的频响曲线上，在灵敏度最大的区域内，取一个倍频程带宽的平均声压级，在下降10dB处划一条平行于横坐标的直线，交于频响曲线上的上频率点 f_2 和下频率点 f_1，则 $f_2 - f_1$ 即为扬声器的有效频率范围。但对小于1/9oct带宽的谷值可略去不计。

按1/3oct窄带噪声信号法测得的频响曲线上，用上述同样方法可获得 $f_2 - f_1$，为扬声器的有效频率范围，不过这时小于1/6oct带宽的谷值可略去不计。

7. 共振频率测量

扬声器单元的共振频率和闭箱扬声器系统的共振频率，可以从测得其阻抗模值随频率的变化曲线上得到，当出现第一个阻抗极大值时所对应的频率，即为其共振频率。测量线路按图7.3.10所示的恒压法进行。测量时，信号源输出电压 U 按式（7.3.2）确定。

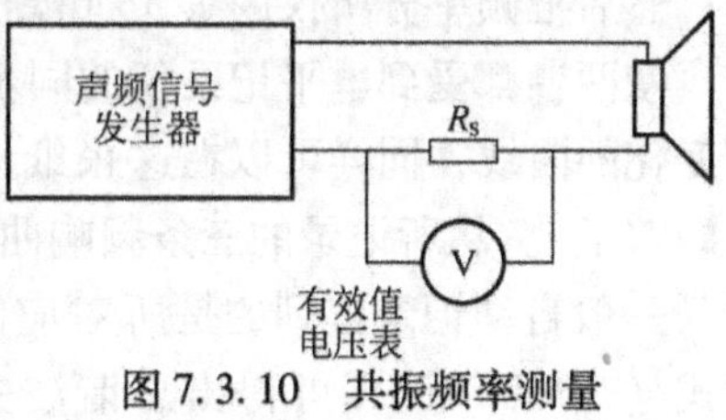

图7.3.10 共振频率测量

注：R_s 值应小于扬声器额定阻抗的1/10。

8. 失真测量

扬声器有多种失真，如谐波失真、互调失真、差频失真、瞬态失真等，它是影响扬声器音质的主要因素，其测量方法分别介绍如下。

（1）谐波失真测量　扬声器谐波失真测量可分为正弦信号测量法和窄带噪声信号测量法。而前者又可分为失真曲线法和点测法。

1）正弦信号测量法。正弦信号测试失真曲线法。测量框图如图7.3.11所示。

在自由场中，扬声器装在标准障板上，并馈给扬声器额定功率和额定阻抗相对应的电压，并使电压保持恒定，这时扬声器输出的声信号中，除了原来输入的信号频率（即基频）的声压 p_f 外，还出现有二倍于基频的声压 p_{2f}和三倍于基频的声压 p_{3f}，…，这些信号称为谐

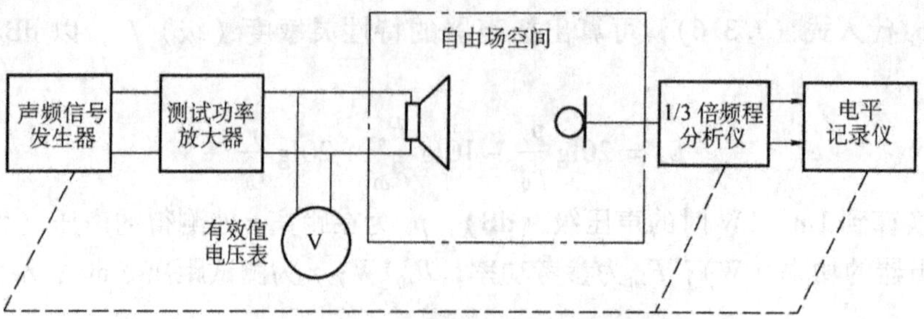

图 7.3.11 正弦信号失真曲线法测量

波，这种失真现象即称为谐波失真，其总谐波失真系数 d_{tot} 可用下式来表达，即

$$d_{tot} = \frac{\sqrt{p_{2f}^2 + p_{3f}^2 + \cdots + p_{nf}^2}}{\sqrt{p_f^2 + p_{2f}^2 + p_{3f}^2 + \cdots + p_{nf}^2}} \times 100\% \quad (7.3.8)$$

或

$$d_{tot} = \frac{\sqrt{p_{2f}^2 + p_{3f}^2 + \cdots + p_{nf}^2}}{p_f} \times 100\% \quad (7.3.9)$$

式（7.3.8）为式（7.3.7）的简化，因 $p_{2f} + p_{3f} + \cdots + p_{nf}$ 很小，故 $\sqrt{p_f^2 + p_{2f}^2 + p_{3f}^2 + \cdots + p_{nf}^2} \approx p_f$，其中 n 次谐波失真系数 d_{nf} 为：

$$d_{nf} = \frac{p_{nf}}{\sqrt{p_f^2 + p_{2f}^2 + p_{3f}^2 + \cdots + p_{nf}^2}} \times 100\% \text{ 或 } d_{nf} = \frac{p_{nf}}{p_f} \times 100\% \quad (7.3.10)$$

式中，d_{tot} 为总谐波失真系数；d_{nf} 为 n 次谐波失真系数；p_f 为基波声压（Pa）；p_{1f}、p_{2f}、p_{3f}，…，p_{nf} 为各次谐波成分声压。

测量时，先把频率分析仪的 1/3oct 滤波器的中心频率调节到声频信号发生器的输出频率上，使两者同时受到电平记录仪的同步控制。启动测量系统，记录扬声器的声压级频响曲线；然后把频率分析仪的 1/3oct 滤波器的中心频率调节到是声频信号发生器输出频率的两倍，使两者都受到电平记录仪的同步控制。在同一张记录纸上记录其二次谐波的声压级随频率变化的曲线，同样可以在这张纸上记录其三次谐波声压级随频率的变化曲线（一般测三次即够了）。从所记录的三条频响曲线上，即可读取某频率点上所对应的 p_{1f}、p_{2f}、p_{3f} 声压级值（一般自动记录得到的是所对应的声压级值，可换算成对应的声压），代入式（7.3.8）或式（7.3.8）计算可得出总谐波失真系数 d_{tot}。若要求得 n 次谐波失真系数，则代入式（7.3.9）或式（7.3.10）计算可得出 d_{nf} 值。

正弦信号扫描点测法量线路如图 7.3.12 所示。

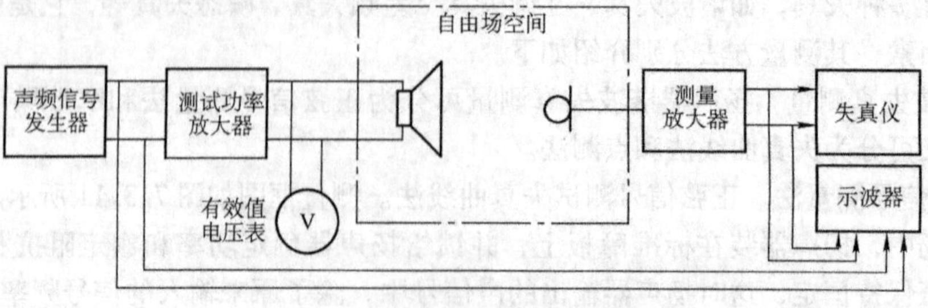

图 7.3.12 正弦信号扫描点测量失真

在自由场中，馈给扬声器某一频率的电压，为扬声器额定功率 W、额定阻抗 Z 相对应的电压 U（即 $U=\sqrt{WZ}$）。改变测试频率，用示波器观察扬声器重放的信号，以寻找失真频率点，再用失真仪测量可得某频率的总谐波失真 d_{tot}。对于失真超过规定值而频带宽度小于1/3oct 失真点，在整个被测的频带内允许不超过三个点。但不应有超过 1/3oct 宽度的失真片，否则则不合格。

用失真仪 S—3 的测量原理是这样，当仪器的开关打到校准档时，所有的信号会通过，表头所指示的是式（7.3.8）中分母 $\sqrt{p_f^2+p_{2f}^2+p_{3f}^2+\cdots+p_{nf}^2}$ 所对应的值。把它调节到满刻度（即以 1V 为 100%），然后把开关打到失真度档，这时输入信号通过一个文氏桥滤波电路，反复调节其频率调谐和相位旋钮，将基波信号 p_f 滤去，这时表头指示的为对应 $\sqrt{p_{2f}^2+p_{3f}^2+\cdots+p_{nf}^2}$ 的值。因分母已调节到 1，故表头读数即为式（7.3.8）中的谐波失真系数 d_{tot} 的值。

2）窄带噪声信号测量法。窄带噪声信号的测量线路可参考图 7.3.13。把声频信号发生器改用粉红噪声发生器和窄带滤波器，馈给扬声器中心频率为 f 的 1/3oct 窄带噪声电压，其电压值由额定功率和额定阻抗决定，或者由距扬声器 1m 处所产生的额定声压级决定。经测量传声器接收后，在频谱分析仪上分别读取 f，$2f$，$3f$，…，nf 的 1/3oct 窄带相应的输出电压（一般测出四次谐波就够了），然后按式（7.3.11）计算可得出 1/3oct 窄带的失真系数 K，即

$$K=\frac{\sqrt{U_{f2}^2+U_{f3}^2+\cdots+U_{fn}^2}}{\sqrt{U_{f1}^2+U_{f2}^2+U_{f3}^2+\cdots+U_{fn}^2}}\times 100\% \text{ 或}$$

$$K\approx\sqrt{\frac{U_{f2}^2+U_{f3}^2+\cdots+U_{fn}^2}{U_{f1}^2}}\times 100\% \qquad (7.3.11)$$

式中，U_{f1} 为基波电压（V），U_{f2}，U_{f3}，…，U_{fn} 分别为各次谐波电压（V）。

（2）互调失真　测量互调失真，IEC 国际标准中和我国国标中推荐 n 次调制失真法测量，$n=2$ 或 3。

互调失真测量线路如图 7.3.13 所示，在规定的频率范围内，用正弦信号馈给扬声器两个频率 f_1 和 f_2（$f_2>8f_1$，电压幅度比为 $U_{f2}=1/4U_{f1}$）组成的混合信号，电压为额定功率相应的电压，测量传声器接收到的信号，输给外差式频率分析仪进行分析，就可直接读取读数，亦可通过电平记录仪进行连续记录。

其二次调制失真系数 d_2 可按下式求得

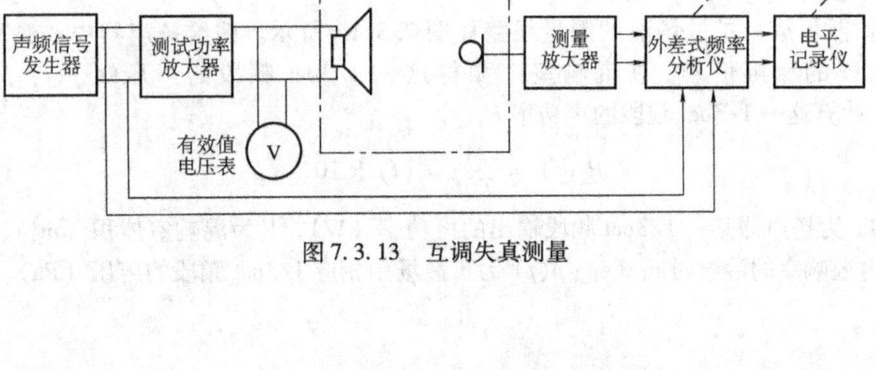

图 7.3.13　互调失真测量

$$d_2 = \frac{p_{(f_2-f_1)} + p_{(f_2+f_1)}}{p_{f2}} \times 100\% \tag{7.3.12}$$

或用分贝表示为 $20\lg d_2$。其三次调制失真系数 d_3 可按下式求得

$$d_2 = \frac{p_{(f_2-2f_1)} + p_{(f_2+2f_1)}}{p_{f2}} \times 100\% \tag{7.3.13}$$

或用分贝表示为 $20\lg d_3$。式（7.3.12）和式（7.3.13）中，$p_{(f_2\pm f_1)}$ 和 $p_{(f_2\pm 2f_1)}$ 分别为调制产生的声压（Pa）；p_{f2} 为信号频率为 f_2 的声压（Pa）。

（3）瞬态失真　瞬态失真的测量线路如图 7.3.14 所示。

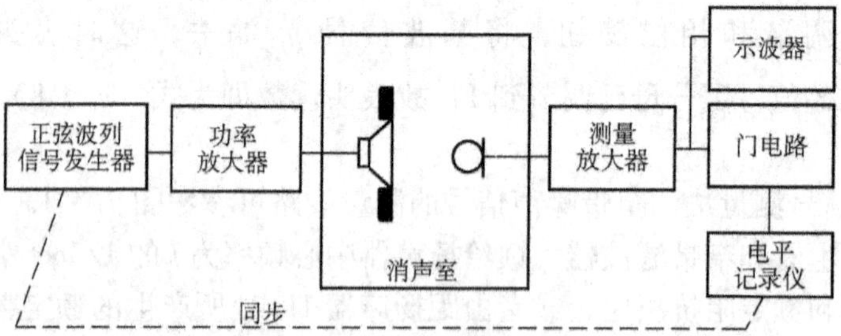

图 7.3.14　瞬态失真测量

馈给扬声器规定电压的正弦波列信号后，由于扬声器振动系统的惯性作用，使辐射出的声信号发生畸变，由测量传声器接收并经放大器放大，可以在示波器上观察到失真的波形和拖尾。经门电路信号只剩下周期性的拖尾信号的方均根值，即 $\sqrt{\int_0^T \frac{1}{T} f^2(t)\,\mathrm{d}t}$，式中 $f(t)$ 为拖层信号，T 为信号周期。用电平记录仪记录其平均的声压级值，再在记录仪上记录该扬声器与正弦波列幅值相同的连续信号的声压级值，两者的数差即为瞬态失真的大小。

9. *声功率测量*

扬声器声功率测量可分自由场法和扩散场法两种。

（1）自由场法　自由场法的测量线路可参照图 7.3.12，此时用粉红噪声发生器和一定带宽（1/3oct 或 1oct）的滤波器代替图中的声频信号发生器，在半径 r 足够大的球面上，选取分布具有代表性的若干点，测得这些点的方均根声压值 p，按式（7.3.14）计算声功率 $P_a(f)$，即

$$P_a(f) = \frac{4\pi r^2}{\rho_0 c}\bar{p}^2 = 0.31 r^2 \bar{p}^2 \tag{7.3.14}$$

式中，$P_a(f)$ 为扬声器输出声功率（W）；$\bar{p}$ 为若干点声压有效值的方均根值（Pa）；$\rho_0 c$ 为空气的特性阻抗（kg/（m^2·s））。

（2）扩散场法　扩散场法的测量线路如图 7.3.15 所示。馈给扬声器中心频率为 f 的 1/3oct某频段的噪声信号，在混响室中测得这一 1/3oct 频段的声压级 $p(f)$，按下式（7.3.15）计算这一 1/3oct 频段的声功率 $P_a(f)$

$$P_a(f) = \frac{V}{T(f)} p^2(f) \times 10^{-4} \tag{7.3.15}$$

式中，$P_a(f)$ 为扬声器某一 1/3oct 频段输出的声功率（W）；V 为混响室体积（m^3）；$T(f)$ 为规定频带内混响室的混响时间（s）；$p(f)$ 为扩散场中相应 1/3oct 频段的声压（Pa）。

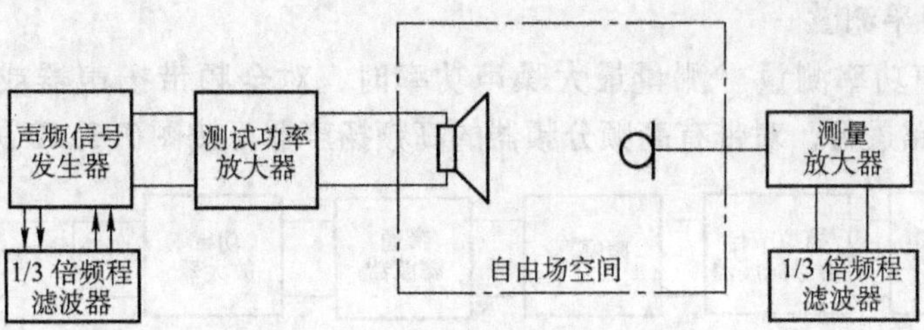

图7.3.15 扩散场法测量扬声器功率

对一定频带内扬声器的声功率，可由该频带所有的1/3oct所测得的声功率的算术平均值计算，见国家标准《噪声源声功率的测定》。

10. 效率测量

扬声器在指定频带内的效率可由上述测得的声功率 $P_a(f)$ 与相应频带内馈给扬声器的电功率之比来计算，即

$$\eta = \frac{P_a(f)}{P_e} \times 100\% \tag{7.3.16}$$

式中，η 为指定频带内的效率；$P_a(f)$ 为扬声器辐射的声功率（W）；P_e 为馈给扬声器的电功率（W）。

在一定频率内的效率，可由每个1/3oct所得的效率的算术平方值求得。

11. 品质因数测量

扬声器的品质因数，也称总品质因数，可由上述测量扬声器阻抗曲线的办法测出图7.3.16所示的阻抗曲线，并按下式计算品质因数，即

$$Q_t = \frac{1}{r_0} \cdot \frac{f_0}{f_2 - f_1}\sqrt{\frac{r_0^2 + r_1^2}{r_1^2 - 1}} \tag{7.3.17}$$

式中，Q_t 为扬声器的品质因数；f_0 为扬声器的共振频率（Hz）；r_0 为在频率 f_0 处扬声器阻抗的最大值 Z_{max} 与扬声器直流电阻 R_{DC} 之比，（即 $|Z_{max}|/R_{DC}$）；r_1 为 f_1 或 f_2 处阻抗模值与扬声器直流电阻之比；Z_{max} 为 f_0 处测得的最大阻抗模值（Ω）；R_{DC} 为测得的扬声器（即音圈）的直流电阻（Ω）。

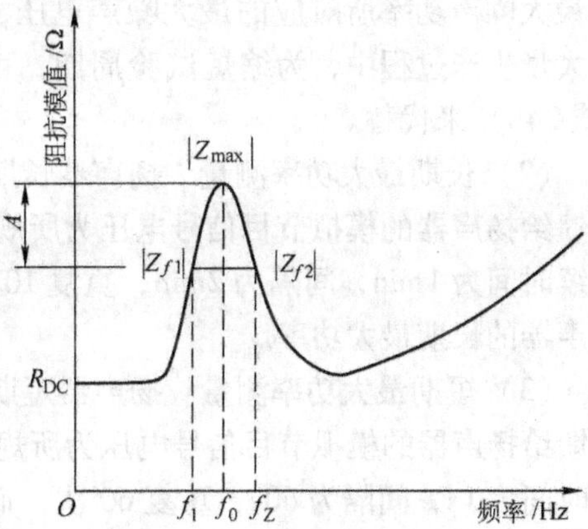

图7.3.16 扬声器阻抗曲线

在频率 f_1、f_2 处的阻抗模值相等，即有 $|Z_{f1}| = |Z_{f2}|$，f_1 与 f_2 满足 $f_1 f_2 = f_0^2$。

当满足条件 $r_1 = \sqrt{\frac{r_0^2+1}{2}}$ 时，则

$$Q_t = \frac{1}{r_0} \cdot \frac{f_0}{f_2 - f_1} \tag{7.3.18}$$

当 $r_0 \gg 1$ 时，$r_0 \approx \sqrt{2} r_1$，这时

$$A = 20\lg\frac{|Z_{max}|}{|Z_{f1}|} = 20\lg\frac{|Z_{max}|}{|Z_{f2}|} \approx 3\text{dB} \tag{7.3.19}$$

即可从 f_0 处阻抗最大值下降3dB来求取 f_1、f_2，从而计算得出 Q_t 值。

12. 输入电功率测量

（1）最大噪声功率测量　测量最大噪声功率时，对全频带扬声器或扬声器系统可按图 7. 3. 17 测试线路进行，对带有高频分频器的高频扬声器可按图 7. 3. 18 进行。

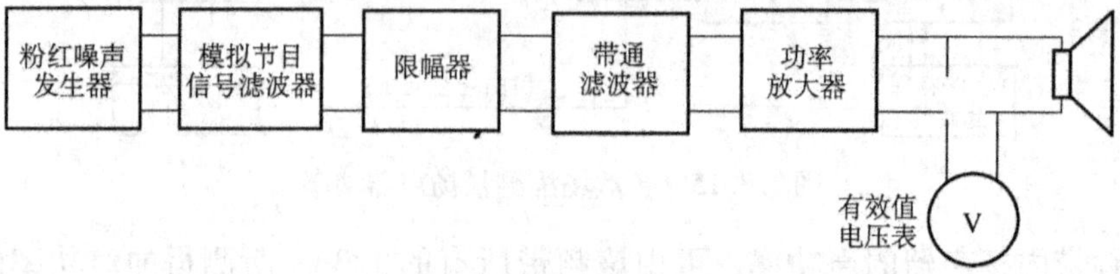

图 7. 3. 17　全频带扬声器或扬声器系统噪声功率测量

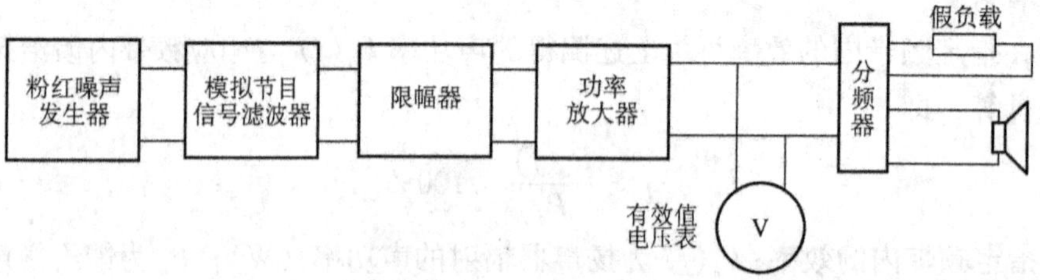

图 7. 3. 18　带有分频器的高频扬声器噪声功率测量

测试时，扬声器放在不小于 $8m^3$ 的房间中，给扬声器馈入模拟节目信号电压为所规定的最大噪声功率所对应的最大噪声电压，进行 100h 试验后，扬声器应不产生永久性损坏。在大量生产过程中，为缩短试验周期，可用 1.2 倍（或 1.5 倍）的最大噪声功率试验 48h（或 24h）来代替。

（2）长期最大功率测量　扬声器长期最大功率测量线路同图 7. 3. 17 或图 7. 3. 18，但这时馈给扬声器的模拟节目信号电压为所规定的长期最大功率所对应的长期最大电压，且信号持续时间为 1min，间隔为 2min，重复 10 次，扬声器应不产生永久性损坏，此时的功率即为扬声器的长期最大功率。

（3）短期最大功率测量　扬声器短期最大功率测试线路同图 7. 3. 17 或图 7. 3. 18，但这时馈给扬声器的模拟节目信号电压为所规定的短期最大功率所对应的短期最大电压，信号持续时间为 1s，间隔为 60s，重复 60 次，而扬声器应不产生永久性损坏，这时的功率即为扬声器短期最大功率。

对模拟节目信号的要求，可参见 GB 9396—1996《扬声器主要性能测试方法的规定》。

第8章 环境噪声测量

8

在我国，随着工业化进程的加速，噪声污染已成为现代社会中一个日益突出的环境问题。据统计，城市居民对环境污染的投诉，噪声污染问题占80%。在影响城市声环境的各种噪声来源中，工业噪声来源比例约占8%～10%；建筑施工噪声影响范围在5%左右；交通噪声影响比例将近30%；社会生活噪声影响面最广，已经达到城市范围的47%，是干扰生活环境的主要噪声污染源。环境噪声的测量是环境质量监测的重要环节，是治理噪声污染的基础性工作。本章分别介绍区域环境噪声、工业企业噪声、常用交通工具及部分典型工业产品噪声的测量方法。

8.1 区域环境噪声测量

根据噪声污染现状及发展趋势，区域环境噪声测量关注的对象主要是城市环境、飞机和铁路周围环境。下面分别予以讨论。

8.1.1 城市环境噪声测量

我国城市环境噪声的限值标准是GB 3096—2008（《城市区域环境噪声标准》，具体内容见附录B），于2008年10月1日开始实施，代替了GB 3096—1993和GB/T 14623—1993。另外，GB 22337—2008《社会生活环境噪声排放标准》也与城市环境噪声有关。

与此相关的噪声测量标准包括GB/T 3222.1—2006《声学 环境噪声的描述、测量与评价基本参量与评价方法》，适用于城市区域环境、交通干线噪声的测量。

下面根据测量规范分别介绍各测量步骤。

1. 事前准备

（1）测量仪器　主要为精密声级计或普通声级计，其性能符合国际电工委员会标准IEC 61672.1—2002《电声学 声级计 第1部分：规范》中的规定。声级计每年应校验1～2次。测量前，要对使用的传声器进行校准，并检查声级计的电池电压是否足够。测量后要求复校一次，测量前后传声器的灵敏度相差应不大于2dB，否则测量数据无效。如有条件，也可使用统计分析仪、录音机、声级记录仪等测量仪器或自动监测系统。测量值为瞬时A声级，测量仪器的指示动态特性应为“慢”响应。

（2）测量条件　测量一般应选在无雨、无雪的天气（要求在有雨、雪等条件下进行测量的情况除外）进行。为了避免背景噪声的干扰，并使传声器膜保持清洁，要求在测量时加风罩。大风天气（4 级以上）应停止测量。测量时声级计或传声器可以手持，也可固定在测量三脚架上。为了尽可能减少反射影响，要求传声器离地面高 1.2m，并要求远离其他反射结构，如建筑物等。如果测量仪器放在监测车内，则传声器应伸出车外 1m 以外，与地面距离应保持 1.2m 以上。传声器也可固定在车顶上，但要在测定结果中加以注明。

在长期监测中，传声器设置的位置和高度不限，一般不应低于 1.2m，也可以置于高层建筑上，以扩大监测的地面范围。但对每次测量，其位置和高度应保持不变。

（3）测量时间　一般分为昼间（06：00～22：00）和夜间（22：00～06：00）两部分。昼间有时还分成：白天（08：00～18：00）、早（06：00～08：00）和晚（18：00～22：00）三部分，昼间测量一般应选在 08：00～12：00 和 14：00～18：00，在此时间内任何时刻测得的噪声均代表昼间的噪声。夜间测量一般应选在 22：00～05：00，在此时间内任何时刻测得的噪声均代表夜间的噪声。

需要注意的是，上述时段还可以依据各地区和不同季节按当地习惯划分。测量一般应选择在正常的工作日，如果双休日、节假日以及不同季节环境噪声有显著差异，必要时可要求作相应的测量，或连续测量。

2. 数据记录与处理

测量数据一般直接由声级计或其他测量仪器读出，读数的方法为：在规定的测量时间内每隔一定时间读一瞬时 A 声级，按规定要求连续读取若干个数据，记录于环境噪声测量数据表中。读数时还应判断主要噪声来源（如交通噪声、工厂噪声、施工噪声、社会生活噪声或其他声源等），并记录下此处周围的声环境。

测量数据也可通过录音机、声级记录仪、声学数据采集系统等测量记录仪器记录于磁带、记录纸或数据存储器中。在城市区域环境噪声标准中，规定用等效声级 $L_{eq,T}$ 作为评价值；用累积百分声级 L_{10}、L_{50}、L_{90} 作为分析数据。将测得的瞬时 A 声级，按规定转换成所需的累积百分声级和等效声级。

3. 测量方法

（1）普查测量方法　将要普查测量的某一声环境功能区域划分成等大的正方格，如 500m×500m，网格数目一般应多于 100 个。每一个网格中的工厂、道路及非建成区的面积之和不得大于网格面积的 50%，否则该网格视为无效，有效网格总数应多于 100 个。

测点应在每个网格的中心（可在地图上作网格得到）。若中心点的位置不便测量（如为房顶、污沟、禁区等），可移到距离中心点最近的可测量位置上进行测量。一般测量时在昼间和夜间规定的测量时间内，每次每个测点测量 10min 的等效连续 A 声级，将全部网格中心测点测得的 10min 的等效连续 A 声级进行算术平均，所得到的平均值代表某一区域或全市的噪声水平。

如想了解某区域（如工业区、商业区、居民区、混合区、疗养区或机关、学校附近等）昼夜噪声的变化，则可在该区域内选取一个点进行 24h 监测。测量方法为每小时取一段时间，每隔 5s 读一瞬时 A 声级，连续读 100 个数据，可代表该小时的噪声分布。

测量结果通常以等效声级 $L_{eq,T}$ 绘制的区域噪声污染图表示。为了便于制图，一般以 5dB 为一等级（如 61～65，66～70，71～75dB，…），可用不同的颜色（如绘制彩色图）或阴影线（如绘制黑白图）来表示各噪声污染等级。如昼间和夜间都分别作了测量，则可分别绘制昼间和夜间的噪声污染图，也可以昼夜等效声级 L_{dn} 来绘制噪声污染图。另外，也可用全部各网点的等效声级 $L_{eq,T}$ 和累积声级 L_{10}、L_{50}、L_{90} 的算术平均值和最大值及其标准偏差 σ 来表示全市的噪声水平，用以各城市之间噪声水平的比较。

（2）定点测量方法　优化选取一个或多个能代表某一区域或整个城市建成区环境噪声平均水平的测点，进行长期噪声定点监测。测点应选在需进行监测的指定地点的受干扰人员居住或工作的建筑物外 1m 处。昼间测量应进行 24h 连续监测，测量每小时的等效连续 A 声级及昼间和夜间的 L_d 和 L_n，或者每次每个测点测量 10min 的等效连续 A 声级，将全部网格中心测点测得的 10min 的等效连续 A 声级进行算术平均。

定点监测的测量结果主要用等效声级 $L_{eq,T}$ 来表示，该点的累积百分声级 L_N 表示噪声的声级分布情况。

（3）测量数据与评价值　将全部网格中心测点测得的昼间或夜间 10min 等效声级值进行算术平均，可得到被测区域或者整个城市的噪声评价值为

$$\bar{L} = \frac{1}{N}\sum_{i=1}^{N} L_{eqi} \tag{8.1.1}$$

式中，L_{eqi} 为第 i 个网格中心测得的昼间或夜间等效声级；N 为测点总数。

测量数据的标准偏差按下式计算

$$\delta = \sqrt{\frac{1}{N-1}\sum_{i=1}^{N}(\bar{L} - L_{eqi})^2} \tag{8.1.2}$$

4. *城市交通噪声测量方法*

测量点应选在两路口之间的交通干线路边的人行道上，离公路沿 20cm 处，此处距路口的距离应大于 50m。这样该测点的噪声可以代表两路口间的该段公路的噪声。

在规定时间内在测点上每隔 5s 读一瞬时 A 声级，连续读取 200 个数据，同时记下车流量（辆/h）。测量结果可绘制成交通噪声污染图，并以全市各交通干线的等效声级 $L_{eq,T}$ 和累积百分声级 L_{10}、L_{50}、L_{90} 的算术平均值和最大值及其标准偏差 σ 来表示全市的交通噪声水平，用以进行各城市之间交通噪声的比较。

交通噪声的等效声级和累积统计的平均值应采用加权算术平均的方法来计算，即

$$L = \frac{1}{l}\sum_{i=1}^{n} l_i L_i \tag{8.1.3}$$

式中，l 为全市交通干线的总长度，$l = \sum_{i=1}^{n} l_i$（单位：km）；l_i 为第 i 段干线的长度；L_i 为第 i 段干线测得的等效声级或累积百分声级。

5. *城市环境噪声长期监测*

当需要了解城市环境噪声随时间的变化时，应选择具有代表性的测点进行长期监测。测点的选择应根据可能的条件决定，一般不能少于 7 个点，这 7 个监测点的位置是：繁华市区 1 点、典型居民区 1 点、交通干线两侧各 1 点、工厂区 1 点、混合区 2 点。在规定的测量时间内，在每个测点上每隔 5s 连续读取 200 个瞬时 A 声级，每季度应测量一次，每次测量应要求每个测点昼间和夜间各测一次。同一测点的测量时间，必须保持一致，不同测点的测量时间可以不同。如条件许可，可定期每月测量一次；如没有自动监测系统，则可进行长年观测，测量次数不受任何限制。

计算得到的等效声级表示该测点每季度或每月的噪声水平。一年内测量结果表示该测点

的噪声随时间、季节的变化情况，由每年的测量结果可以观察噪声污染水平逐年的变化。

6. 等效声级的简易计算及噪声污染图的绘制

（1）等效声级的简易计算　等效声级 $L_{eq,T}$ 为

$$L_{eq,T} = 10\lg[\sum_{i=1}^{n} 10^{0.1L_{pAi}}] - 10\lg n = L_n - 10\lg n \tag{8.1.4}$$

这就是说，等效声级的计算主要是计算上式第一项各 A 声级 L_{pAi} 之和，此时又分为两种情况：

1）m 个相同的 A 声级 L_{pAi} 分贝数之和

$$L_m = 10\lg[\sum_{i=1}^{m} 10^{0.1L_{pAi}}] = 10\lg[m \cdot 10^{0.1L_{pAi}}] = 10\lg m + L_{pAi} \tag{8.1.5}$$

只要算出 $10\lg m$ 就得到 L_m。表 8.1.1 为 m（0~50）的对数值。

表 8.1.1　m（0~50）的对数值

m	1	2	3	4	5	6	7~8	9~11	12~13	14~17	18~19	20~26	27~30	31~45	46~50
$10\lg m$	0	3	5	6	7	8	9	10	11	12	13	14	15	16	17

2）不同 A 声级分贝数之和。当两个 A 声级分贝数 L_{pA1} 和 L_{pA2}，且 $L_{pA1} > L_{pA2}$ 时，其和为

$$\begin{aligned} L_{1+2} &= 10\lg[10^{0.1L_{pA1}} + 10^{0.1L_{pA2}}] = 10\lg 10^{0.1L_{pA1}}[1 + 10^{-0.1(L_{pA1}-L_{pA2})}] \\ &= L_{pA1} + 10\lg[1 + 10^{-0.1\Delta L}] = L_{pA1} + \Delta L' \end{aligned} \tag{8.1.6}$$

式中，$\Delta L = L_{pA1} - L_{pA2}$。

当由 ΔL 算得 $\Delta L'$ 后即得其和 L_{1+2}。表 8.1.2 为不同 ΔL 的 $\Delta L'$ 值。

表 8.1.2　不同 ΔL 的 $\Delta L'$ 值

ΔL/dB	0	1	2	3	4	5	6	7	8	9	10	11~12	13~14	15~19	20 以上
$\Delta L'$/dB	3	2.5	2.1	1.8	1.5	1.2	1.0	0.8	0.6	0.5	0.4	0.3	0.2	0.1	0

（2）城市噪声污染图的绘制　城市噪声污染分布情况可在城市地图上用不同颜色或阴影表示的噪声带画出，每一噪声带代表一个噪声等级，每级为 5dB。各等级的颜色和阴影线规定按表 8.1.3 方式画出。

表 8.1.3　不同等级噪声污染的颜色和阴影线

噪声带	颜色	阴影线
35dB 以下	浅绿色	小点，低密度
36~40dB	绿　色	中点，中密度
41~45dB	深绿色	大点，高密度
46~50dB	黄　色	垂直线，低密度
51~55dB	褐　色	垂直线，中密度
56~60dB	橙　色	垂直线，高密度
61~65dB	朱红色	交叉线，低密度
66~70dB	洋红色	交叉线，中密度
71~75dB	紫红色	交叉线，高密度
76~80dB	蓝　色	宽条垂直线
81~85dB	深蓝色	全黑

8.1.2 飞机环境噪声测量

国家标准中关于飞机环境噪声的限值标准是 GB 9660—1988《机场周围飞机噪声环境噪声标准》，适用于机场周围受飞机通过所产生噪声影响的区域，分为两类：一类区域指特殊住宅区、居民区、文教区；二类区域指除一类区域以外的生活区。限值标准规定：一类区域小于 70dB，二类区域小于 75dB。注意，标准采用一昼夜的计权等效连续感觉噪声级作为评价量，用 L_{WECPN}表示，单位为 dB。

飞机环境噪声的测量标准是 GB/T 9661—1988《机场周围飞机噪声测量方法》，要点如下：

1. 事前准备

GB/T 9661—1988 的规定适用于测量机场周围由于飞机起飞、降落或低空飞越时所产生的噪声。具体包括以下三方面的内容：①测量单个飞行事件引起的噪声；②测量相继一系列飞行事件引起的噪声；③在一段监测时间内测量飞行事件引起的噪声。

测量应在无雨、无雪天气下进行，地面上 10m 高处的风速不大于 5m/s，相对湿度不应超过 90%，不小于 30%。

测量传声器应安装在开阔平坦的地方，高于地面 1.2m，离其他反射壁面 1m 以上。但需注意避开高压电线和大型变压器。所有测量都应使传声器膜片基本位于飞机标准飞行航线和测点所确定的平面内，即是掠入射。在机场的近处应当使用声压型传声器，其频率响应的平直部分要达到 10kHz。

要求测量的飞机噪声级最大值至少超过环境背景噪声级 20dB，测量结果才被认为可靠。

测量仪器的精度不低于 2 型的声级计或机场噪声监测系统及其他适当仪器。声级计的性能要符合 GB 3785 的规定。测量录音机及其他仪器的性能参照 IEC－61672.1—2002 有关规定。

2. 测量方法

（1）精密测量　需要作为时间函数频谱分析的测量。传声器通过声级计将飞机噪声信号送到测量录音机记录在磁带上，然后，在实验室按原速回放录音信号，并对信号进行频谱分析。

测量前应进行从传声器到录音机系统的校准和标定；录音时，根据飞机噪声级的高低适当调整声级计衰减器的位置（并在记录本上记下其位置），使录音信号不至过载或太小；当飞机飞过测量点时，通过声级计线性输出录下飞机信号的全过程。为此，录音时要使起始和终了的录音信号声级小于最大噪声级 10dB 以上。在录音时要说明飞行时间、状态、机型等测量条件。

（2）简易测量　只需进行频率计权的测量：声级计接声级记录器，或用声级计和测量录音机读 A 声级或 D 声级的最大值，记录飞行时间、状态、机型等测量条件。

1）测量仪器校准。对一系列飞行事件的飞行噪声级测量前后，应该利用能在一已知频率上产生一已知声压级的声学校准器，来对整个测量系统的灵敏度作校准。当声级计与声级记录器连用并作绝对测量时两者必须一起校准和标定。

2）读取一次飞行过程的 A 声级最大值，一般用“慢”响应；在飞机低空高速通过或离跑道近的测量点用“快”响应。

3）当用声级计输出与声级记录器连接时，记录器的笔速对应于声级计上的“慢”响应为16mm/s，“快”响应为100mm/s。在记录纸上要注明所用纸速、飞行时间、状态和机型。

4）没有声级记录器时可用录音机录下飞行信号的时间历程，并在录音带上说明飞行时间、状态、机型等测量条件，然后在实验室进行信号回放分析。

（3）测量记录　主要内容包括：①测量原件记录：测量日期、测量点位置、气温和10m高处的风向和风速；②测量时记录内容：飞行时间、飞行状态、飞机型号、最大噪声级。

3. 信号分析处理

（1）量与单位

1）N_a：噪度，单位为呐（moy）。

2）L_{PN}：感觉噪声级，单位为分贝（dB）。

3）L_{TPN}：经纯音修正的感觉噪声级，单位为分贝（dB）。

4）C：纯音修正值，单位为分贝（dB）。

5）T_0：标准时间，$T_0=10s$。T_d：实际持续时间，T_e：等效持续时间。

6）L_{EPN}：有效感觉噪声级，单位为分贝（dB）。

7）L_A（或L_D）：用计权网络A（或D）所读到的声级值，单位为分贝（dB）。

8）L_{WECPN}：计权等效连续感觉噪声级。

（2）数据记录、分析与处理　首先将磁带上标定记录的标准信号经原录音机回放送到分析仪定标，然后根据录音时记下的声级计衰减器位置，调整分析器的输入衰减器的位置，确定飞机噪声级，随后按0.5s的时间间隔采样，进行1/3倍频程频谱分析（频率范围是50Hz～10kHz），最后把从50Hz～10kHz中24个频带的声压级L_{pst}，换算成相应的噪度N_i即可计算出感觉噪声级，计算公式是

$$L_{PN}=40+10(\lg N/\lg 2)。\tag{8.1.7}$$

如果频谱中有显著纯音成分可按GB/T 9661—1988中的附录B计算纯音修正值。经纯音修正的感觉噪声级L_{TPN}按下式计算

$$L_{TPN}=L_{PN}+C\tag{8.1.8}$$

其他主观评价参量计算方法如下：

1）总噪度

$$N_a=N_{amax}+0.15\left(\sum_{i=1}^{24}N_i-N_{amax}\right)\tag{8.1.9}$$

2）一次飞行事件的最大值和持续时间。经纯音修正的最大感觉噪声级为L_{TPNmax}，实际持续时间T_d是在最大值L_{TPNmax}下10dB的延续时间。

3）有效感觉噪声级

$$L_{EPN}=10\lg\left[(1/T_0)\left(\sum_{i=1}^{n}0.5\times10^{L_{TPN/10}}\right)\right]\tag{8.1.10}$$

式中L_{TPN}为T_d时间内0.5s间隔的L_{TPN}；T_0为标准时间，$T_0=10s$；n为T_d时间内的采样数。

4）等效持续时间

$$T_e=\frac{\sum_{i=1}^{n}0.5\times10^{L_{TPN/10}}}{10^{L_{TPN/10}}}\tag{8.1.11}$$

(3) 简易测量的信号分析处理

1) 用声级计读出并记录一次飞行噪声的A声级或D声级的最大值。

2) 声级计接声级记录器或用录音机记录相应飞行事件的事件历程，记下飞行时间、飞行状态和飞机型号等条件。

3) 在实验室分析计算记录信号，算出持续时间 T_d。

4) 用最大声级 L_{Amax} 或 L_{Dmax} 及持续时间 T_d 按下式计算有效感觉噪声级 L_{EPN}

$$L_{EPN} = L_{Amax} + 10\lg(T_d/20) + 13 = L_{Dmax} + 10\lg(T_d/20) + 7 \tag{8.1.12}$$

4. 一次飞行事件的噪声级

有效感觉噪声级 L_{EPN} 按下式计算

$$L_{EPN} = 10\lg[(1/T_0)\times(\sum_{i=1}^{n} 0.5\times 10^{L_{TPN}/10})] \tag{8.1.13}$$

式中，T_0 等于10s；n 是实际持续时间 T_d 内的采样数。

有效感觉噪声级 L_{EPN} 用最大感觉噪声级表示，见下式

$$\begin{aligned} L_{EPN} &= L_{TPNmax} + 10\lg(T_e/T_0) \\ &\approx L_{TPNmax} + 10\lg(0.5T_d/T_0) \\ &\approx L_{TPNmax} + 10\lg(T_d/20) \end{aligned} \tag{8.1.14}$$

在近似情况下取 $T_e \approx T_d/2$。

有效感觉噪声级 L_{EPN} 用A声级近似表示，见下式

$$L_{EPN} = L_{Amax} + 10\lg(0.5T_d/T_0) + 13 = L'_{Amax} + 13 \tag{8.1.15}$$

式中

$$L'_{Amax} = L_{Amax} + 10\lg(0.5T_d/T_0) = L_{Amax} + 10\lg(T_d/20)$$

有效感觉噪声级 L_{EPN} 用D声级近似表示，由下式确定

$$L_{EPN} = L_{Dmax} + 10\lg(0.5T_d/T_0) + 7 = L'_{Dmax} + 7 \tag{8.1.16}$$

式中

$$L'_{Dmax} = L_{Dmax} + 10\lg(0.5T_d/T_0) = L_{Dmax} + 10\lg(T_d/20)$$

5. 一系列相继事件的噪声级

在单个飞行事件的噪声级基础上，计算相继 N 次事件所引起的噪声级。

1) N 次事件的噪声级用 N 个有效感觉噪声级的能量平均值 $\overline{L}_{EPN}$ 表示，按下式计算

$$\overline{L}_{EPN} = 10\lg[(1/N)\times(\sum_{i=1}^{N} 10^{L_{EPN}/10})] \tag{8.1.17}$$

式中，L_{EPN} 为某一次飞行事件的有效感觉噪声级。

2) $\overline{L}_{EPN}$ 的近似表示

$$\overline{L}_{EPN} = \overline{L}'_{Amax} + 13 \tag{8.1.18}$$

$$\overline{L}'_{Amax} = 10\lg[(1/N)\times(\sum_{i=1}^{N} 10^{L'_{Amaxi}/10})]$$

式中，L'_{Amaxi} 为某一次飞行的 L'_{Amax}。

6. 对一段监测时间内的连续噪声级的表示

(1) 计权有效连续感觉噪声级 L_{WECPN} 既考虑了一段监测时间内通过一固定点的飞行引

起的总噪声级，同时也考虑了不同时间内飞行所造成的不同社会影响。以一昼夜24h定为单位监测时间，L_{WECPN}（单位：dB（A））按下式计算

$$L_{WECPN} = \bar{L}_{EPN} + 10\lg(N_1 + 3N_2 + 10N_3) - 39.4 \qquad (8.1.19)$$

式中，L_{EPN}是N次飞行的有效感觉噪声级的能量平均值；N_1为白天的飞行次数；N_2为傍晚的飞行次数；N_3为夜间的飞行次数。这三段时间的具体划分由当地政府决定。

（2）L_{WECPN}用A声级表示，单位为dB（A），按下式计算

$$L_{WECPN} = \bar{L}'_{Amax} + 10\lg(N_1 + 3N_2 + 10N_3) - 27 \qquad (8.1.20)$$

7. 机场周围飞机噪声等值线图的制作

布置机场周围测量点时，建议主航道按不大于1km的间隔，侧向按不大于500m划成网格，在网格内取户外开阔平坦处为测点。记录不同时间段的飞行次数，然后按上述的测量、分析、处理方法求出各点的L_{WECPN}。另外，航班周期为一周的机场，一般监测一周，求出平均一昼夜的L_{WECPN}。

L_{WECPN}［单位：dB（A）］的计算公式如下

$$L_{WECPN} = \bar{L}'_{Amaxi} + 10\lg\left[\sum_{1}^{7}(N_{1i} + 3N_{2i} + 10N_{3i})/7\right] - 27 \qquad (8.1.21)$$

式中，$\bar{L}'_{Amaxi}$为一周内所有飞行的L'_{Amaxi}能量平均值；N_{1i}、N_{2i}、N_{3i}为从周一到周日每天在三个不同时间段内的飞行次数。

获得计算结果后，按5dB间隔画等噪声级线绘制机场周围飞机噪声等值线图，最低等值线的噪声级应小于70dB。

纯音修正计算过程如下：

1）计算$D_{j,i}$。i是1/3倍频带数，$j=i+1$，$i=1$相当于中心频率为80Hz的频带。L_{psi}表示第i频带的声压级，i的增加相当于频率升高，$D_{j,i}$是频带j和频带i的声压级差，$D_{j,i} = L_{psj} - L_{psi}$。

2）当满足$|D_{j,i} - D_{j-1,i-1}| > 5$dB，对$D_{j,i}$画圈。

3）若画圈的$D_{j,i} > 0$，并且$D_{j,i} > D_{j-1,i-1}$，对L_{psj}画圈。若画圈的$D_{j,i} \leqslant 0$，并且$D_{j-1,i-1} > 0$，对L_{psi}画圈。

4）对未划圈的L'_{psi}，令$L'_{psi} = L_{psi}$，对已画圈的L_{psi}，令$L'_{psi} = (L_{psi-1} + L_{psi+1})/2$，若频带22的声级是划过圈的，那么$L'_{ps22} = L_{21} + L_{21,20}$。

5）令$D'_{j,i} = L'_{psj} - L'_{psi}$。

6）计算算术平均值

$$\bar{D}'_{j,i} = \frac{1}{3}(D'_{j-1,i-1} + D'_{j,i} + D'_{j+1,i+1}) \qquad (8.1.22)$$

当$i=1$时，令$D_{1,0} = D_{2,1}$；当$i=21$时，令$D_{23,22} = D_{22,21}$。

7）令$\bar{L}_{psi} = L_{psj}$，其他j，$\overline{L_{psj}} = \overline{L_{psi}} + \overline{D'_{j,i}}$。

8）求出$F_i : F_j = (\bar{L}_{psi} - L_{psi}) > 0$。

9）求出纯音修正C。

频率范围500～5000Hz中的1/3倍频带：当$0 \leqslant F < 20$时，$C = F/3$；当$20 \leqslant F$时，$C = 6.7$dB。除去500～5000Hz的频带，其余的频带：当$0 \leqslant F < 20$时，$C = F/6$；当$20 \leqslant F$时，$C = 3.3$dB。

10）求出最大 C 值，定义为纯音修正 $C=C_{max}$。

飞机噪声噪度的计算方法：

计算飞机噪声噪度时，一般采用数字计算机进行计算，噪度值 N（单位：noy）与声压级 L 的关系由下式给出

$$N = 10^{m(L-L_0)} \tag{8.1.23}$$

式中，m 和 L_0 取决于频带中心频率和 L 的范围。

对 400 ~6300Hz（包括其本身）中心频率的频带，m 和 L_0 只用单个值就足以确定每一频带中的噪度值。对其他频带，就需要分别规定两个 m 和 L_0 的值，这取决于 L 大于或小于临界值。系数由表 8.1.4 给出。

例如，中心频率 $f_0=500\text{Hz}$，当声压级在 40 ~150dB 范围内时，噪度值 N（单位：noy）和声压级的关系是

$$N = 10^{0.0301(L-40)}$$

表 8.1.4 飞机噪声计算噪声系数表

频带中心频率/Hz	L	m	L_0	L	m	L_0
	L 的低值范围			L 的高值范围		
50	64 ~91	0.04348	64	92 ~150	0.03010	52
63	60 ~85	0.04057	60	86 ~150	0.03010	51
80	56 ~85	0.03683	54	86 ~150	0.03010	49
100	53 ~79	0.03683	53	80 ~150	0.03010	47
125	51 ~79	0.03534	51	80 ~150	0.03010	46
160	48 ~75	0.03333	48	76 ~150	0.03010	45
200	46 ~73	0.03333	46	74 ~150	0.03010	43
250	44 ~77	0.03205	44	75 ~150	0.03010	42
315	42 ~94	0.03068	42	95 ~150	0.03010	41
	L 的全部范围					
400				40 ~150	0.03010	40
500				40 ~150	0.03010	40
630				40 ~150	0.03010	40
800				40 ~150	0.03010	40
1000				40 ~150	0.03010	40
1250				38 ~148	0.03010	38
1600				34 ~144	0.02996	34
2000				32 ~142	0.02996	32
2500				30 ~140	0.02996	30
3150				29 ~139	0.02996	29
4000				29 ~139	0.02996	29
5000				36 ~140	0.02996	30
6300				32 ~141	0.02996	34
	L 的低值范围			L 的高值范围		
8000	38 ~47	0.04229	37	48 ~144	0.02996	34
10000	41 ~50	0.04229	41	51 ~147	0.02996	37

8.1.3 铁路环境噪声测量

铁路环境噪声是指铁道机车车辆运行中所产生的对环境造成污染的噪声，主要包括铁路边

界噪声和地下铁道车站站台噪声两类。我国环境噪声标准中相关的标准包括：①GB 12525—1990《铁路边界噪声限值及其测量方法》；②GB/T 12816—2006《铁道客车内部噪声限值及测量方法》；③GB 13669—1992《铁道机车辐射噪声限值》；④GB/T 5111—1995《声学 铁路机车车辆辐射噪声测量》；⑤GB 14227—2006《城市轨道交通车站站台声学要求和测量方法》。

下面从环境噪声测量的角度分别予以介绍。

1. 铁路边界噪声测量

（1）事前准备 铁路边界是指距铁路外侧轨道中心线30m处。按规定，铁路边界噪声限值在昼间和夜间均为70dB（A）。

测点原则上选在铁路边界高于地面1.2m，距反射物不小于1m处。测量仪器应符合GB 3785中规定的2型或2型以上的积分声级计或其他相同精度的测量仪器。测量时用“快”档，采样间隔不大于1s。气象条件应符合GB 3222中规定的气象条件，选在无雨雪的天气中进行测量。仪器应加风罩，四级风以上停止测量。

昼间、夜间各选在接近机车车辆运行平均密度的某一个小时，用其分别代表昼间、夜间。必要时，昼间或夜间应分别进行全时段测量。

（2）测量方法 用积分声级计（或具有同功能的其他测量仪器）读取1h的等效A声级；背景噪声应比铁路噪声低10dB（A）以上，若两者声级差值小于10dB（A），用分贝相减的原则进行修正。

（3）数据记录 测量报告应包括以下内容：测量仪器、测量环境（测点距轨面相对高度、线路股数、测点与轨道之间的地面状况，如土地、草地等）、车流密度（每小时通过机车车辆数）、背景噪声级、测量的等效连续A声级。

2. 城市轨道交通车站站台噪声测量

城市轨道交通车站站台噪声测量内容包括站台噪声及站台上500Hz倍频程中心频率混响时间的测量，地铁和轻轨车站列车进、出站时站台上的噪声等效声级L_{eq}的最大允许限值应符合表8.1.5的要求。地铁和轻轨车站站台上500Hz倍频程中心频率混响时间的最大容许限值为1.5s。

表8.1.5 车站站台最大容许噪声限值 （单位：dB）

列车运行状态	噪声限值
列车进站	80
列车出站	80

（1）事前准备 地铁站台噪声测量的量为列车进站、出站时规定测量条件下的快（Fast）档等效声级L_{eq}。

测量仪器应采用1型积分式声级计，其性能应符合GB/T 3785，GB/T 17181的规定，也可采用性能等效的其他仪器。声级校准器性能应符合GB/T 15173的规定；测量前应使用1型声级校准器校准声级计，测量结束后再用声级校准器检查声级计示值，偏差应不大于0.5dB，否则测量无效。

（2）测量方法

1）站台噪声测量。在露天站台上测量时，应选在无雨、无雪、风速小于5m/s的气象条件下测量；测点在周围 2m 以内不应有声反射物，测量时应避开会车；测量时背景噪声应低于被测噪声 10dB 以上，否则按表 8.1.6 进行修正。差值小于 5dB 的应该重新测量；测量时应避免受到广播等各种非列车运行噪声的干扰。如受到影响，应在测量报告中说明。

表 8.1.6　背景噪声修正值　（单位：dB）

站台噪声与背景噪声的声级差值	站台噪声级的修正值
>10	0
6～10	−1
5	−2

测量时传声器应置于车站站台中央、距地面高度为 1.6m 的位置，传声器前端应朝向背侧列车轨道一侧，其中轴向与线路方向垂直。测量时传声器应使用风罩。

列车进站的测量时间间隔为列车头部进站到停止的时间，列车出站的测量时间间隔为列车启动到列车尾部离站的时间。每种列车运行状态的测量次数不应少于 10 次。

每种列车运行状态的测量数据经算术平均后，按照 GB/T 8170 的规则修约到整数位的数值作为评定值。

2）站台混响时间测量。混响时间测量应按照 GB J76 的方法进行，测量频率为 500Hz。如需了解站台混响频率特性，可测量 125Hz、250Hz、500Hz、1000Hz、2000Hz 和 4000Hz 的混响时间；测量时站台应保持空场状态；测点应在站台上有代表性的位置布设，并应偏离站台纵向中心线 1.5m；测点应不少于 3 个；传声器距地面高度应为 1.6m；测量用声源应置于站台一端，距地面高度应为 1.5m。

（3）数据记录　测量报告应包括以下内容：测量地点；测量仪器（名称、型号、编号、鉴定日期）；仪器校准记录；测点位置；背景噪声；测量数据和结果（L_{eq}，测量时间间隔，测量时间，混响时间，数据处理结果等）；测量过程中可能影响结果的情况说明；测量日期和测量者。

8.2　工业企业噪声测量

工业企业产生的环境噪声分为企业车间内部噪声和企业边界噪声。在车间内部，噪声限值由行业标准《工业企业噪声卫生标准》确定，而测量标准为 GBJ 122—1988《工业企业噪声测量规范》。对企业边界噪声，噪声限值标准有：①GB 12348—2008《工业企业场界环境噪声排放标准》；②GB 12523—1990《建筑施工场界噪声标准》。涉及的噪声测量标准包括：①GB/T 12349—2008《工业企业厂界噪声排放标准》；②GB/T 12524—1990《建筑施工场界噪声测量方法》。

8.2.1　车间内噪声的测量方法

1. 事前准备

我国 1980 年 1 月 1 日公布并实施《工业企业噪声卫生标准》，该标准是根据 A 声级制订的，以语言听力损伤为主要依据，同时参考其他系统的改变：标准规定，工作地点噪声允许标准为 85dB（A），现有企业暂时达不到这一标准的，可以放宽到 90dB（A）。另规定接触噪声不足 8h 的工作，噪声标准可相应放宽，即接触时间减半允许放宽 3dB（A），但无论接触时间多短，噪声强度最大不得超过 115dB（A）。

测量时要注意减少环境因素对测量结果的影响，如应注意避免或减少气流、电磁场、温度和湿度等因素对测量结果的影响。测量车间内噪声的传声器，其安装高度为 1.2m，测量噪声时，人需离开。

测量的量分为稳定噪声和不稳定噪声。对稳定噪声，测量 A 声级；对不稳定噪声，测量等效连续 A 声级；或测量不同 A 声级下的暴露时间，计算等效连续 A 声级。

2. 测量方法

若车间内各处 A 声级的波动小于 3dB（A），则只需在车间内选择 1～3 个测点；若车间内各处声级波动大于 3dB（A），则应按声级大小，将车间分成若干区域。任意两区域的声级应大于与或等于 3dB（A），而每个区域内的声级波动必须小于 3dB（A），每个区域取 1～3 个测点。这些区域必须包括所有工人为观察或管理生产过程而经常工作、活动的地点和范围。

8.2.2 边界噪声的测量方法

1. 工业企业厂界噪声测量

测量应在无雨雪、无雷电天气，风速为 5m/s 以下时进行。不得不在特殊气象条件下测量时，应采取必要措施保证测量准确性，同时注明当时所采取的措施及气象情况。测量应在被测声源正常工作时间进行，同时注明当时的工况。分别在昼间、夜间两个时段测量（昼间和夜间的定义参照附录 B.3），夜间有频发、偶发噪声影响时同时测量最大声级。

测量值包括：①稳态噪声测量 1min 的等效声级；②周期性噪声测量一个周期的等效声级；③非稳态噪声测量被测声源有代表性时段的等效声级，必要时测量被测声源整个正常工作时段的等效声级。

测点应选在法定厂界外 1m，高度 1.2m 以上的噪声敏感处。如厂界有围墙，测点应高于围墙；如厂界与居民住宅相连，厂界噪声无法测量时，测点应选在居室中央，室内限值应比相应标准值低 10dB（A）。

用声级计采样时，仪器动态特性为“慢”响应，采样时间间隔为 5s。用环境噪声自动监测仪采样时，仪器动态特性为“快”响应，采样时间间隔不大于 1s。

2. 建筑施工场界噪声测量

建筑施工场地指工程限定的边界范围以内的区域，以及规定界线以外的确实用于建筑或拆毁的其他中间准备区域。建筑施工场地的边界由政府有关部门限定的建筑施工场地最外面的边界线。

噪声敏感区域是指受到建筑施工噪声影响的住宅区、机关、学校、商业区以及公共场所等，其背景噪声比建筑施工场地产生的噪声级低的区域。当建筑场地停止施工时，上述区域的环境噪声称为背景噪声。

确定测点的步骤是：

1）根据城市建设部门提供的建筑方案和其他与施工现场情况有关的数据确定建筑施工

场地边界线，并应在测量表中标出边界线与噪声敏感区域之间的距离。

2）根据被测建筑施工场地的建筑作业方位和活动形式，确定噪声敏感建筑或区域的方位，并在建筑施工场地边界线上选择离敏感建筑物或区域最近的点作为测点。由于敏感建筑物方位不同，对于一个建筑施工场地，可同时有几个测点。

测量时声级计或传声器可以手持，也可以固定在三脚架上，传声器处于距地面高 1.2m 的边界线敏感处。如果边界处有围墙，为了扩大监测范围也可将传声器置于 1.2m 以上的高度，但要在测量报告中加以注明。

测量应选在无雨、无雪的气候时进行。当风速超过 1m/s 时，要求在测量时加防风罩，如风速超过 5m/s 时，应停止测量。分为昼间和夜间两部分，时间的划分可由当地人民政府确定。

采用环境噪声自动监测仪进行测量时，仪器动态特性为“快”响应，采样时间间隔不大于 1s。白天以 20min 的等效 A 声级表征该点的昼间噪声值，夜间以 8h 的平均等效 A 声级表征该点夜间噪声值。

测量期间，各施工机械应处于正常运行状态，并应包括不断进入或离开场地的车辆，如载货汽车、施工机械车辆、搅拌机（车）等，以及在施工场地上运转的车辆，这些都属于施工场地范围以内的建筑施工活动。

测量报告中应包括以下内容：建筑施工场地及边界线示意图；敏感建筑物的方位、距离及相应边界线处测点；各测点的等效连续 A 声级。

8.3 常用交通工具噪声测量

8.3.1 机动车辆噪声测量

机动车辆包括各种类型的汽车、摩托车、轮式拖拉机等。机动车辆所发出的噪声是流动声源，故影响面很广，在城市环境噪声中以交通运输噪声最为突出。

我国机动车辆噪声测量限值标准包括：①GB 1495—2002《汽车加速行驶车外噪声限值及测量方法》；②GB 16170—1996《汽车定置噪声限值》；③GB 16169—2005《摩托车和轻便摩托车加速行驶噪声限值及测量方法》；④GB 6376—2008《拖拉机 噪声限值》。

相应的噪声测量标准包括：①GB/T 18697—2002《声学 汽车车内噪声测量方法》；②GB/T 14365—1993《声学 机动车辆定置噪声测量方法》；③GB/T 17250—1998《声学 市区行驶条件下轿车噪声的测量》；④GB/T 4569—2005《摩托车和轻便摩托车 定置噪声限值及测量方法》。

下面以汽车定置噪声为例介绍其测量方法。

1. 事前准备

所谓定置是指车辆不行驶，发动机处于空载运转状态。测量汽车定置噪声的目的在于确定机动车辆的主要噪声源（排气噪声和发动机噪声）的辐射水平，它不能表征车辆行驶的最大噪声级。

测量场地应为开阔的，由混凝土、沥青等坚硬材料构成的平坦地面，其边缘距车辆外廓至少 3m。测量场地之外的较大障碍物距传声器不得小于 3m。测量过程中，传声器位置处的背景噪声（包括风的影响）应比被测噪声低10dB（A）以上，并保证测量不被偶然的其他声源所干扰。测量中风速超过2m/s时传声器应使用防风罩，同时注意阵风对测量的影响，当风速超过5m/s时，测量结果无效。被测车辆不载重。测量时发动机应处于正常使用温度。

声级计附近除读表者外，不应有其他人员，如不可缺少时，则必须在读表者背后。若车辆带有其他辅助设备亦是噪声源，测量时是否开动，应按正常使用情况而定。另外，测量发动机转速的仪器（转速表）准确度应优于3%。

2. 测量方法

（1）测量状态和测量次数　车辆应位于测量场地的中央，变速器挂空挡，拉紧手制动器，离合器接合。没有空挡位置的摩托车，其后轮应架空。发动机机罩、车窗与车门应关上，车辆的空调器及其他辅助装置应关闭。测量时，发动机出水温度及油温应符合生产厂的规定。

每类试验的每个测点重复进行试验，直到连续出现三个读数的变化范围在2dB之内为止，并取其算术平均值作为测量结果。

（2）排气噪声测量　传声器与排气口端等高，在任何情况下距地面不得小于0.2m。传声器参考轴应与地面平行，并和通过排气口气流方向且垂直地面的平面成45°±10°的夹角。传声器朝向排气口。距排气口端0.5m，放在车辆外侧。如果车辆由于设计原因（如备胎、油箱、蓄电池等）不能满足上述要求时，应画出测点图，并标注传声器选择的位置。传声器朝向排气口，放在尽可能满足上述条件，并距最近障碍物大于0.2m的地方。

车辆装有两个或更多的排气管，且排气管之间的间隔不大于0.3m，并连接于一个消声器时，只需取一个测量位置。传声器应选择位于最靠近车辆外侧的那个排气管。如果两个或两个以上的排气管同时在垂直于地面的直线上，则选择离地面最高的一个排气管。装有多个排气管，并且各排气管的间隔又大于0.3m的车辆对每一个排气管都要测量，并记录下其最高声级。排气管垂直向上的车辆，传声器放置高度应与排气管口等高，传声器朝上，其参考轴应垂直地面。传声器应放在离排气管较近的车辆一侧，并距排气口端0.5m。

如生产厂家规定的额定转速为n_r，则发动机测量转速要求：①汽油机车辆（除摩托车）取$3/4n_r \pm 50$r/min；②柴油机车辆（除摩托车）取$n_r \pm 50$r/min；③摩托车当$n_r > 5000$r/min时，取$1/2n_r \pm 50$r/min，当$n_r < 5000$r/min时，取$3/4n_r \pm 50$r/min。测量时，发动机稳定在上述转速后，测量由稳定转速尽快减速到怠速过程的噪声，然后记录下最高声级。

（3）发动机噪声测量　传声器放置高度距地面0.5m，并朝向车辆，放在没有驾驶员位置的车辆一侧。距车辆外廓0.5m，传声器参考轴平行地面，位于一垂直平面内，该垂直平面的位置取决于发动机的位置。对于前置发动机，垂直平面通过前轴；对后置发动机，垂直平面通过后轴；对中置发动机及摩托车，垂直平面通过前后轴距的中点。

二轮摩托车，传声器放置在车辆前进方向的右侧。侧三轮摩托车，传声器放置在车辆前进方向左侧，传声器朝向车辆，距车辆外廓0.5m，距地面高度0.5m。

测量时，发动机从怠速尽可能快速地加速到规定的转速，并用一种适当的装置保持必要长的时间。测量由怠速加速到稳定转速过程的噪声，然后记录下最高声级。

3. 数据处理

测量报告应包括下列有关内容：车辆型号；发动机型号；额定功率；额定转速；测量转

速；测量仪器型号；测量地点；地面状况；风速；背景噪声；背景噪声修正值；不规则测点图等。

8.3.2 铁路机车车辆噪声测量

涉及的噪声限值标准有：①GB/T 3450—2006《铁道机车和动车组司机室噪声限值及测量方法》；②GB/T 12816—2006《铁道客车内部噪声限值及测量方法》；③GB 13669—1992《铁道机车辐射噪声限值》；④GB 14892—2006《城市轨道交通列车噪声限值和测量方法》。涉及的测量标准有：GB/T 5111—1995《声学 铁路机车车辆辐射噪声测量》。

下面介绍铁路机车车辆辐射噪声测量。

1. 事前准备

测量现场应是地面基本平坦的开阔地带，传声器周围三倍于测量距离之内没有大的声反射体（如障碍物、小山包、石块、桥梁或建筑物等）。传声器附近不得有干扰声场的障碍物，传声器与噪声源之间不得有人；观察者应处在不影响声级计读数的位置上。

传声器与被测机车车辆之间，地面应尽可能没有声吸收覆盖物（如耕地、草地等）。在下列条件下不能测量：①道砟冻结的寒冷天气；②地面有雪层；③下雨或下雪时；④轨面上2m 高处的风速超过 8m/s。

铁路背景噪声（如其他机车车辆、工厂噪声或风声等）应至少比被测机车车辆噪声低10dB（A）。频谱分析时，各频带的上述差值也应符合这种要求。

恒速测量区段的线路应符合以下要求：①铺有碎石道床和轨枕，轨枕下道砟的最小厚度应为0.15m，石渣应同轨枕齐平；②轨道应为连续焊接轨，轨面应至少高出测量现场地面1.0m 以上，且无擦伤、剥离、掉块等非正常缺陷；③车速小于 120km/h，轨道曲线半径应不小于 3000m；车速等于或高于 120km/h，轨道曲线半径应不小于 5000m；④线路坡度最大不应超过 10‰。定置测量的机车车辆应停放在铺有轨枕、碎石道床的轨道上，轨面应至少高出测量现场地面 0.5m 以上。

机车车辆条件的一般要求包括：①动力机组处于正常的运行工作状态应符合生产厂规定；②机车车辆除乘务员外不能载物载人，动力车辆应是正常工况下的质量；③测量时所有门窗应始终关闭。如正常工况需要，风扇排气装置必须完全打开。

对于恒速测量，测量前，机车车辆应至少已运行 1000km 以上，并经多次常规制动，使轮轨符合常态的良好磨合条件。车轮应避免滑行擦伤踏面。该情况应在检验报告中描述。非动力货车及客车的试验编组，其列车长度应至少三倍于测量距离。机车可在不挂任何车辆的情况下进行单机测量。机车车辆运行时自动开机的辅助设备，如其噪声对传声器位置的测量值（A 计权声压级或倍频带及 1/3 倍频带声压级）有明显影响，则应在开机条件下测量；但如果只是偶尔出现或出现时间不超过 1min，或对噪声级以及每个倍频带声压级的影响小于 5dB，则可不予考虑。

在测量区段，试验机车车辆应按下列规定速度（误差不超过 ±5%）行驶：①机车车辆最大速度的95%，但不得超过试验线路的最大允许车速；②客运机车和客车以 90km/h 车速；货运机车和货车以 70km/h 车速；③车速大于 150km/h、小于 200km/h 的列车以150km/h 车速，达不到时，应在降低 20km/h 的速度下测量。

对于定置测量，电力机车和客车停车时能起动的所有装置，均应在开机条件下测量；正常停车运转的辅助设备应在最大负载下测量。内燃机车测量要求的工况是：①柴油机空载、最低转速，风扇在最小转速，辅助设备相应负载，压缩机满负载；②柴油机最高转速，风扇在最高速，辅助设备额定负载，压缩机满负载。装有空调或制冷系统的非动力客车或货车，凡停车能运转的，均应在制造厂规定的最大负载下测量。

传声器布放时要求传声器应垂直指向通过轨道中心线的垂面。对恒速测量，传声器应置于距轨道中心线垂面25m，距轨面高（3.5±0.2）m处；对定置测量，传声器应置于机车车辆两侧距通过轨道中心线的垂面7.5m、距轨面高（3.5±0.2）m，并与机车车辆中心轴线相对称处。

2. 测量方法

恒速测量，应测量机车车辆通过时的最大A声级，至少要测量三次。如其中最大差值大于2dB（A），则应继续测量，直至该差值小于或等于2dB（A）。取符合上述要求的两个最大值的算术平均值作为被检机车车辆的最大噪声级。如有明显的纯音或脉冲噪声，应在检验报告中说明。

定置测量，应读取每个测点的“快”档A声级，以其算术平均值作为型式检验的测量结果。如声级波动大于3dB（A）时，应测量至少10s或大于一个波动周期时间的等效连续A声级，并以每个传声器位置等效连续A声级的算术平均值为型式检验的测量结果。如有明显的纯音或脉冲噪声，应在检验报告中说明。

3. 数据记录

检验报告应包括以下内容：检验性质；试验场所、轨道条件以及恒速测量的轨道磨合过程；测量仪器；背景噪声级；机车车辆，发动机及其试验转速，恒速测量机车车辆的磨合过程；辅助设备及其运转条件；机车车辆负载；传声器位置；“快”档A声级、最大A声级；时间T的等效A声级及其平均值；噪声频谱测量；存在纯音和脉冲噪声；测量日期及测量者。

8.3.3 船舶辐射噪声测量

涉及的噪声限值标准有：①GB 5979—1986《海洋船舶噪声级规定》；②GB 5980—2009《内河船舶噪声级规定》；③GB 11871—2009《船用柴油机辐射的空气噪声限值》。相关的测量标准是GB/T 4964—1985《内河航道及港口内船舶辐射噪声的测量》。

下面介绍内河航道及港口内船舶辐射噪声的测量。

1. 事前准备

试验场所应具备自由声场条件。当传声器周围100m以内没有大的声反射体，如障碍物、小山、岩石、桥梁、建筑物等时，可以认为满足自由声场条件。传声器周围不应有扰乱声场的障碍物，即在传声器和噪声源之间，应无人或物的阻碍，应是开阔的水面，或者是没有声吸收覆盖物（如草或雪）的地面。

测量时风速应小于5m/s为好（相当3级风），最大不应超过10m/s（相当5级风），下雨雪时不宜进行测量。在有风影响的场所传声器应带风罩。

对验收试验测量时，背景噪声（包括波浪拍击、其他船只的作业、工厂的噪声以及风的影响等）至少应比测得的船舶辐射噪声低10dB。

测量过程对船舶航线和距离也有一定要求：①试验航道的水深应满足船舶的正常航行；

②试验时，船舶的航向应尽可能保持直线；③内河测量时，船舶应在逆流，逆潮或平潮时航行；④传声器与船舷的距离，可采用光学仪器或其他测距仪测量，也可在已测量好距离并做标志的航道上进行测量，距离误差不超过 ±2m。

测量时船舶的操作条件要求，对航行船舶，船舶应距传声器足够远处开始航行，以便船舶通过测量位置时发动机处于稳定状态。船舶的负载状态应在试验报告中说明。在验收试验时，主机至少在额定转速的95%以上运转，所有辅机按正常航行状态开动或关闭。如果使用可调螺距和平旋式螺旋桨，则应在全功率状态下运转。验收试验时，机舱的门窗应在关闭和通常敞开就敞开的状态下分别测量。在监测试验时，船舶正常航行，门、窗通常敞开的就敞开。

对停泊船只或专用船舶（如工程船、特种船舶）应在离船舷四周25m处最大噪声区的位置上进行测量。此时主辅机也应按正常状态运转或关闭。

测量时，传声器应放在码头，岸边或测量船上，高度距站立面1.2~1.5m，高出水面最好大于3m、小于6m，传声器方向要垂直于船舶的航向。当被测量船舶通过传声器正前方时，船的舷侧与传声器的基准距离最好保持25m，偏离此距离时，其读数应按表8.3.1进行修正。在验收试验时距离应尽可能为35~20m。

表8.3.1　取近似整数的距离所对应的声级修正值

距离 d/m	20	22	25	28	32	35
声级修正值 ΔL/dB（A）	−2	−1	0	1	2	3

2. 测量方法

测量时，读数应取接近整数的值，当指针摆动时取其经常摆动的中间值。对验收试验，至少要做两次通过试验。两次测量结果的差别不应大于3dB（A），否则应重新测量。而测量的平均值取接近整数的分贝数。对监测试验做一次测量即可。

如果船舶的两舷声辐射对船的纵轴具有明显的不对称性，则应在声压级较高的一侧进行测量。如果通过船舶不能保证基准距离25m，则应对测得的A声级按下式加以修正，或按表8.3.1修正值代入以换算到相当于距离25m的A声级。

$$L_{A,25} = L_{A,d} + 20\lg\frac{d}{25} + L_{A,d} + \Delta L \qquad (8.3.1)$$

式中，$L_{A,25}$ 相当于距离25m的A声级；d 为测量时传声器距船侧舷的实际距离；$L_{A,d}$ 是距离为 d 时的测得的A声级；ΔL 是距离由 d 折算到相当于距离25m时A声级的修正值。

如果出现明显的脉冲噪声或纯音时应在测量报告中说明。

3. 数据记录

测量报告应包括下列有关内容：测量性质；试验地点和环境条件，如潮流、水深、温度、风速、天气等以及背景噪声；船舶主要技术数据、航速及装载状态；主机、主要辅机和甲板部分高噪声辅机的主要技术数据及状态；测量仪器的名称、型号、标定日期以及传声器的位置；机舱门窗开闭状态；测距仪名称、型号。

8.4 工业产品噪声测量

工业产品的种类很多，除交通工具外，还有诸如旋转电动机、风机、内燃机（柴油机）、压缩机、电焊机、动力泵、金属切削机床、木工机床、工程机械、纺织机械、皮革机械、电动工具、通风空调、家用电器及类似用途电器、信息技术和通信设备、冷却塔等，除有关通用标准（如 GB/T 14573.1 ~ GB/T 14573.4—1993《确定和检验机器设备规定的噪声辐射值的统计方法》、GB/T 14574—2000《声学 机器和设备噪声发射值的标示和验证》、GB/T 17428.1 ~ GB/T 17428.5《声学 机器和设备发射噪声》）外，这些机器设备都有相关的噪声限值及测量标准，下面就几种典型的工业产品的噪声测量作一简单介绍。

8.4.1 风机和罗茨鼓风机噪声测量

各种类型的通风机、透平鼓风机、透平压缩机均简称为风机。风机和罗茨鼓风机在工业生产和民用建筑中应用广泛，是工业噪声和环境噪声中的主要噪声源。风机和罗茨鼓风机噪声的准确测量是进行风机噪声评价与控制的基础。有关风机噪声测量的标准是 GB/T 2888—1991《风机和罗茨鼓风机噪声测量方法》。

1. 事前准备

风机噪声主要是指风机进出口噪声和风机机壳噪声，测量内容为其 A 声级和中心频率为 63Hz ~ 8kHz 倍频带内的声压级。

1）测量应在半自由声场或自由声场进行，如消声室、露天空旷场地、空间较大的车间或进行吸声处理的房间，以避免反射声的影响。

反射声的影响可采用以下方法进行检验：

在距离声源 1 倍和 2 倍标准长度上（标准长度指测点到声源的距离。测量风机进出口噪声时，叶轮直径≤1m 时，标准长度取 1m；叶轮直径 >1m 时，取标准长度等于叶轮直径。测量机壳噪声时，标准长度取 1m），分别测量设备运转时的 A 声级，其 A 声级之差≥5dB（A），则基本没有反射声的影响；反之，则应另选测点或增加测量环境的吸声量，直至满足测量要求。

2）测量环境应避免背景噪声的影响。背景噪声 A 声级和倍频带声压级应比被测设备噪声相应低 10dB（A）以上，当两者差值 3 ~ 9dB（A）时，应对测量值进行修正，若差值小于 3dB（A），测量应停止。

3）测量应在风机额定工况下进行。

2. 测量方法

（1）测点位置

1）通风机进风口噪声测量。测点是在进风口中心轴线上，距进风口中心的距离等于标准长度 L。测点用 S 表示，如图 8.4.1 所示。

2）通风机出风口噪声测量。测点选在与出风口轴线 45°方向，距出风口中心的距离为长度 L。测点用 D 表示，如图 8.4.2 所示。

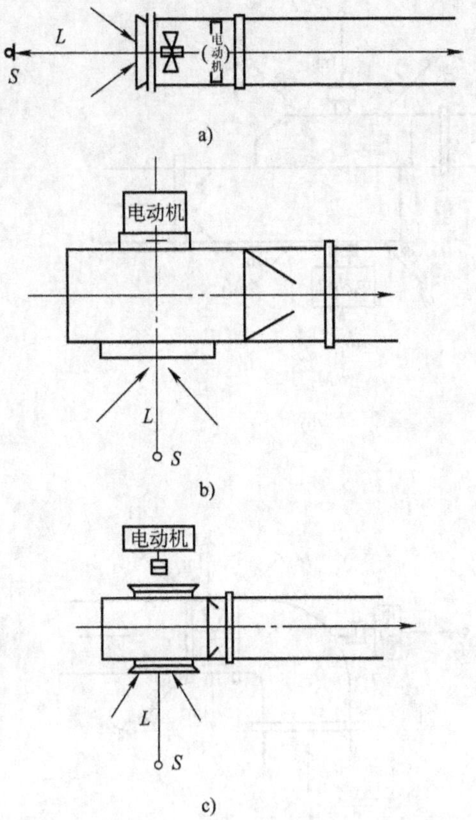

图 8.4.1　通风机进风口噪声测点位置

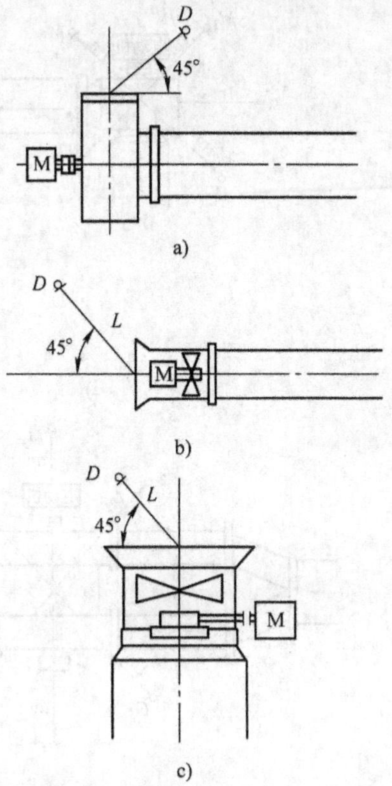

图 8.4.2　通风机出风口噪声测点位置

3）风机机壳噪声测量。风机的进、排风口都接管道，测量机壳的辐射噪声时，测点位置在通风机主轴水平面内经过叶轮几何中心的直线上，且距机壳表面 1m 处（见图 8.4.3）。图中电动机一侧的测点以 M_1、M_2、…来表示，其测量值一般作为参考。

4）罗茨鼓风机、透平鼓风机、透平压缩机噪声测量。测点在设备主轴水平面内，一般在风机和罗茨鼓风机周围表面三个方向上指向风机叶轮几何中心，距机壳 1m 处测量。

各类风机主机长度大于 2m 而小于或等于 4m 时，在同一方向取两点；大于 4m 而小于 6m 时取三个点。依此类推。

（2）测量高度　测量高度为距地面 1m。如果通风机进风口、出风口的中心或机壳表面的中心高度从地面计算不足 1m 时，应提高到 1m 处测量。

（3）测量步骤　测量开始前，首先测量测点的背景噪声和声场的衰减规律。测量时声级计的传声器指向声源，测量者侧向声源。测量前、后声级计均需进行校正。

3. 测量记录与数据处理

测量记录应包括以下内容：

1）测量仪器名称、型号、校正方式。

2）测量环境和气候条件。

3）测点相对于声源和周围环境的相对位置。

4）被测设备相应各测点的背景噪声。

5）测量读数值。

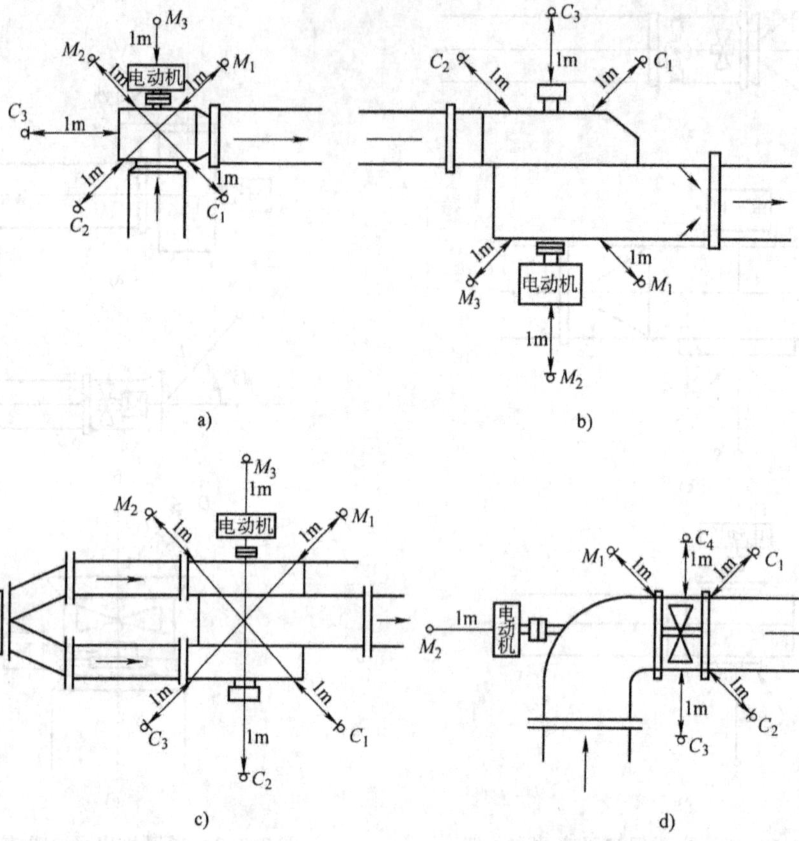

图 8.4.3 风机机壳噪声测点分布

6）经过背景噪声修正的测量值。

测量时，对于通风机噪声应明确区别是由排风口等开口处产生，还是由机壳所产生，并在测量记录中加以注明。对于风机和罗茨鼓风机的机壳噪声，应根据每个测点的测量值，由下式计算平均噪声级：

$$\bar{L}_A = 10\lg \frac{1}{n}(10^{0.1L_1} + 10^{0.1L_2} + \cdots + 10^{0.1L_n}) \tag{8.4.1}$$

式中，$\bar{L}_A$ 为平均 A 声级 dB（A）；n 为测点数；L_n 为测点 n 处声级或频带声压级 dB（A）。

若各测点的测量值之差小于 5dB（A），平均噪声级可取其算术平均值。

8.4.2 容积式压缩机噪声测量

容积式压缩机包括 L 型、Z 型、V 型、W 型、对称平稳型、螺杆式、滑片式等，这些容积式空气压缩机的机壳噪声和进气口噪声测量参照 JB 2747—1980 的要求进行。

1. 事前准备

测量压缩机进气口噪声和机壳噪声，均需测量每个测点的 A 声级、C 声级以及中心频率为 31.5Hz ~ 8kHz 的倍频程声压级。测量移动式压缩机噪声要求在地面平坦坚实的室外开阔现场进行；固定式压缩机噪声要求在室内进行测量，其测点距任何反射体的距离应大于 1m，也可以在具有一个大反射面的自由声场进行测量；不论在以上哪种情况下测量，在传声器附近 1m 范围内，均不得有反射物，以避免反射声的影响；测量环境应避免背景噪声的影响。背景噪声

A 声级和倍频带声压级应比被测设备噪声相应低 10dB（A）以上，当两者差值小于 10dB（A）时，应对测量值进行修正；压缩机应在额定转速、额定排气压力下运转，在测量过程中维持不变；若在室外测量，传声器应加防风罩。当风速超过 5m/s 时，应停止测量。

2. 测量方法

（1）测点位置　测量压缩机进气口噪声时，应将进气管道与设备外壳进行隔声，测点选在管口轴向 45°方向上，距管口中心 0.5m 处。

测量机壳噪声时，测点在距机壳表面水平方向 1m 处选取。测点分布如图 8.4.4 所示。

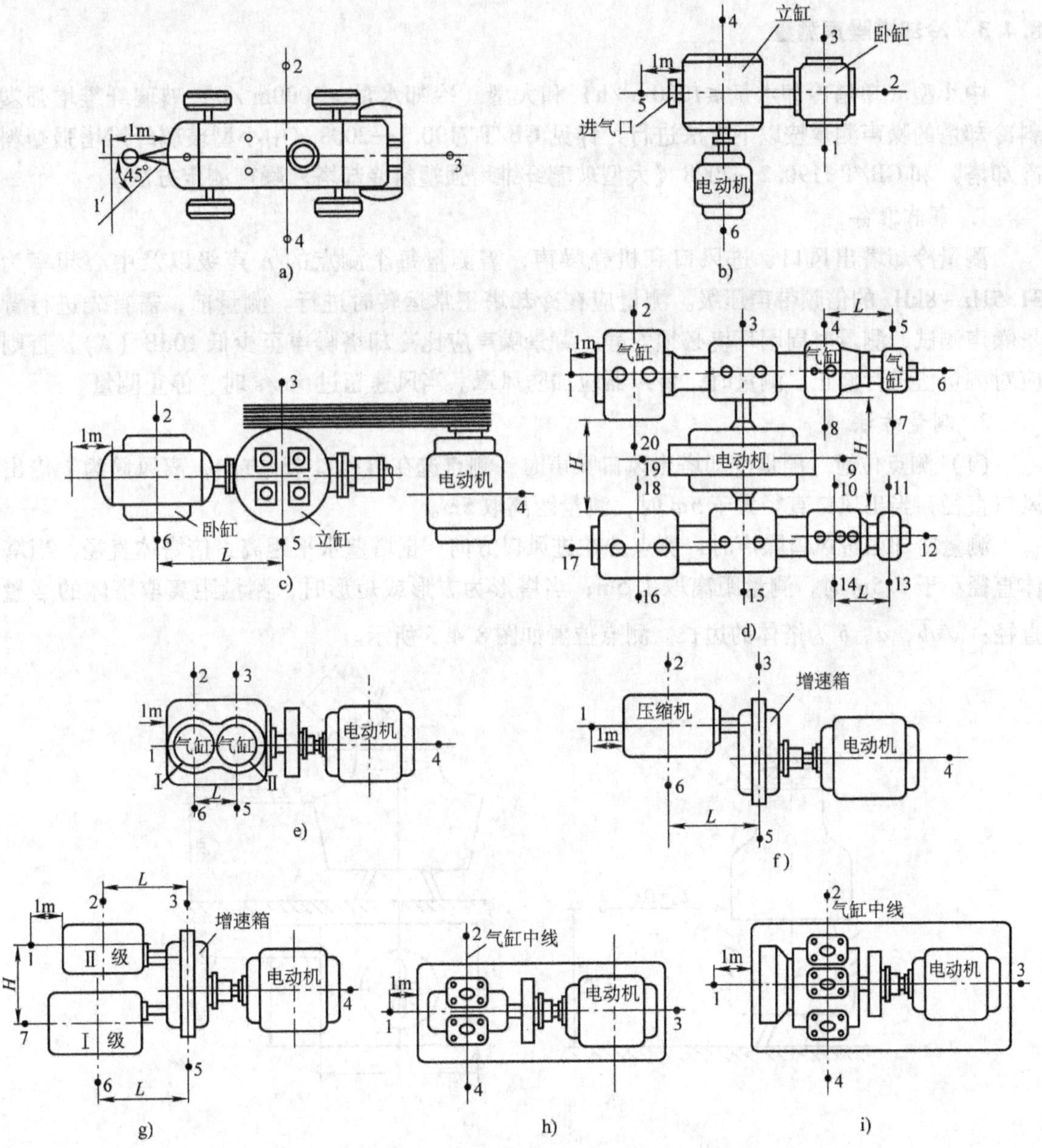

图 8.4.4　压缩机噪声测点位置

a）移动式压缩机　b）L 型压缩机　c）带传动 L 型压缩机　d）对称平稳型压缩机　e）立式压缩机　f）单级螺杆式压缩机　g）双级螺杆式压缩机　h）V 型压缩机　i）W 型压缩机

（2）测量高度　测量在距地面1.5m的高度进行，若设备高度不足1m，测点高度可取1m。

（3）测量步骤　当设备静止时，首先测量测点的背景噪声。测量时声级计的传声器指向声源，测量者侧向声源。测量前、后声级计均需进行校正。

3. 测量记录与数据处理

将各测量数据按规定对背景噪声进行修正，再计算设备机壳噪声的平均值，计算公式同式（8.4.1）。

8.4.3 冷却塔噪声测量

中小型（单塔冷却水量≤1000m^3/h）和大型（冷却水量>1000m^3/h）玻璃纤维增强塑料冷却塔的噪声测量按以下方法进行，详见GB/T 7190.1—2008《中小型玻璃纤维增强塑料冷却塔》和GB/T 7190.2—2008《大型玻璃纤维增强塑料冷却塔》噪声测定方法。

1. 事前准备

测量冷却塔出风口、进风口和机壳噪声，需测量每个测点的A声级以及中心频率为31.5Hz～8kHz的倍频带声压级。测量应在冷却塔正常运转时进行。测量前，需首先进行背景噪声测试，测量时周围环境必须安静。背景噪声应比冷却塔噪声至少低10dB（A），否则应对测量值进行修正。测量时，传声器应加防风罩。当风速超过5m/s时，停止测量。

2. 测量方法

（1）测点位置　测量冷却塔出风口噪声时，测点选在出风口45°方向，离风筒为1倍出风口直径，当出风口直径大于5m时，测量距离取5m。

测量冷却塔进风口噪声时，测点选在进风口方向，据塔壁水平距离1倍塔体直径，当塔体直径小于1.5m时，测量距离取1.5m；当塔形为方形或矩形时，测量距离取塔体的当量直径：$\sqrt{ab}$，a、b为塔体的边长。测点位置如图8.4.5所示。

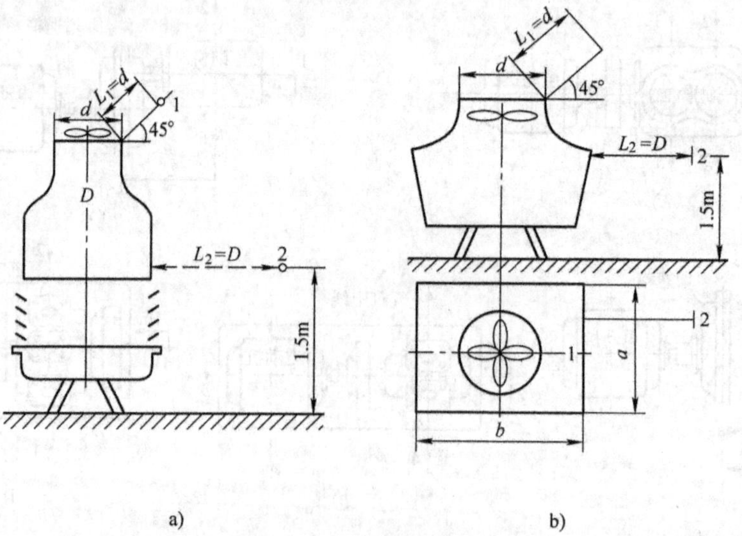

图8.4.5　冷却塔噪声测点图（1、2—测点位置）
a）圆形逆流塔测点布置图　b）横流塔测点布置图

测量冷却塔噪声时，测点距塔体水平距离2倍塔体直径。

（2）测量高度　测量冷却塔进风口噪声时，测点距地面1.5m。

3. 测量记录与数据处理

测量至少选两个方向，取其算术平均值。测定声级标准以冷却塔进风口的A总声级为准，出风口噪声和机壳噪声作为对比。

8.4.4　测量实例

1. 某型半封闭螺杆制冷压缩机噪声测量

半封闭螺杆制冷压缩机，因其电机在壳体内，所以压缩机噪声源集中于转子啮合处和排气出口及油分离器内部。为了研究其降噪方案，特对其噪声进行了测量。根据GB/T 4980—2003《容积式压缩机噪声的测定》，采用9点法对某型半封闭螺杆压缩机在半消声室进行了噪声测量。

（1）压缩机测点布置　压缩机排气通过排气出口、排气腔、排气管道出口排到油分离器中，排气噪声的大小与齿面精度和排气管的结构形式密切相关。半封闭压缩机测点布置如图8.4.6所示。其中*a*、*b*是基准面上两个典型测点。当压缩机组在额定工况下连续运转，达到稳定状态后，即可读取测试结果。

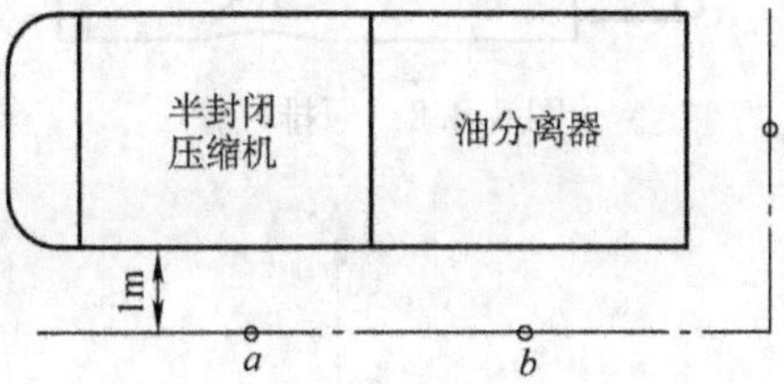

图8.4.6　压缩机测点布置简图

（2）测量结果及其分析　半封闭螺杆压缩机转子由一对螺旋齿轮组成。与一般齿轮传动不同的是，两个转子工作时通过齿轮旋转啮合压缩推动气体，因此，齿形精度和表面粗糙度对齿面啮合噪声和排气噪声的影响较大。将原来的铣削精加工转子工艺用磨削精加工代替，可以提高转子精度和降低表面粗糙度，从而使啮合噪声和气流噪声得到一定程度的降低，转子运转也更加平顺。通过测试，铣削转子和磨削转子压缩机组*a*点位置1/3倍频程噪声谱对比如图8.4.7所示。

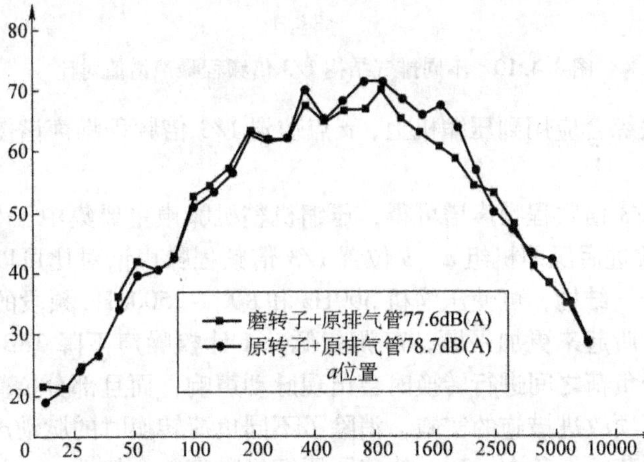

图8.4.7　不同转子1/3倍频程噪声谱值对比

从图中可以看出，采用磨削加工转子可以降低 800Hz 以上的中高频气流噪声，尤其对 2500 ~ 5000Hz 的高频气流噪声效果较明显。

原排气管和带有消声功能的排气管结构如图 8.4.8、图 8.4.9 所示，箭头方向代表出流方向。压缩机排出的油气混合物进入原排气管左端入口，从右端 4 个大孔出口和挡板间窄缝排出。理论上讲，采用不同开孔方式的排气管，引发的排气噪声大小也不尽相同，测试得到的两种不同结构形式排气管 *a* 点位置 1/3 倍频程噪声频谱如图 8.4.10 所示。从图中可以对比看出，采用消声结构的排气管可以降低 500Hz 和 800 ~ 2000Hz 中高频排气噪声。

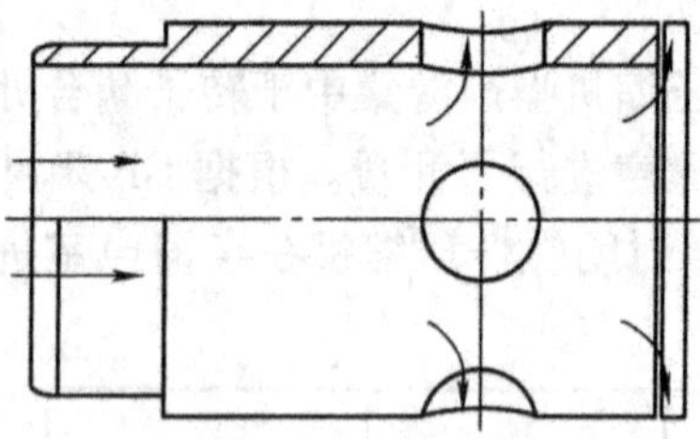

图 8.4.8　原排气管

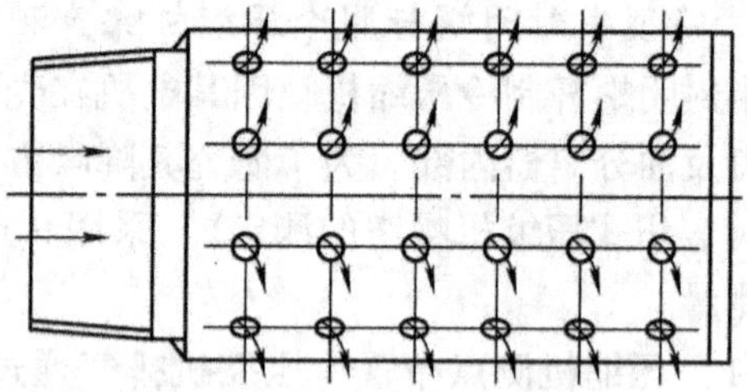

图 8.4.9　消声功能排气管结构

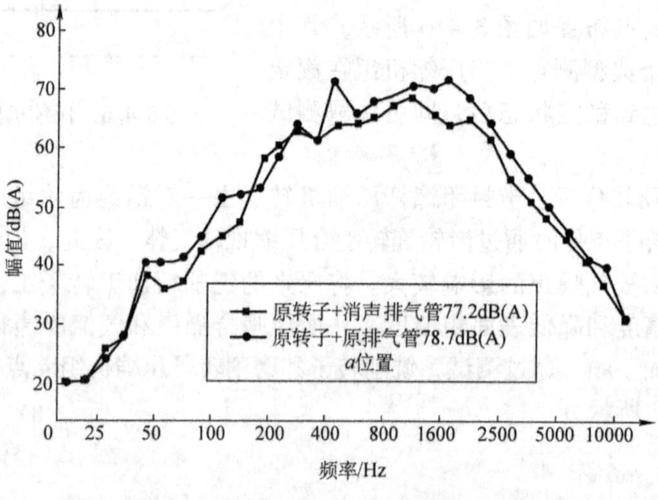

图 8.4.10　不同排气结构 1/3 倍频程噪声谱值对比

将以上两种方法综合应用到压缩机上，*a* 点位置 1/3 倍频程噪声谱图与原来的对比如图 8.4.11 所示。

从原压缩机组 1/3 倍频程噪声谱可得，压缩机整机噪声主要集中于 500 ~ 5000Hz。从图 8.4.10 中改进前与改进后压缩机组 *a*、*b* 位置 1/3 倍频程噪声谱对比可以看出，同时提高转子表面精度、改进排气结构，可使压缩机 500Hz 和 800 ~ 25000Hz 频段的噪声得到降低，整机噪声分布更均匀，听起来更加平顺，声调变低，A 计权噪声下降 3dB（A）。另外，原压缩机在满负荷与部分负荷之间进行转换时会出现脉动声响，而且部分负荷状态的噪声要高于满负荷状态。上述两项改进措施的实施，消除了不同负荷转换时的脉动声响，并使得部分负荷状态的噪声与满负荷状态基本一致，改善了压缩机噪声综合特性。

2. 某冷凝塔落水噪声测量

立式大型冷凝塔是制药、冷库、化工和机电等行业进行空调、制冷和干燥工艺中的必备

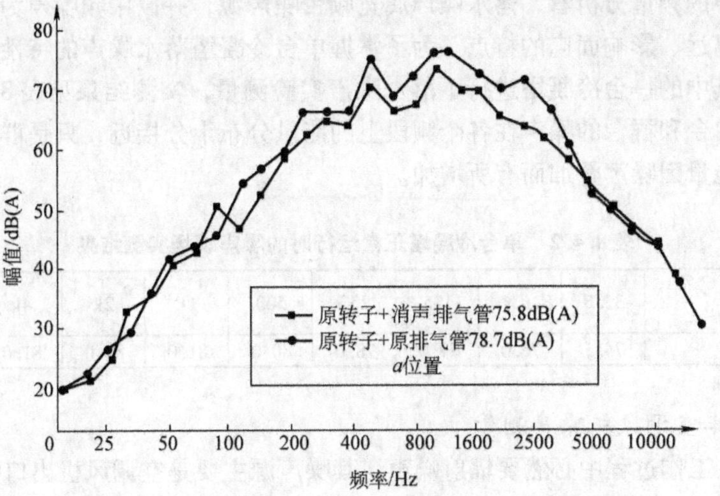

图 8.4.11　改进前后压缩机 1/3 倍频程噪声谱值对比

设备之一。由于这些冷凝塔（实用中多为塔群）多安装于室外，利用水柱落差与空气进行自然热交换降低水温。冷凝塔水柱落入集水池时溅落激发的噪声一般可达 90dB（A）左右的声级，成为影响周围环境的污染源。

（1）测点选择　某公司的冷却水系统由 14 个冷凝塔组成了一个冷凝塔群，在降噪方案设计中为了解噪声的物理特性，特选择了 3 个测点进行了噪声测试，测点分布如图 8.4.12 所示。

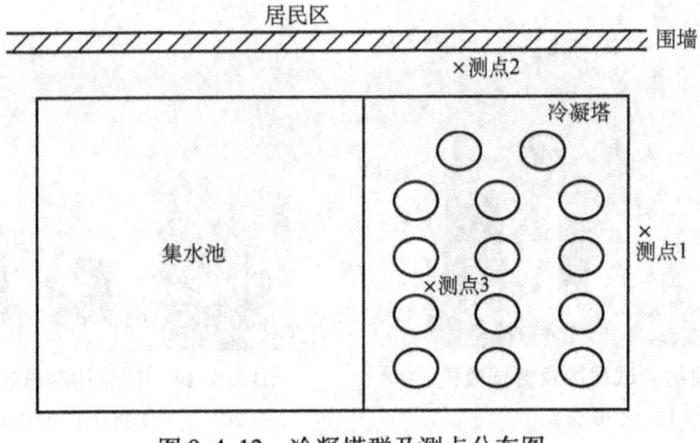

图 8.4.12　冷凝塔群及测点分布图

（2）测量结果及分析　使用，AWA6720 噪声频谱分析仪在冷凝塔群正常运行时，现场噪声实测结果见表 8.4.1。

表 8.4.1　冷凝塔群正常运行时的噪声现场实测结果　（单位：dB）

测点 \ 频率	31.5	63	125	250	500	1k	2k	4k	8k	A
1	78.5	79.0	79.0	81.5	85.0	84.0	82.0	81.5	80.0	89.5
2	76.0	78.0	83.0	82.5	80.5	77.0	74.0	73.0	70.0	83.0
3	78.0	78.0	78.5	81.0	83.0	81.0	76.5	73.0	69.0	84.5

从实测噪声的频谱分析看，落水噪声属宽频带噪声源，并以中频噪声为主，因而落水噪声具有传播距离远、影响面广的特点。为了掌握单台冷凝塔落水噪声的特性，在关闭其余冷凝塔后，仅对其中的一台冷凝塔进行了落水噪声实验测量，实测结果见表 8.4.2。由该表数据可以看出，单台和群台的噪声在各个频段上的能量分布十分接近，只是群台运行时在各个频段上的噪声能量因噪声叠加而有所增加。

表 8.4.2　单台冷凝塔正常运行时的噪声现场实测结果　（单位：dB）

频率 测点	31.5	63	125	250	500	1k	2k	4k	8k	A
1	74.5	76.0	77.0	78.0	80.0	81.0	80.0	81.0	80.5	87.0

3. 某型列车空调风机噪声测量

列车空调在工作过程中必然要辐射噪声，其噪声源主要是空调风机出口噪声，为了验收某型列车空调是否达标，采用声强法测量空调出风口声功率。

（1）测量方法及仪器设备　测试系统主要包括硬件系统和软件系统，其中硬件系统包括声强测量的传感器和数据采集设备。声强测量的传感器采用两个 1/2in 传声器作为声强探头，型号为德国 GefellSIS91 的 MK290，传声器中心距离 Δr 采用 12mm，信号通过 MKII 便携数据采集前端，最后在 PC 上利用专用软件进行分析和计算。

（2）测试条件　试验用列车空调风机系统，其电动机转速 $n = 1545\text{r/min}$，功率 $= 0.75\text{kW}$。测量试验在车间现场进行，包络面为 900mm × 720mm × 510mm。图 8.4.13 和图 8.4.14 分别是测试风机出风口加吸声棉和进风口加挡板的试验测试现场。

图 8.4.13　试验用测试现场及测试风机（出风口加吸声棉）

图 8.4.14　试验用测试现场及测试风机（进风口加挡板）

在测量前，对两个传声器测量通道的相位和增益进行了校正，以便保证测量误差小于 1dB。利用扫描法进行测量，列车空调用风机系统的噪声特性用其测量面的声功率来描述，表 8.4.3 ~ 表 8.4.6 分别是不采取任何措施、风机出风口加吸声棉、地面加吸声棉和进风口加挡板等措施的情况下测得的 1/3 倍频程数值和相应的总声功率值。

表 8.4.3　测量数值（测试风机口未采取任何措施）

频率	80	100	125	160	200	250	315	400	500	630	800	1000	1250	1600	2000	2500	3150	4000	5000	6300	总的 L_p
测量数值	57.9	59.5	58.5	64.5	63	63.3	66.6	69.8	69.2	70.7	72.6	77.7	71.7	69.9	69.5	69.1	67.7	67.7	66.3	63	82.2dB（A）

表 8.4.4 测量数值（测试风机出风口加吸声棉）

频率	80	100	125	160	200	250	315	400	500	630	800	1000	1250	1600	2000	2500	3150	4000	5000	6300	总的 L_p
测量数值	57.8	57.8	62.5	63	63.3	63.4	65.6	67.5	70	68.1	69.8	71.3	75.8	69.5	67.4	67.2	66.3	65.2	64.4	60.9	81dB（A）

表 8.4.5 测量数值（测试风机出风口加吸声棉和地面加吸声棉）

频率	80	100	125	160	200	250	315	400	500	630	800	1000	1250	1600	2000	2500	3150	4000	5000	6300	总的 L_p
测量数值	-61.1	-55.8	56.3	64.2	64.1	65	66.4	69.1	69.6	68.2	69.7	71.3	73.2	69.6	67.6	67.1	66.4	65.2	64.2	64.1	80.4dB（A）

表 8.4.6 测量数值（测试风机出风口加吸声棉和地面加吸声棉以及进风口加挡板）

频率	80	100	125	160	200	250	315	400	500	630	800	1000	1250	1600	2000	2500	3150	4000	5000	6300	总的 L_p
测量数值	-55.6	54.9	59.2	62.2	63.5	64	66.1	68.7	69.2	68	69.3	70.9	72.7	69	67	66.6	65.8	64.7	63.2	60.6	80dB（A）

（3）测量结果对比分析　为了进一步验证试验数据的正确性，改变测试包络面体积，将测试包络面中的宽度减少一半，其余不变，即测试包络面改为900mm×360mm×510mm。相应的测试结果见表8.4.7。

表 8.4.7 测量数值（测量条件同表8.4.6，但包络面为900mm×360mm×510mm）

频率	80	100	125	160	200	250	315	400	500	630	800	1000	1250	1600	2000	2500	3150	4000	5000	6300	总的 L_p
测量数值	-55.4	54.7	59.3	62.1	63.4	64.1	66.2	68.8	69.1	68.1	69.4	70.8	72.8	69	66	66.4	65.6	64.8	63.1	60.4	80dB（A）

由测量结果可知，在不采取任何措施、风机出风口加吸声棉、风机出风口加吸声棉及地面加吸声棉等情况下得到的声功率测量值分别是82.2dB（A）、81dB（A）、80.4dB（A）。在风机出风口加吸声棉及地面加吸声棉同时进风口加挡板条件下并改变测试包络面情况下，得到的声功率测量值均是80dB（A）。通过对比数据进行分析，可以得出最后测试结果即风机出风口加吸声棉及地面加吸声棉同时进风口加挡板条件下其出风口的测量接近实际真值。得到最终测试风机的声功率为80dB（A），满足验收标准。

由本次测量可进一步证明，只要包围被测声源的表面内没有其他声源或吸声体，声功率测试与测试包络面大小没有关系。通过进一步分析可以知道，在列车空调风机系统的噪声中，其机械噪声相对于气体动力噪声和电动机噪声来说相对较小。在混合噪声中，机械噪声可以忽略不计。

附 录

附录一 中华人民共和国环境噪声污染防治法

（1996 年 10 月 29 日第八届全国人民代表大会常务委员会第二十二次会议通过）

第一章 总 则

第一条 为防治环境噪声污染，保护和改善生活环境，保障人体健康，促进经济和社会发展，制定本法。

第二条 本法所称环境噪声，是指在工业生产、建筑施工、交通运输和社会生活中所产生的干扰周围生活环境的声音。本法所称环境噪声污染，是指所产生的环境噪声超过国家规定的环境噪声排放标准，并干扰他人正常生活、工作和学习的现象。

第三条 本法适用于中华人民共和国领域内环境噪声污染的防治。因从事本职生产、经营工作受到噪声危害的防治，不适用本法。

第四条 国务院和地方各级人民政府应当将环境噪声污染防治工作纳入环境保护规划，并采取有利于声环境保护的经济、技术政策和措施。

第五条 地方各级人民政府在制定城乡建设规划时，应当充分考虑建设项目和区域开发、改造所产生的噪声对周围生活环境的影响，统筹规划，合理安排功能区和建设布局，防止或者减轻环境噪声污染。

第六条 国务院环境保护行政主管部门对全国环境噪声污染防治实施统一监督管理。县级以上地方人民政府环境保护行政主管部门对本行政区域内的环境噪声污染防治实施统一监督管理。各级公安、交通、铁路、民航等主管部门和港务监督机构，根据各自的职责，对交通运输和社会生活噪声污染防治实施监督管理。

第七条 任何单位和个人都有保护声环境的义务，并有权对造成环境噪声污染的单位和个人进行检举和控告。

第八条 国家鼓励、支持环境噪声污染防治的科学研究、技术开发，推广先进的防治技术和普及防治环境噪声污染的科学知识。

第九条 对在环境噪声污染防治方面成绩显著的单位和个人，由人民政府给予奖励。

第二章 环境噪声污染防治的监督管理

第十条 国务院环境保护行政主管部门分别为不同的功能区制定国家声环境质量标准。县级以上地方人民政府根据国家声环境质量标准，划定本行政区域内各类声环境质量标准的适用区域，并进行管理。

第十一条 国务院环境保护行政主管部门根据国家声环境质量标准和国家经济、技术条件，制定国家环境噪声排放标准。

第十二条　城市规划部门在确定建设布局时，应当依据国家声环境质量标准和民用建筑隔声设计规范，合理划定建筑物与交通干线的防噪声距离，并提出相应的规划设计要求。

第十三条　新建、改建、扩建的建设项目，必须遵守国家有关建设项目环境保护管理的规定。建设项目可能产生环境噪声污染的，建设单位必须提出环境影响报告书，规定环境噪声污染的防治措施，并按照国家规定的程序报环境保护行政主管部门批准。环境影响报告书中，应当有该建设项目所在地单位和居民的意见。

第十四条　建设项目的环境噪声污染防治设施必须与主体工程同时设计、同时施工、同时投产使用。建设项目在投入生产或者使用之前，其环境噪声污染防治设施必须经原审批环境影响报告书的环境保护行政主管部门验收；达不到国家规定要求的，该建设项目不得投入生产或者使用。

第十五条　产生环境噪声污染的企业事业单位，必须保持防治环境噪声污染的设施的正常使用；拆除或者闲置环境噪声污染防治设施的，必须事先报经所在地的县级以上地方人民政府环境保护行政主管部门批准。

第十六条　产生环境噪声污染的单位，应当采取措施进行治理，并按照国家规定缴纳超标准排污费。征收的超标准排污费必须用于污染的防治，不得挪作他用。

第十七条　对于在噪声敏感建筑物集中区域内造成严重环境噪声污染的企业事业单位，限期治理。被限期治理的单位必须按期完成治理任务。限期治理由县级以上人民政府按照国务院规定的权限决定。对小型企业事业单位的限期治理，可以由县级以上人民政府在国务院规定的权限内授权其环境保护行政主管部门决定。

第十八条　国家对环境噪声污染严重的落后设备实行淘汰制度。国务院经济综合主管部门应当会同国务院有关部门公布限期禁止生产、禁止销售、禁止进口的环境噪声污染严重的设备名录。生产者、销售者或者进口者必须在国务院经济综合主管部门会同国务院有关部门规定的期限内分别停止生产、销售或者进口列入前款规定的名录中的设备。

第十九条　在城市范围内从事生产活动确需排放偶发性强烈噪声的，必须事先向当地公安机关提出申请，经批准后方可进行。当地公安机关应当向社会公告。

第二十条　国务院环境保护行政主管部门应当建立环境噪声监测制度，制定监测规范，并会同有关部门组织监测网络。环境噪声监测机构应当按照国务院环境保护行政主管部门的规定报送环境噪声监测结果。

第二十一条　县级以上人民政府环境保护行政主管部门和其他环境噪声污染防治工作的监督管理部门、机构，有权依据各自的职责对管辖范围内排放环境噪声的单位进行现场检查。被检查的单位必须如实反映情况，并提供必要的资料。检查部门、机构应当为被检查的单位保守技术秘密和业务秘密。检查人员进行现场检查，应当出示证件。

第三章　工业噪声污染防治

第二十二条　本法所称工业噪声，是指在工业生产活动中使用固定的设备时产生的干扰周围生活环境的声音。

第二十三条　在城市范围内向周围生活环境排放工业噪声的，应当符合国家规定的工业企业厂界环境噪声排放标准。

第二十四条　在工业生产中因使用固定的设备造成环境噪声污染的工业企业，必须按照国务院环境保护行政主管部门的规定，向所在地的县级以上地方人民政府环境保护行政主管部门申报拥有的造成环境噪声污染的设备的种类、数量以及在正常作业条件下所发出的噪声值和防治环境噪声污染的设施情况，并提供防治噪声污染的技术资料。造成环境噪声污染的设备的种类、数量、噪声值和防治设施有重大改变的，必须及时申报，并采取应有的防治措施。

第二十五条　产生环境噪声污染的工业企业，应当采取有效措施，减轻噪声对周围生活环境的影响。

第二十六条　国务院有关主管部门对可能产生环境噪声污染的工业设备，应当根据声环境保护的要求和国家的经济、技术条件，逐步在依法制定的产品的国家标准、行业标准中规定噪声限值。前款规定的工业设备运行时发出的噪声值，应当在有关技术文件中予以注明。

第四章　建筑施工噪声污染防治

第二十七条　本法所称建筑施工噪声，是指在建筑施工过程中产生的干扰周围生活环境的声音。

第二十八条　在城市市区范围内向周围生活环境排放建筑施工噪声的，应当符合国家规定的建筑施工场界环境噪声排放标准。

第二十九条　在城市市区范围内，建筑施工过程中使用机械设备，可能产生环境噪声污染的，施工单位必须在工程开工十五日以前向工程所在地县级以上地方人民政府环境保护行政主管部门申报该工程的项目名称、施工场所和期限、可能产生的环境噪声值以及所采取的环境噪声污染防治措施的情况。

第三十条　在城市市区噪声敏感建筑物集中区域内，禁止夜间进行产生环境噪声污染的建筑施工作业，但抢修、抢险作业和因生产工艺上要求或者特殊需要必须连续作业的除外。因特殊需要必须连续作业的，必须有县级以上人民政府或者其有关主管部门的证明。前款规定的夜间作业，必须公告附近居民。

第五章　交通运输噪声污染防治

第三十一条　本法所称交通运输噪声，是指机动车辆、铁路机车、机动船舶、航空器等交通运输工具在运行时所产生的干扰周围生活环境的声音。

第三十二条　禁止制造、销售或者进口超过规定的噪声限值的汽车。

第三十三条　在城市市区范围内行使的机动车辆的消声器和喇叭必须符合国家规定的要求。机动车辆必须加强维修和保养，保持技术性能良好，防治环境噪声污染。

第三十四条　机动车辆在城市市区范围内行驶，机动船舶在城市市区的内河航道航行，铁路机车驶经或者进入城市市区、疗养区时，必须按照规定使用声响装置。警车、消防车、工程抢险车、救护车等机动车辆安装、使用警报器，必须符合国务院公安部门的规定；在执行非紧急任务时，禁止使用警报器。

第三十五条　城市人民政府公安机关可以根据本地城市市区区域声环境保护的需要，划定禁止机动车辆行驶和禁止其使用声响装置的路段和时间，并向社会公告。

第三十六条　建设经过已有的噪声敏感建筑物集中区域的高速公路和城市高架、轻轨道路，有可能造成环境噪声污染的，应当设置声屏障或者采取其他有效的控制环境噪声污染的措施。

第三十七条　在已有的城市交通干线的两侧建设噪声敏感建筑物的，建设单位应当按照国家规定间隔一定距离，并采取减轻、避免交通噪声影响的措施。

第三十八条　在车站、铁路编组站、港口、码头、航空港等地指挥作业时使用广播喇叭的，应当控制音量，减轻噪声对周围生活环境的影响。

第三十九条　穿越城市居民区、文教区的铁路，因铁路机车运行造成环境噪声污染的，当地城市人民政府应当组织铁路部门和其他有关部门，制定减轻环境噪声污染的规划。铁路部门和其他有关部门应当按照规划的要求，采取有效措施，减轻环境噪声污染。

第四十条　除起飞、降落或者依法规定的情形以外，民用航空器不得飞越城市市区上空。城市人民政府应当在航空器起飞、降落的净空周围划定限制建设噪声敏感建筑物的区域；在该区域内建设噪声敏感建筑物的，建设单位应当采取减轻、避免航空器运行时产生的噪声影响的措施。民航部门应当采取有效措施，减轻环境噪声污染。

第六章　社会生活噪声污染防治

第四十一条　本法所称社会生活噪声，是指人为活动所产生的除工业噪声、建筑施工噪声和交通运输噪声之外的干扰周围生活环境的声音。

第四十二条　在城市市区噪声敏感建筑物集中区域内，因商业经营活动中使用固定设备造成环境噪声污染的商业企业，必须按照国务院环境保护行政主管部门的规定，向所在地的县级以上地方人民政府环境保护行政主管部门申报拥有的造成环境噪声污染的设备的状况和防治环境噪声污染的设施的情况。

第四十三条　新建营业性文化娱乐场所的边界噪声必须符合国家规定的环境噪声排放标准；不符合国家规定的环境噪声排放标准的，文化行政主管部门不得核发文化经营许可证，工商行政管理部门不得核发营业执照。经营中的文化娱乐场所，其经营管理者必须采取有效措施，使其边界噪声不超过国家规定的环境噪声排放标准。

第四十四条　禁止在商业经营活动中使用高音广播喇叭或者采用其他发出高噪声的方法招揽顾客。在商业经营活动中使用空调器、冷却塔等可能产生环境噪声污染的设备、设施的，其经营管理者应当采取措施，使其边界噪声不超过国家规定的环境噪声排放标准。

第四十五条　禁止任何单位、个人在城市市区噪声敏感建设物集中区域内使用高音广播喇叭。在城市市区街道、广场、公园等公共场所组织娱乐、集会等活动，使用音响器材可能产生干扰周围生活环境的过大音量的，必须遵守当地公安机关的规定。

第四十六条　使用家用电器、乐器或者进行其他家庭室内娱乐活动时，应当控制音量或者采取其他有效措施，避免对周围居民造成环境噪声污染。

第四十七条　在已竣工交付使用的住宅楼进行室内装修活动，应当限制作业时间，并采取其他有效措施，以减轻、避免对周围居民造成环境噪声污染。

第七章　法律责任

第四十八条　违反本法第十四条的规定，建设项目中需要配套建设的环境噪声污染防治设施没有建成或者没有达到国家规定的要求，擅自投入生产或者使用的，由批准该建设项目的环境影响报告书的环境保护行政主管部门责令停止生产或者使用，可以并处罚款。

第四十九条　违反本法规定，拒报或者谎报规定的环境噪声排放申报事项的，县级以上地方人民政府环境保护行政主管部门可以根据不同情节，给予警告或者处以罚款。

第五十条　违反本法第十五条的规定，未经环境保护行政主管部门批准，擅自拆除或者闲置环境噪声污染防治设施，致使环境噪声排放超过规定标准的，由县级以上地方人民政府环境保护行政主管部门责令改正，并处罚款。

第五十一条　违反本法第十六条的规定，不按照国家规定缴纳超标准排污费的，县级以上地方人民政府环境保护行政主管部门可以根据不同情节，给予警告或者处以罚款。

第五十二条　违反本法第十七条的规定，对经限期治理逾期未完成治理任务的企业事业单位，除依照国家规定加收超标准排污费外，可以根据所造成的危害后果处以罚款，或者责令停业、搬迁、关闭。前款规定的罚款由环境保护行政主管部门决定。责令停业、搬迁、关闭由县级以上人民政府按照国务院规定的权限决定。

第五十三条　违反本法第十八条的规定，生产、销售、进口禁止生产、销售、进口的设备的，由县级以上人民政府经济综合主管部门责令改正；情节严重的，由县级以上人民政府经济综合主管部门提出意见，报请同级人民政府按照国务院规定的权限责令停业、关闭。

第五十四条　违反本法第十九条的规定，未经当地公安机关批准，进行产生偶发性强烈噪声活动的，由公安机关根据不同情节给予警告或者处以罚款。

第五十五条　排放环境噪声的单位违反本法第二十一条的规定，拒绝环境保护行政主管部门或者其他依照本法规定行使环境噪声监督管理权的部门、机构现场检查或者在被检查时弄虚作假的，环境保护行政主管部门或者其他依照本法规定行使环境噪声监督管理权的监督管理部门、机构可以根据不同情节，给予警告或者处以罚款。

第五十六条　建筑施工单位违反本法第三十条第一款的规定，在城市市区噪声敏感建筑的集中区域内，夜间进行禁止进行的产生环境噪声污染的建筑施工作业的，由工程所在地县级以上地方人民政府环境保护行政主管部门责令改正，可以并处罚款。

第五十七条　违反本法第三十四条的规定，机动车辆不按照规定使用声响装置的，由当地公安机关根据不同情节给予警告或者处以罚款。机动船舶有前款违法行为的，由港务监督机构根据不同情节给予警告或者处以罚款。铁路机车有第一款违法行为的，由铁路主管部门对有关责任人员给予行政处分。

第五十八条　违反本法规定，有下列行为之一的，由公安机关给予警告，可以并处罚款：（一）在城市市区噪声敏感建筑物集中区域内使用高音广播喇叭；（二）违反当地公安机关的规定，在城市市区街道、广场、公园等公共场所组织娱乐、集会等活动，使用音响器材，产生干扰周围生活环境的过大音量的；（三）未按本法第四十六条和第四十七条规定采取措施，从家庭室内发出严重干扰周围居民生活的环境噪声的。

第五十九条　违反本法第四十三条第二款、第四十四条第二款的规定，造成环境噪声污染的，由县级以上地方人民政府环境保护行政主管部门责令改正，可以并处罚款。

第六十条　违反本法第四十四条第一款的规定，造成环境噪声污染的，由公安机关责令改正，可以并处罚款。省级以上人民政府依法决定由县级以上地方人民政府环境保护行政主管部门行使前款规定的行政处罚权的，从其决定。

第六十一条　受到环境噪声污染危害的单位和个人，有权要求加害人排除危害；造成损失的，依法赔偿损失。赔偿责任和赔偿金额的纠纷，可以根据当事人的请求，由环境保护行政主管部门或者其他环境噪声污染防治工作的监督管理部门、机构调解处理；调解不成的，当事人可以向人民法院起诉。当事人也可以直接向人民法院起诉。

第六十二条　环境噪声污染防治监督管理人员滥用职权、玩忽职守、徇私舞弊的，由其所在单位或者上级主管机关给予行政处分；构成犯罪的，依法追究刑事责任。

第八章　附　则

第六十三条　本法中下列用语的含义是：(一)“噪声排放”是指噪声源向周围生活环境辐射噪声。(二)“噪声敏感建筑物”是指医院、学校、机关、科研单位、住宅等需要保持安静的建筑物。(三)“噪声敏感建筑物集中区域”是指医疗区、文教科研区和以机关或者居民住宅为主的区域。(四)“夜间”是指晚二十二点至晨六点之间的期间。(五)“机动车辆”是指汽车和摩托车。

第六十四条　本法自1997年3月1日起施行。1989年9月26日国务院发布的《中华人民共和国环境噪声污染防治条例》同时废止。

附录二 重要的噪声限值标准

一、GB 3096—2008 声环境质量标准

为贯彻《中华人民共和国环境噪声污染防治法》，防治噪声污染，保障城乡居民正常生活、工作和学习的声环境质量，制定本标准。

本标准是对 GB 3096—1993《城市区域环境噪声标准》和 GB/T 14623—1993《城市区域环境噪声测量方法》的修订，与原标准相比主要修改内容如下：

——扩大了标准适用区域，将乡村地区纳入标准适用范围；

——将环境质量标准与测量方法标准合并为一项标准；

——明确了交通干线的定义，对交通干线两侧 4 类区环境噪声限值作了调整；

——提出了声环境功能区监测和噪声敏感建筑物监测的要求。

本标准于 1982 年首次发布，1993 年第一次修订，本次为第二次修订。

本标准自实施之日起，GB 3096—1993 和 GB/T 14623—1993 废止。

本标准的附录 A 为资料性附录；附录 B、附录 C 为规范性附录。

本标准由环境保护部科技标准司组织制订。

本标准起草单位：中国环境科学研究院、北京市环境保护监测中心、广州市环境监测中心站。

本标准环境保护部 2008 年 7 月 30 日批准。

本标准自 2008 年 10 月 1 日起实施。

本标准由环境保护部解释。

1. 适用范围

本标准规定了五类声环境功能区的环境噪声限值及测量方法。

本标准适用于声环境质量评价与管理。

机场周围区域受飞机通过（起飞、降落、低空飞越）噪声的影响，不适用于本标准。

2. 规范性引用文件

本标准内容引用了下列文件或其中的条款。凡是不注日期的引用文件，其有效版本适用于本标准。

GB 3785	声级计电、声性能及测试方法
GB/T 15173	声校准器
GB/T 15190	城市区域环境噪声适用区划分技术规范
GB/T 17181	积分平均声级计
GB/T 50280	城市规划基本术语标准
JTG B01	公路工程技术标准

3. 术语和定义

下列术语和定义适用于本标准。

3.1 A 声级 A – weighted sound pressure level

用 A 计权网络测得的声压级，用 L_A 表示，单位 dB（A）。

3.2 等效声级 equivalent continuous A - weighted sound pressure level

等效连续 A 声级的简称，指在规定测量时间 T 内 A 声级的能量平均值，用 $L_{Aeq,T}$ 表示（简写为 L_{eq}），单位 dB（A）。除特别指明外，本标准中噪声限值皆为等效声级。

根据定义，等效声级表示为

$$L_{eq} = 10\lg\left(\frac{1}{T}\int_0^T 10^{0.1L_A}\mathrm{d}t\right)$$

式中 L_A ——t 时刻的瞬时 A 声级；

T——规定的测量时间段。

3.3 昼间等效声级 day - time equivalent sound level、夜间等效声级 night - time equivalent sound level

在昼间时段内测得的等效连续 A 声级称为昼间等效声级，用 L_d 表示，单位 dB（A）。

在夜间时段内测得的等效连续 A 声级称为夜间等效声级，用 L_n 表示，单位 dB（A）。

3.4 昼间 day - time、夜间 night - time

根据《中华人民共和国环境噪声污染防治法》，“昼间”是指 6：00 至 22：00 之间的时段；“夜间”是指 22：00 至次日 6：00 之间的时段。

县级以上人民政府为环境噪声污染防治的需要（如考虑时差、作息习惯差异等）而对昼间、夜间的划分另有规定的，应按其规定执行。

3.5 最大声级 maximum sound level

在规定的测量时间段内或对某一独立噪声事件，测得的 A 声级最大值，用 L_{max} 表示，单位 dB（A）。

3.6 累积百分声级 percentile sound level

用于评价测量时间段内噪声强度时间统计分布特征的指标，指占测量时间段一定比例的累积时间内 A 声级的最小值，用 L_N 表示，单位为 dB（A）。最常用的是 L_{10}、L_{50} 和 L_{90}，其含义如下：

L_{10} ——在测量时间内有 10% 的时间 A 声级超过的值，相当于噪声的平均峰值；

L_{50} ——在测量时间内有 50% 的时间 A 声级超过的值，相当于噪声的平均中值；

L_{90} ——在测量时间内有 90% 的时间 A 声级超过的值，相当于噪声的平均本底值。

如果数据采集是按等间隔时间进行的，则 L_N 也表示有 N% 的数据超过的噪声级。

3.7 城市 city、城市规划区 urban planning area

城市是指国家按行政建制设立的直辖市、市和镇。

由城市市区、近郊区以及城市行政区域内其他因城市建设和发展需要实行规划控制的区域，为城市规划区。

3.8 乡村 rural area

乡村是指除城市规划区以外的其他地区，如村庄、集镇等。

村庄是指农村村民居住和从事各种生产的聚居点。

集镇是指乡、民族乡人民政府所在地和经县级人民政府确认由集市发展而成的作为农村一定区域经济、文化和生活服务中心的非建制镇。

3.9 交通干线 traffic artery

指铁路（铁路专用线除外）、高速公路、一级公路、二级公路、城市快速路、城市主干路、城市次干路、城市轨道交通线路（地面段）、内河航道。应根据铁路、交通、城市等规划确定。以上交通干线类型的定义参见本标准的附录A。

3.10 噪声敏感建筑物 noise - sensitive buildings

指医院、学校、机关、科研单位、住宅等需要保持安静的建筑物。

3.11 突发噪声 burst noise

指突然发生，持续时间较短，强度较高的噪声。如锅炉排气、工程爆破等产生的较高噪声。

4. 声环境功能区分类

按区域的使用功能特点和环境质量要求，声环境功能区分为以下五种类型：

0类声环境功能区：指康复疗养区等特别需要安静的区域。

1类声环境功能区：指以居民住宅、医疗卫生、文化教育、科研设计、行政办公为主要功能，需要保持安静的区域。

2类声环境功能区：指以商业金融、集市贸易为主要功能，或者居住、商业、工业混杂，需要维护住宅安静的区域。

3类声环境功能区：指以工业生产、仓储物流为主要功能，需要防止工业噪声对周围环境产生严重影响的区域。

4类声环境功能区：指交通干线两侧一定距离之内，需要防止交通噪声对周围环境产生严重影响的区域，包括4a类和4b类两种类型。4a类为高速公路、一级公路、二级公路、城市快速路、城市主干路、城市次干路、城市轨道交通（地面段）、内河航道两侧区域；4b类为铁路干线两侧区域。

5. 环境噪声限值

5.1 各类声环境功能区适用表1规定的环境噪声等效声级限值。

表1 环境噪声等效声级限值

单位：dB（A）

声环境功能区类别 \ 时段		昼间	夜间
0类		50	40
1类		55	45
2类		60	50
3类		65	55
4类	4a类	70	55
	4b类	70	60

5.2 表1中4b类声环境功能区环境噪声限值，适用于2011年1月1日起环境影响评价文件通过审批的新建铁路（含新开廊道的增建铁路）干线建设项目两侧区域。

5.3 在下列情况下，铁路干线两侧区域不通过列车时的环境背景噪声限值，按昼间70dB（A）、夜间55dB（A）执行：

a）穿越城区的既有铁路干线；

b）对穿越城区的既有铁路干线进行改建、扩建的铁路建设项目。

既有铁路是指2010年12月31日前已建成运营的铁路或环境影响评价文件已通过审批的铁路建设项目。

5.4 各类声环境功能区夜间突发噪声，其最大声级超过环境噪声限值的幅度不得高于15dB（A）。

6. 环境噪声监测要求

6.1 测量仪器

测量仪器精度为2型及2型以上的积分平均声级计或环境噪声自动监测仪器，其性能需符合GB 3785和GB/T 17181的规定，并定期校验。测量前后使用声校准器校准测量仪器的示值偏差不得大于0.5 dB，否则测量无效。声校准器应满足GB/T 15173对1级或2级声校准器的要求。测量时传声器应加防风罩。

6.2 测点选择

根据监测对象和目的，可选择以下三种测点条件（指传声器所置位置）进行环境噪声的测量：

a）一般户外

距离任何反射物（地面除外）至少3.5m外测量，距地面高度1.2m以上。必要时可置于高层建筑上，以扩大监测受声范围。使用监测车辆测量，传声器应固定在车顶部1.2m高度处。

b）噪声敏感建筑物户外

在噪声敏感建筑物外，距墙壁或窗户1m处，距地面高度1.2m以上。

c）噪声敏感建筑物室内

距离墙面和其他反射面至少1m，距窗约1.5m处，距地面1.2m～1.5m高。

6.3 气象条件

测量应在无雨雪、无雷电天气，风速5m/s以下时进行。

6.4 监测类型与方法

根据监测对象和目的，环境噪声监测分为声环境功能区监测和噪声敏感建筑物监测两种类型，分别采用附录B和附录C规定的监测方法。

6.5 测量记录

测量记录应包括以下事项：

a）日期、时间、地点及测定人员；

b）使用仪器型号、编号及其校准记录；

c）测定时间内的气象条件（风向、风速、雨雪等天气状况）；

d）测量项目及测定结果；

e）测量依据的标准；

f）测点示意图；

g）声源及运行工况说明（如交通噪声测量的交通流量等）；

h）其他应记录的事项。

7. 声环境功能区的划分要求

7.1 城市声环境功能区的划分

城市区域应按照 GB/T 15190 的规定划分声环境功能区，分别执行本标准规定的 0、1、2、3、4 类声环境功能区环境噪声限值。

7.2 乡村声环境功能的确定

乡村区域一般不划分声环境功能区，根据环境管理的需要，县级以上人民政府环境保护行政主管部门可按以下要求确定乡村区域适用的声环境质量要求：

a）位于乡村的康复疗养区执行 0 类声环境功能区要求；

b）村庄原则上执行 1 类声环境功能区要求，工业活动较多的村庄以及有交通干线经过的村庄（指执行 4 类声环境功能区要求以外的地区）可局部或全部执行 2 类声环境功能区要求；

c）集镇执行 2 类声环境功能区要求；

d）独立于村庄、集镇之外的工业、仓储集中区执行 3 类声环境功能区要求；

e）位于交通干线两侧一定距离（参考 GB/T 15190 第 8.3 条规定）内的噪声敏感建筑物执行 4 类声环境功能区要求。

8. 标准的实施要求

本标准由县级以上人民政府环境保护行政主管部门负责组织实施。

为实施本标准，各地应建立环境噪声监测网络与制度、评价声环境质量状况、进行信息通报与公示、确定达标区和不达标区、制订达标区维持计划与不达标区噪声削减计划，因地制宜改善声环境质量。

（一）本标准的附录 A（资料性附录）　不同类型交通干线的定义

A.1 铁路

以动力集中方式或动力分散方式牵引，行驶于固定钢轨线路上的客货运输系统。

A.2 高速公路

根据 JTG B01，定义如下：

专供汽车分向、分车道行驶，并应全部控制出入的多车道公路，其中：

四车道高速公路应能适应将各种汽车折合成小客车的年平均日交通量 25000～55000 辆；

六车道高速公路应能适应将各种汽车折合成小客车的年平均日交通量 45000～80000 辆；

八车道高速公路应能适应将各种汽车折合成小客车的年平均日交通量 60000～100000 辆。

A.3 一级公路

根据 JTG B01，定义如下：

供汽车分向、分车道行驶，并可根据需要控制出入的多车道公路，其中：

四车道一级公路应能适应将各种汽车折合成小客车的年平均日交通量 15000～30000 辆；

六车道一级公路应能适应将各种汽车折合成小客车的年平均日交通量 25000～55000 辆。

A.4 二级公路

根据 JTG B01，定义如下：

供汽车行驶的双车道公路。

双车道二级公路应能适应将各种汽车折合成小客车的年平均日交通量 5000～15000 辆。

A.5　城市快速路

根据 GB/T 50280，定义如下：

城市道路中设有中央分隔带，具有四条以上机动车道，全部或部分采用立体交叉与控制出入，供汽车以较高速度行驶的道路，又称汽车专用道。

城市快速路一般在特大城市或大城市中设置，主要起联系城市内各主要地区、沟通对外联系的作用。

A.6　城市主干路

联系城市各主要地区（住宅区、工业区以及港口、机场和车站等客货运中心等），承担城市主要交通任务的交通干道，是城市道路网的骨架。主干路沿线两侧不宜修建过多的车辆和行人出入口。

A.7　城市次干路

城市各区域内部的主要道路，与城市主干路结合成道路网，起集散交通的作用兼有服务功能。

A.8　城市轨道交通

以电能为主要动力，采用钢轮-钢轨为导向的城市公共客运系统。按照运量及运行方式的不同，城市轨道交通分为地铁、轻轨以及有轨电车。

A.9　内河航道

船舶、排筏可以通航的内河水域及其港口。

（二）本标准的附录 B（规范性附录）　声环境功能区监测方法

B.1　监测目的

评价不同声环境功能区昼间、夜间的声环境质量，了解功能区环境噪声时空分布特征。

B.2　定点监测法

B.2.1　监测要求

选择能反映各类功能区声环境质量特征的监测点 1 至若干个，进行长期定点监测，每次测量的位置、高度应保持不变。

对于 0、1、2、3 类声环境功能区，该监测点应为户外长期稳定、距地面高度为声场空间垂直分布的可能最大值处，其位置应能避开反射面和附近的固定噪声源；4 类声环境功能区监测点设于 4 类区内第一排噪声敏感建筑物户外交通噪声空间垂直分布的可能最大值处。

声环境功能区监测每次至少进行一昼夜 24 小时的连续监测，得出每小时及昼间、夜间的等效声级 L_{eq}、L_d、L_n 和最大声级 L_{max}。用于噪声分析目的，可适当增加监测项目，如累积百分声级 L_{10}、L_{50}、L_{90} 等。监测应避开节假日和非正常工作日。

B.2.2　监测结果评价

各监测点位测量结果独立评价，以昼间等效声级 L_d 和夜间等效声级 L_n 作为评价各监测点位声环境质量是否达标的基本依据。

一个功能区设有多个测点的，应按点次分别统计昼间、夜间的达标率。

B.2.3　环境噪声自动监测系统

全国重点环保城市以及其他有条件的城市和地区宜设置环境噪声自动监测系统，进行不同声环境功能区监测点的连续自动监测。

环境噪声自动监测系统主要由自动监测子站和中心站及通信系统组成，其中自动监测子站由全天候户外传声器、智能噪声自动监测仪器、数据传输设备等构成。

B.3 普查监测法

B.3.1 0~3类声环境功能区普查监测

B.3.1.1 监测要求

将要普查监测的某一声环境功能区划分成多个等大的正方格，网格要完全覆盖住被普查的区域，且有效网格总数应多于100个。测点应设在每一个网格的中心，测点条件为一般户外条件。

监测分别在昼间工作时间和夜间22：00－24：00（时间不足可顺延）进行。在前述测量时间内，每次每个测点测量10min的等效声级L_{eq}，同时记录噪声主要来源。监测应避开节假日和非正常工作日。

B.3.1.2 监测结果评价

将全部网格中心测点测得的10min的等效声级L_{eq}作算术平均运算，所得到的平均值代表某一声环境功能区的总体环境噪声水平，并计算标准偏差。

根据每个网格中心的噪声值及对应的网格面积，统计不同噪声影响水平下的面积百分比，以及昼间、夜间的达标面积比例。有条件可估算受影响人口。

B.3.2 4类声环境功能区普查监测

B.3.2.1 监测要求

以自然路段、站场、河段等为基础，考虑交通运行特征和两侧噪声敏感建筑物分布情况，划分典型路段（包括河段）。在每个典型路段对应的4类区边界上（指4类区内无噪声敏感建筑物存在时）或第一排噪声敏感建筑物户外（指4类区内有噪声敏感建筑物存在时）选择1个测点进行噪声监测。这些测点应与站、场、码头、岔路口、河流汇入口等相隔一定的距离，避开这些地点的噪声干扰。监测分昼、夜两个时段进行。分别测量如下规定时间内的等效声级L_{eq}和交通流量，对铁路、城市轨道交通线路（地面段），应同时测量最大声级L_{max}，对道路交通噪声应同时测量累积百分声级L_{10}、L_{50}、L_{90}。

根据交通类型的差异，规定的测量时间为：

铁路、城市轨道交通（地面段）、内河航道两侧：昼、夜各测量不低于平均运行密度的1小时值，若城市轨道交通（地面段）的运行车次密集，测量时间可缩短至20min。

高速公路、一级公路、二级公路、城市快速路、城市主干路、城市次干路两侧：昼、夜各测量不低于平均运行密度的20min值。

监测应避开节假日和非正常工作日。

B.3.2.2 监测结果评价

将某条交通干线各典型路段测得的噪声值，按路段长度进行加权算术平均，以此得出某条交通干线两侧4类声环境功能区的环境噪声平均值。

也可对某一区域内的所有铁路、确定为交通干线的道路、城市轨道交通（地面段）、内河航道按前述方法进行长度加权统计，得出针对某一区域某一交通类型的环境噪声平均值。

根据每个典型路段的噪声值及对应的路段长度，统计不同噪声影响水平下的路段百分比，以及昼间、夜间的达标路段比例。有条件可估算受影响人口。

对某条交通干线或某一区域某一交通类型采取抽样测量的，应统计抽样路段比例。

（三）本标准的附录C（规范性附录） 噪声敏感建筑物监测方法

C. 1 监测目的

了解噪声敏感建筑物户外（或室内）的环境噪声水平，评价是否符合所处声环境功能区的环境质量要求。

C. 2 监测要求

监测点一般设于噪声敏感建筑物户外。不得不在噪声敏感建筑物室内监测时，应在门窗全打开状况下进行室内噪声测量，并采用较该噪声敏感建筑物所在声环境功能区对应环境噪声限值低 10dB（A）的值作为评价依据。

对敏感建筑物的环境噪声监测应在周围环境噪声源正常工作条件下测量，视噪声源的运行工况，分昼、夜两个时段连续进行。根据环境噪声源的特征，可优化测量时间：

a）受固定噪声源的噪声影响

稳态噪声测量 1min 的等效声级 L_{eq}；非稳态噪声测量整个正常工作时间（或代表性时段）的等效声级 L_{eq}。

b）受交通噪声源的噪声影响

对于铁路、城市轨道交通（地面段）、内河航道，昼、夜各测量不低于平均运行密度的 1 小时等效声级 L_{eq}，若城市轨道交通（地面段）的运行车次密集，测量时间可缩短至 20min。

对于道路交通，昼、夜各测量不低于平均运行密度的 20min 等效声级 L_{eq}。

c）受突发噪声的影响

以上监测对象夜间存在突发噪声的，应同时监测测量时段内的最大声级 L_{max}。

C. 3 监测结果评价

以昼间、夜间环境噪声源正常工作时段的 L_{eq} 和夜间突发噪声 L_{max} 作为评价噪声敏感建筑物户外（或室内）环境噪声水平，是否符合所处声环境功能区的环境质量要求的依据。

二、GB 12523—1990 建筑施工场界噪声限值标准

为贯彻《中华人民共和国环境保护法》和《中华人民共和国环境噪声污染防治条例》。控制城市环境噪声污染，特制定本标准。

1. 适用范围

本标准适用于城市建筑施工期间施工场地产生的噪声。

2. 标准值

2. 1 不同施工阶段作业噪声限值列于下表（等效声级 L_{Aeq} [dB（A）]）。

施工阶段	主要噪声源	噪声限值/dB（A）	
		昼 间	夜 间
土石方	推土机、挖掘机、装载机等	75	55
打 桩	各种打桩机等	85	禁止施工
结 构	混凝土搅拌机、振捣棒、电锯等	70	55
装 修	吊车、升降机等	65	55

2. 2 表中所列噪声值是指与敏感区域相应的建筑施工场地边界线处的限值。

2.3 如有几个施工阶段同时进行，以高噪声阶段的限值为准。

3. 监测方法

本标准的建筑施工场地边界线处的等效声级测量应按 GB 12524《建筑施工场界噪声测量方法》进行。

三、GB 12348—2008 工业企业厂界环境噪声排放标准

为贯彻《中华人民共和国环境保护法》和《中华人民共和国环境噪声污染防治法》，防治工业企业噪声污染，改善声环境质量，制定本标准。

本标准时对 GB 12348—1990《工业企业厂界噪声标准》和 GB 12349—1990《工业企业厂界噪声测量方法的第一次修订。与原标准比主要修订内容如下：

——将《工业企业厂界噪声标准》（GB 12348—1990）和《工业企业厂界噪声测量方法》（GB 12349—1990）合并为一个标准，名称改为《工业企业厂界环境噪声排放标准》；

——修改标准的适用范围、背景值修正表；

补充了 0 类噪声限值、测量条件、测点位置、测点布设和测量记录；

——增加胃部分术语和定义、室内噪声限值、背景噪声测量、测量结果和测量结果评价的内容。

本标准于 1990 年首次发布，本次为第一次修订。

本标准自实施之日起代替《工业企业厂界噪声标准》（GB 12348—1990）和《工业企业厂界噪声测量方法》（GB 12349—1990）。

本标准由环境保护部标准司组织制定。

本标准起草单位：中国环境检测总站、天津市环境检测中心、福建省环境监测中心站。

本标准环境保护部 2008 年 7 月 17 日批准。

本标准自 2008 年 10 月 1 日起实施。

本标准由环境保护部解释。

1. 适用范围

本标准规定工业企业和固定设备厂界环境噪声排放限值及测量方法。

本标准适用于工业企业噪声排放的管理、评价及控制。机关、事业单位、团体等对外环境排放噪声的单位也按本标准执行。

2. 规范性引用文件

本标准内容引用了下列文件或其中的条款。凡是不注日期的引用文件，其有效版本适用于本标准。

GB 3096　声环境质量标准

GB 3785　声级计电、声性能及测试方法

GB/T 3241　倍频程和分数倍频程滤波器

GB/T 15173　声校准器

GB/T 15190　城市区域环境噪声适用区划分技术规范

GB/T 17181　积分平均声级计

3. 术语和定义

下列术语和定义适用于本标准。

3.1　工业企业长街环境噪声　industrial enterprises noise

指在工业生产活动中使用固定设备等生产的、在厂界处进行测量和控制的干扰周围生活环境的声音。

3.2　A声级　A－weighted sound pressure level

用A计权网络的声压级，用L_A表示，单位dB（A）。

3.3　等效声级 equivalent continuous A－weighted sound pressure level

等效联系A声级的简称，指在规定测量时间T内A声级的能量平均值，用$L_{Aeq,T}$表示，（简写为L_{eq}），单位dB（A）。除特别指明外，本标准中噪声值皆为等效声级。

根据定义，等效声级表示为：

$$L_{eq} = 10\lg\left(\frac{1}{T}\int_0^T 10^{0.1L_A}dt\right)$$

式中　L_A——t时刻的瞬时A声级；

T——规定的测量时间段。

3.4　厂界 boundary

由法律文书（如土地使用证、房产证、租赁合同等）中确定的业主所拥有使用权（或所用权）的场所或建筑物边界。各种产生噪声的固定设备的厂界为其实际占有的边界。

3.5　噪声敏感建筑物　noise－sensitive buildings

指医院、学校、机关、科研单位、住宅等需要保持安静的建筑物。

3.6　昼间　day－time、夜间　night－time

《根据中华人民共和国环境噪声污染防治法》，“昼间”是指6：00至22：00之间的时段；“夜间”是指22：00至次日6：00之间的时段。

县级以上人民政府为环境噪声污染防治的需要（如考虑时差、作息习惯差异等）而对昼间。夜间的划分另有规定的，应按其规定执行。

3.7　频发噪声　frequent noise

指频繁发生、发生的时间和间隔有一定规律、单词持续时间较短、强度较高的噪声，如排气噪声、货物装卸噪声等。

3.8　偶发噪声 sporadic noise

指偶然发生、发生的时间和间隔无规律、单次持续时间较短、强度较高的噪声。如短促鸣笛声、工程爆破噪声等。

3.9　最大声级 maximum sound level

在规定测量时间内对或偶发噪声事件测得的A声级最大值，用L_{max}表示，单位dB（A）。

3.10　倍频带声压级 sound pressure level in octave bands

采用符合GB/T3241规定的倍频程滤波器所测得的频带声压级，其测量宽带和中心频率成正比。本标准采用的室内噪声频谱分析倍频程中心频率为31.5Hz、63Hz、125Hz、500Hz，起覆盖频率范围为22～707Hz。

3.11　稳态噪声 steady noise

在测量时间内，被测量声源的声级起伏不大于3dB的噪声。

3.12　稳态噪声　non－steady noise

在测量时间内，被测量声源的声级起伏大于3dB的噪声。

3.13 背景噪声 background noise

被测量噪声源以外的声源发出的环境噪声的总和。

4. 环境噪声排放限值

4.1 厂界环境噪声排放限值

4.1.1 工业企业厂界环境噪声不得超过表1规定的排放限值。

表1 工业企业厂界环境噪声排放限值

单位：dB（A）

厂界外声环境功能区类别＼时段	昼 间	夜 间
0	50	40
1	55	45
2	60	50
3	65	55
4	70	55

4.1.2 夜间频发噪声的声级超过限值的幅度不得高于10dB（A）。

4.1.3 夜间偶发噪声的最大声级超过限值的幅度不得高于15dB（A）。

4.1.4 工业企业若位于未划分声环境功能区的区域，当厂界外有噪声敏感建筑物时，由当地县级以上人民政府参照GB 3096和GB/T 15190的规定确定厂界外区域的声环境质量要求，并执行相应的厂界环境噪声排放标准。

4.1.5 当厂界与噪声敏感建筑物距离小于1m时，厂界环境噪声应在噪声敏感建筑物的室内测量，并将表1中相应的限值减10dB（A）作为评价标准。

4.2 结构传播固定设备室内噪声排放限值

当固定设备排放的噪声通过建筑物结构传播至噪声敏感建筑物室内时，噪声敏感建筑物室内等效声级不得超过表2和表3规定的限值。

表2 结构传播固定设备室内噪声排放限值（等效声级）

单位：dB（A）

噪声敏感建筑物所处声环境功能区类别＼时段＼房间类型	A类房间		B类房间	
	昼 间	夜 间	昼 间	夜 间
0	40	30	40	30
1	40	30	45	35
2、3、4	45	35	50	40

说明：A类房间是指以睡眠为主要目的，需要保证夜间安静的房间，包括住宅卧室、医院病房、宾馆客房等。

B类房间是指主要在昼间使用，需要保证思考与精力集中、正常讲话不被干扰的房间，包括学校教室、会议室、办公室、住宅中卧室以外的其他房间等。

表3　结构传播固定设备室内噪声排放限值（倍频带声压级）

（单位：dB）

建筑敏感建筑所处声环境功能区类别	时段	倍频程中心频率/Hz 房间类型	室内噪声倍频带声压级限值				
			31.5	63	125	250	500
0	昼间	A、B类房间	76	59	48	39	34
	夜间	A、B类房间	69	51	39	30	24
1	昼间	A类房间	76	59	48	39	34
		B类房间	79	63	52	44	38
	夜间	A类房间	69	51	39	30	24
		B类房间	72	55	43	35	29
2、3、4	昼间	A类房间	79	63	52	44	38
		B类房间	82	67	56	49	43
	夜间	A类房间	72	55	43	35	29
		B类房间	76	59	48	39	34

5. 测量方法

5.1　测量仪器

5.1.1　测量仪器为积分平均声级计或环境噪声自动监测仪，其性能应不低于 GB 3785 和 GB/T 17181 对 2 型仪器的要求。测量 35dB 以下的噪声应使用 1 型声级计，且测量范围应满足所测噪声的需要。校准所用仪器应符合 GB/T 15173 对 1 级或 2 级声校准器的要求。当需要进行噪声的频谱分析时，仪器性能应符合 GB/T 3241 中对滤波器的要求。

5.1.2　测量仪器和校准仪器应定期鉴定合格，并在有效使用期限内使用；每次测量前、后必须在测量现场进行声学校准，其前、后校准示值偏差不得大于 0.5dB，否则测量结果无效。

5.1.3　测量时传声器加防风罩。

5.1.4　测量仪器时间计权特性设为“F”档，采样时间间隔不大于 1s。

5.2　测量条件

5.2.1　气象条件：测量应在无雨雪、无雷电天气，风速为 5m/s 以下时进行。不得不在特殊气象条件下测量时，应采取必要措施保证测量准确性，同时注明当时所采取的措施及气象情况。

5.2.2　测量工况：测量应在被测声源正常工作时间进行，同时注明当时的工况。

5.3　测点位置

5.3.1　测点布设

根据工业企业声源、周围噪声敏感建筑物的布局以及毗邻的区域类别，在工业企业厂界布设多个测点，其中包括距噪声敏感建筑物比较近以及受被测声源影响大的位置。

5.3.2　测点位置一般规定

一般情况下，测点选在企业厂界外 1m、高度 1.2m 以上，距原反射面距离不小于 1m 的位置。

5.3.3　测点位置其他规定

5.3.3.1 当厂界有围墙且周围有受影响的敏感建筑物时，测点应选在厂界外1m、高于围墙0.5m以上的位置。

5.3.3.2 当厂界无法测量到声源的实际排放情况时（如声源位于高空、厂界设有声屏障等），应按5.3.2设置测点，同时在受影响的噪声敏感建筑物户外1m处另设测点。

5.3.3.3 室内噪声测量时，室内测量点位设在距任一反射面至少0.5m以上、距地面1.2m高度处，在受噪声影响方面的窗户开启状态下测量。

5.3.3.4 固定设备结构传声至噪声敏感建筑物室内，在噪声敏感建筑物室内测量时，测点应距任一反射面至少0.5m以上、距地面1.2m、距窗外1m以上，窗户关闭状态下测量。被测房间内的其他可能干扰测量的声源（如电视机、空调机、排气扇以及镇流器较响的荧光灯、运转时出声的时钟等）应关闭。

5.4 测量时段

5.4.1 分别在昼间、夜间两个时段测量。夜间有频发、偶发噪声影响时同时测量最大声级。

5.4.2 被测声源是稳态噪声，采用1min的等效声级。

5.4.3 被测声源是非稳态噪声，测量被测声源有代表性时段的等效声级，必要时测量被测声源整个正常工作时段的等效声级。

5.5 背景噪声测量

5.5.1 测量环境：不受被测声源影响且其他环境与测量被测声源时保持一致。

5.5.2 测量时段：与被测声源测量的时间长度相同。

5.6 测量记录

噪声测量时需要做测量记录。记录内容应主要包括：被测量单位名称、地址、厂界所处声环境功能区类别、测量时气象条件、测量仪器、校准仪器、测量位置、测量时间、测量时段、仪器校准值（测前、测后）、主要声源、测量工况、示意图（厂界、声源、噪声敏感建筑物、测点等位置）、噪声测量值、背景值、测量人员、校对人、审核人等相关信息。

5.7 测量结果修正

5.7.1 噪声测量值与背景噪声值相差大于10dB时，噪声测量值与背景噪声值的差值取整后，按表4进行修正。

5.7.2 噪声测量值与背景噪声值相差小于3dB（A）时，应采取措施降低背景噪声后，视情况按5.7.1或5.7.2执行；仍无法满足前二款要求的，应按环境噪声监测技术规范的有关规定执行。

表4 测量结果修正表

单位：dB（A）

差值	3	4~5	6~10
修正值	−3	−2	−1

6. 测量结果评价

6.1 各个测量点的测量结果应单独评价。同一测点每天的测量结果按昼间、夜间进行评价。

6.2 最大声级 L_{max} 直接评价。

7. 标准实施监督

本标准由县级以上人民政府环境保护行政主管部门负责监督实施。

四、GB 22337—2008 社会生活环境噪声排放标准

为贯彻《中华人民共和国环境保护法》和《中华人民共和国环境噪声污染防治法》，防治社会生活噪声污染，改善声环境质量，制定本标准。

本标准根据现行法律对社会生活噪声污染源达标排放义务的规定，对营业性文化娱乐场所和商业经营活动中可能产生环境噪声污染的设备、设施固定了边界噪声排放限值和测量方法。

本标准为首次发布。

本标准由环境保护部科技标准司组织制定。

本标准起草单位：北京市劳动保护科学研究所、北京市环境保护局、广州市环境监测中心站。

本标准环境保护部 2008 年 7 月 17 日批准。

本标准自 2008 年 10 月 1 日起实施。

本标准由环境保护部解释。

1. 适用范围

本标准规定了营业性文化娱乐场所和商业经营活动中可能产生环境噪声污染的设备、设施边界噪声排放限值和测量方法。

本标准适用于对营业性文化娱乐场所、商业经营活动中使用的向环境排放噪声的设备、设施的管理、评价与控制。

2. 规范性引用文件

本标准内容引用了下列文件或其中的条款。凡是不注日期的引用文件，其有效版本适用于本标准。

GB 3785	声级计的电、声性能及测试方法
GB/T 3241	倍频程和分数倍频程滤波器
GB/T 15173	声校准器
GB/T 17181	积分平均声级计

3. 术语和定义

下列术语和定义适用于本标准。

3.1 社会生活噪声 community noise

指营业性文化娱乐场所和商业经营活动中使用的设备、设施产生的噪声。

3.2 噪声敏感建筑物 noise - sentitive buildings

指医院、学校、机关、科研单位、住宅等需要保持安静的建筑物。

3.3 A 声级 A - weighted sound pressure level

用 A 计权网络测得的声压级，用 L_A 表示，单位 dB（A）。

3.4 等效声级 equivalent continuous A - weighted sound pressure level

等效连续 A 声级的简称，指在规定测量时间 T 内 A 声级的能来那个平均值，用 $L_{Aeq,T}$ 表示（简写为 L_{eq}），单位 dB（A）。除特别指明外，本标准中噪声限值皆为等效声级。

根据定义，等效声级表示为：

$$L_{eq} = 10\lg\left(\frac{1}{T}\int_0^T 10^{0.1L_A}dt\right)$$

式中 L_A——t 时刻的瞬时 A 声级；

T——规定的测量时间段。

3.5 边界 boundary

由法律文书（如土地使用证、房产证、租赁合同等）中固定的业主所拥有使用权（或所有权）的场所或建筑边界。各种生产噪声的固定设备、设施的边界为其实际占有地的边界。

3.6 背景噪声 background noise

被测量噪声源以外的声源发出的环境噪声的总和。

3.7 倍频带声压级 sound pressure level in octave bands

采用符合 GB/T 3241 规定夫人倍频程滤波器所测点的频带声压级，其测量带宽和中心频率成正比。本标准采用的室内噪声频谱分析倍频带中心频率为 31.5Hz、63Hz、125Hz、250Hz、500Hz，其覆盖频率范围为 22Hz ~ 707Hz。

3.8 昼间 day - time、夜间 night - time

根据《中华人民共和国环境噪声污染防治法》，"昼间"是指 6：00 至 22：00 之间的时段；"夜间"是指 22：00 至次日 6：00 之间的时段。

县级以上人民政府为环境噪声污染防治的需要（如考虑时差、作息习惯差异等）而对昼间、夜间的划分另有规定的，应按其规定执行。

4. 环境噪声排放限值

4.1 边界噪声排放限值

4.1.1 社会生活噪声排放源边界噪声不得超过表 1 规定的排放限值。

表 1 社会生活噪声排放源边界噪声排放限值 单位：dB（A）

厂界外声环境功能区类别 \ 时段	昼间	夜间
0	50	40
1	55	45
2	60	50
3	65	55
4	70	55

4.1.2 在社会生活噪声排放源边界处无法进行噪声测量或测量的结果不能如实反映其对噪声敏感建筑物的影响程度的情况下，噪声测量应在可能受影响的敏感建筑物窗外 1m 处进行。

4.1.3 当社会生活噪声排放源边界与噪声敏感建筑物距离小于 1m 时，应在噪声敏感建筑物的室内测量，并将表1中相应的限值减10dB（A）作为评价依据。

4.2 结构传播固定设备室内噪声排放限值

4.2.1 在社会生活噪声排放源位于噪声敏感建筑物内情况下，噪声通过建筑物结构传播至噪声敏感建筑物室内时，噪声敏感建筑物室内等效声级不得超过表2和表3规定的限值。

表2 结构传播固定设备室内噪声排放限值（等效声级）

单位：dB（A）

噪声敏感建筑物所处声环境功能区类别 \ 时段 \ 房间类型	A类房间		B类房间	
	昼间	夜间	昼间	夜间
0	40	30	40	30
1	40	30	45	35
2、3、4	45	35	50	40

说明：A类房间是指以睡眠为主要目的，需要保证夜间安静的房间，包括住宅卧室、医院病房、宾馆客房等。

B类房间是指主要在昼间使用，需要保证思考与精力集中、正常讲话不被干扰的房间，包括学校教室、会议室、办公室、住宅中卧室以外的其他房间等。

表3 结构传播固定设备室内噪声排放限值（倍频带声压级）

单位：dB

建筑敏感建筑所处声环境功能区类别	时段	倍频程中心频率/Hz \ 房间类型	室内噪声倍频带声压级限值				
			31.5	63	125	250	500
0	昼间	A、B类房间	76	59	48	39	34
	夜间	A、B类房间	69	51	39	30	24
1	昼间	A类房间	76	59	48	39	34
		B类房间	79	63	52	44	38
	夜间	A类房间	69	51	39	30	24
		B类房间	72	55	43	35	29
2、3、4	昼间	A类房间	79	63	52	44	38
		B类房间	82	67	56	49	43
	夜间	A类房间	72	55	43	35	29
		B类房间	76	59	48	39	34

4.2.2 对于在噪声测量期间发生非稳态噪声（如电梯噪声）的情况，最大声级超过限值的幅度不得高于10dB（A）。

5. 测量方法

5.1 测量仪器

5.1.1 测量仪器为积分平均声级计或环境噪声自动监测仪，其性能应不低于GB 3785和GB/T 17181对2型仪器的要求。测量35dB以下的噪声应使用1型声级计，且测量范围应满足所测量噪声的需要。校准所用仪器应符合 GB/T 3241 中对滤波器的要求。

5.1.2　测量仪器和校准仪器应定期鉴定合格，并在有效使用期限内使用；每次测量前、后必须在测量现场进行声学校准，其前、后校准示值偏差不得大于 0.5dB，否则测量结果无效。

5.1.3　测量时传声器加防风罩。

5.1.4　测量仪器时间计权特性设为“F”档，采样时间间隔不大于 1s。

5.2　测量条件

5.2.1　气象条件：测量应在无雨雪、无雷电天气，风速为 5m/s 以下进行。不得不在特殊气象条件下测量时，应采取必要措施保证测量准确性，同时注明当时所采取的措施及气象情况。

5.2.2　测量工况：测量应在被测声源正常工作时间进行，同时注明当时的工况。

5.3　测点位置

5.3.1　测点布设

根据社会生活噪声排放源、周围噪声敏感建筑物的布局以及毗邻的区域类别，再社会生活噪声排放源边界布设多个测点，其中包括距噪声敏感建筑物较近以及受被测声源影响大的位置。

5.3.2　测点位置一般规定

一般情况下，测点选在社会生活噪声排放源边界 1m、高度 1.2m 以上、距任一反射距离不小于 1m 的位置。

5.3.3　测点位置其他规定

5.3.3.1　当边界有围墙且周围有受影响的敏感建筑物时，测点应选在边界外 1m、高于围墙 0.5m 以上的位置。

5.3.3.2　当边界无法测量到声源的实际排放状况时（如声源位于高空、边界设有声屏障等），应按 5.3.2 设置测点，同时再说受影响的噪声敏感建筑物户外 1m 处另设测点。

5.3.3.3　室内噪声测量时，室内测量点位设在距任一反射面至少 0.5m 以上、距地面 1.2m 高度处，在受噪声影响方面的窗户开启状态下测量。

5.3.3.4　社会生活噪声排放源的固定设备结构传声至敏感建筑物室内，在噪声敏感建筑物室内测量时，测点应距任一反射面至少 0.5m 以上、距地面 1.2m、距窗外 1m 以上，窗户关闭状态下测量。被测房间内的其他可能干扰测量的声源（如电视机、空调机、排气扇以及整流器较响的荧光灯、运转时出声的时钟）应关闭。

5.4　测量时段

5.4.1　分别在昼间、夜间两个时段测量。夜间有频发、偶发声影响时同时测量最大声级。

5.4.2　被测声源是稳态噪声，采用 1min 的等效声级。

5.4.3　被测声源是非稳态噪声，测量被测声源有代表性时段的等效声级，必要时测量被测声源整个正常工作时段的等效声级。

5.5　背景噪声测量

5.5.1　测量环境：不受被测声源影响且其他声环境与测量被测声源时保持一致。

5.5.2　测量时段：与被测声源测量的时间长度相同。

5.6　测量记录

噪声测量时需做测量记录。记录内容应主要包括：北侧单位名称、地址、边界所处声环境功能区类别、测量时气象条件、测量仪器、校准仪器、测点位置、测量时间、测量时段、仪器校准值（测前、测后）、主要声源、测量工况、示意图（边界、声源、敏感建筑物、测点位置）、噪声测量值、背景值、测量人员、校对人、审核人等相关信息。

5.7　测量结果修正

5.7.1　噪声测量值与背景噪声值相差大于10dB（A）时，噪声测量值不做修正。

5.7.2　噪声测量值与背景噪声值相差在3dB（A）~10dB（A）之间时，噪声测量值与背景噪声值的差值取整后，按表4进行修正。

5.7.3　噪声测量值与背景噪声值相差小于3dB（A）时，应采取措施降低背景噪声后，视情况按5.7.1或5.7.2执行；仍无法满足前二款要求的，应按环境噪声监测技术规范的有关规定执行。

表4　测量结果修正表　　单位：dB（A）

差值	3	4~5	6~10
修正值	-3	-2	-1

6. 测量结果评价

各个测点的测量结果应单独评价。同一测点每天的测量结果按昼间、夜间进行评价。

最大声级 L_{max} 直接评价。

7. 标准实施监督

本标准由县级以上人民政府环境保护行政主管部门负责监督实施。

参考文献

[1] 杜功焕，朱哲民，龚秀芬．声学基础［M］．2版．南京：南京大学出版社，2001.
[2] 陈克安．有源噪声控制［M］．北京：国防工业出版社，2003.
[3] 方丹群，王文奇，孙家麒．噪声控制［M］．北京：北京出版社，1986.
[4] 张令弥．振动测试与动态分析［M］，北京：航空工业出版社，1992.
[5] 沈嵘．声学测量［M］．北京：科学出版社，1986.
[6] 马大猷．噪声与振动控制工程手册［M］．北京：机械工业出版社，2002.
[7] 中国标准出版社第二编辑室．中国环境保护标准汇编：噪声测量［M］．北京：中国标准出版社，2000.
[8] 郑长聚，洪宗辉，王第贤，等．环境噪声控制工程［M］．北京：高等教育出版社，1987.
[9] 明瑞森．声强技术［M］．南京：浙江大学出版社，1995.
[10] 陶擎天，赵其昌，沙家正．音频声学测量［M］．北京：中国计量出版社，1986.
[11] 钟国策．驻极体电容传声器［J］．电声技术，1994（6）：17－21.
[12] 郭挺祥，张伦．噪声测量技术［M］．北京：人民邮电出版社，1984.
[13] Hassall J R，Zaveri K. 声噪声测量［M］．于渤，汪汉春，译．北京：中国计量出版社，1986.
[14] Balmer L. Signals and systems：an introduction［M］．London：Prentice Hall，1991.
[15] 奚旦立．环境工程手册——环境监测卷［M］．北京：高等教育出版社，1998.
[16] Minten M，Cops A，Lauriks W. Absorption characteristics of an acoustic material at oblique incidence measure with two－microphone technique［J］．Journal of Sound and Vib.，1988，120（3）：499－510.
[17] 陈克安，曾向阳．双传声器法测量斜入射吸声系数研究［J］．应用声学，1998，18（4）：28－32.
[18] 章句才．工业噪声测量指南［M］．北京：中国计量出版社，1984.
[19] 孙广荣，胡春年，吴启学．消声室和混响室的声学设计原理［M］．北京：科学出版社，1981.
[20] 李方泽，李馥清，王正．工程振动测试与分析［M］．北京：高等教育出版社，1992.
[21] 靳春梅，樊灵，邱琦，等．半封闭螺杆制冷压缩机降噪研究［J］．噪声与振动控制，2003（4）：37－38.
[22] 张春香，焦仁普，王再宙．基于声强技术空调风机噪声声功率测试研究［J］．噪声与振动控制，2008（3）：146－148.
[23] 王吉荣，龚农斌，陈士杰．冷凝塔落水噪声的降噪措施及其效果［J］．噪声与振动控制，2002（2）：34－36.
[24] 王占学，乔渭阳，李文兰，等．新舟60飞机APU排气噪声测量和分析［J］．噪声与振动控制，2003（3）：43－45.
[25] 邵宗安．现代声学噪声测量技术［M］．西安：西安交通大学出版社，1994.
[26] 沈嵘，范宝元，韩秀苓，等．音频工程基础［M］．北京：北京工业大学出版社，2002.
[27] 刘万有．声级计测量噪声与振动技术［M］．电子工业部国营红声器材厂《红声技术》编辑部，1984.
[28] 曾向阳．声场视听一体化原理及应用［M］．西安：西北工业大学出版社，2007.